为了人与书的相遇

Life at the Extremes of Mental and Physical Ability

Rowan Hooper

SUPERHUMAN

超

凡

我们的身心极致及天赋的科学

[英] 罗恩·胡珀 著 ｜ 高天羽 译

广西师范大学出版社
·桂林·

图书在版编目（CIP）数据

超凡：我们的身心极致及天赋的科学 / （英）罗恩·胡珀著；

高天羽译 .— 桂林：广西师范大学出版社，2019.8（2019.10 重印）

ISBN 978-7-5598-1889-8

Ⅰ . ①超… Ⅱ . ①罗… ②高… Ⅲ . ①人类学 Ⅳ . ① Q98

中国版本图书馆 CIP 数据核字 (2019) 第 119567 号

广西师范大学出版社出版发行

　广西桂林市五里店路 9 号　邮政编码：541001

　网址：www.bbtpress.com

出 版 人：张艺兵
全国新华书店经销
发行热线：010-64284815
山东临沂新华印刷物流集团有限责任公司

开本：635mm×960mm　1/16
印张：21　　字数：244 千字
2019 年 8 月第 1 版　2019 年 10 月第 2 次印刷
定价：52.00 元

如发现印装质量问题，影响阅读，请与出版社发行部门联系调换。

目录

英制-公制单位换算表：

1 千卡 = 4.18 千焦
1 英尺 = 30.48 厘米
1 英寸 = 2.54 厘米
1 英里 = 1.61 千米
1 英制品脱 = 0.57 升
1 美制湿量品脱 = 0.47 升

前言

　　几年前，我曾参加过一场灵长类动物学家的研讨会。在欢迎酒会上，我热心地（向一位充满同情的科学家）宣讲了我们人类和黑猩猩是多么地相似，还说我们之间没有本质的不同，只有程度的差异。总之我为黑猩猩说了许多好话，也许我这是在迎合那些灵长类专家，不过我的这个立场也贯串了我一直在撰写的那些报道里，我写到的动物都具有一些非凡的性状（trait），而我们向来都认为那些性状是人类独有的。比如我们观察到野生黑猩猩，有的把树枝当作玩偶[1]，有的用长矛猎杀别的脊椎动物[2]，有的发明了它们自己的手语[3]，有的会发动战争[4]，有的甚至似乎还在奉行一种原始宗教[5]。身为一名演化生物学家，我认为这些发现清楚地显示了我们人类和其他动物拥有一些共同的性状甚至行为：我们有亲缘，有许多共同的基因，而基因又影响了行为。这说起来也没什么奇怪的：我们的全部身心，甚至我们称为"善""恶"的那些品质，都具有演化的基础，因此我们会在其他动物身上看到自己的影子，就完全是意料之中的事了[6]。身为记者，我又很喜欢看到人类并不独特的事实，我感觉这凸显了我们和其他动物之间的共性，甚至能增强我们和它们之间的共情。

于是我端着一杯葡萄酒，欢快地宣布我们人类没有什么特别。再说看看遗传物质就知道了，我说，我们和它们几乎是一样的呀。跟我闲聊的那位灵长类动物学家露出刺客般的微笑说："那黑猩猩能造出自己的大型强子对撞机吗？"

他这短短一句话，就打破了我多年来认为人类和黑猩猩何其相似的想法。当时，瑞士的欧洲核子研究组织（CERN）刚刚用大型强子对撞机找到了希格斯玻色子。我一下子看清了自己的错误：我的问题不是夸大了动物的能力，而是贬低了人类。现在想想，我那时的观点真是可笑，甚至荒谬。那位灵长类动物学家大可以问我黑猩猩最后一次登上月球是什么时候，或者它们几时画出了《格尔尼卡》*。的确，黑猩猩是了不起的智能动物，但真正了不起的不是它们有多聪明，而是我们有多杰出。作为生物学家，我研究的是动物的野外行为。我惊叹于自然选择为谋生和求偶的难题找到的种种方案，到今天依然如此。但有时我也忘记了人类的行为和本领是多么神奇。

从某些方面说，我写这本书就是为了纠正自己的观点。我在写作中拜访了一些人，他们在不同的性状上将人类的潜能发挥到了极致。他们在我们推崇的那些品质上达到了顶尖水平，比如智力、音乐能力、勇气和耐力。我们还会遇见另一些人，他们在人生最重要的事情上达到了顶峰，比如幸福和长寿。这本书是在歌颂人类所能展现的最好的一面。与这些人相遇，我们将惊叹于人类这个物种的

---

* 《格尔尼卡》，毕加索创作的巨幅油画，表现了平民在空袭中死伤的惨状。（本文脚注，如无特别说明，均为译者或编辑添加。）

多样和潜能。我们会试着理解他们各自是怎么到达那些境界的，我们要把他们的经历拆开来审视一番。这些人超越了凡人，但并没有超越自然。我想要揭示这些超凡之人是如何达到他们的境界的，好让他们离我们凡人近一些。我们或许还能沾上他们的一点星辉，并由此窥见将来的人类会是什么样子。揭开这些极限本领的原理一点都无损它们的魔力，反而会深化我们对于自身的理解，并给予我们日常生活方面的教益。我们还会明白，自己虽然不是超人，但也有超出自己预料的潜力。我们都有隐藏的深度。这些性状都是人类渴望提升、努力改进的。

对于我们将要考察的大多数性状，要判断世界上谁最优秀是很容易的，虽然我的判断方法并不科学。我把世界上最好的歌手定义为能靠唱歌谋生的人，把耐力最强的人定义为能跑得最远的人，而最长寿的人也就是活得最久的人了。至于别的性状，比如勇气和智力，判断起来就比较主观了，但是我希望能够说服各位：我挑出的都是最合适的人选。

本书分为三个部分。第一部分是"思考"，考察的都是由认知能力驱动的性状，这部分对智力、记忆、语言能力和专注力——也就是集中心智的能力——做了案例研究。第二部分是"行动"，我挑出了勇气、歌唱和耐力作为主题，因为它们是人类超越任何其他动物的能力。最后的第三部分是"生存"，我挑选的是长寿、坚韧、睡眠和幸福，乍一看它们是每个人都具备的性状，但有些人却能把它们发挥到远超常人的水平。对于每一种性状，我都会从科学的角度阐释有些人是如何将潜能发挥到巅峰的，以及在每一种性状中，先天和后天，也就是遗传和环境各占了多少比重。有许多线索指向了我拜访的这些超人是怎么变得如此优秀的，我们普通人也能从他们身上学到许多。这11种性状和能力当然没有穷尽人之为人的一切特征，但我认为它们已经布下了一张大网。它捞起的成果提醒了我人类这个物种的丰富多样，也在我心中燃起了对于人类杰出潜力的向往。

第一部

思　考

01

智力

试想知识能浓缩成精华，存进一张图片、一个符号，存进一个没有空间的场所。试想人类的头颅变得宽广，里面开出一间间厅堂，嗡嗡作响就像蜂巢。

——希拉里·曼特尔《狼厅》

智力这东西，你见到了就明白。我在一只红毛猩猩身上见过一次。"他"是马来西亚婆罗洲的一只年轻雄性，因为人类采伐森林成了孤儿。我当时正和一位灵长类动物学家朋友一起在雨林的一块保护区里徒步旅行，我们在半道上遇见了他。

因为从小在康复中心长大，他对人类抱有好感，看样子还特别喜欢男人。他蹦蹦跳跳地跑了过来，年纪虽小，却已经相当有力，我紧张地看着这只小猿扯住我的衣服往上爬，就好像我是一棵树似的。我把他推开了几次，最后他一屁股坐到地上，一边抬头望我，一边伸出了手。我还记得牵他手的感觉：那手掌握着我，轻轻软软，暖乎乎的。我望着他的眼睛，里面透出复杂的神色，有恼怒，有诱惑，也有希望。我把他推开，他很生气，但也希望我能明白他只是想和我玩耍。

智力是你看一眼就会明白的东西，而我在他身上看见了。在握手对视之后，我和他整整玩了一个小时：主要是他爬到我身上，我再拉着他绕圈子。他基本上就是一只强壮得吓人的长着橘红毛发的婴儿。他当时 6 岁。我现在有时还会想，他后来怎么样了，待在雨林的那一小片保护区里安全吗？

这对于我是一段特殊的记忆，但是这段往事也体现了智力研究中的几个问题：也许我是把自己的感情强加到了这只动物身上。许多人都说他们在狗的眼睛里见过同样的神情。在某些意义上，狗和红毛猩猩的确可能具有智力——但是在什么意义上呢？我们又如何测量它呢？

要研究智力，我们先要定义它、测量它，而这两样都是相当棘手的工作。智力不像身高那样能轻易测量；不过智力又像身高，像在二者都是人人各不相同。智力是复杂的、多面的、变动不居、难以把握的。它或许也是我们最崇尚的一种品质。但是说来也真奇怪，我们到现在居然还无法对它的定义达成一致。下面是美国心理学会智力研究组（American Psychological Association Task Force on Intelligence）的定义："智力是个体在领会复杂概念、高效适应环境、从经验中总结教训、从事各种推理、用思想克服障碍的不同能力。"这么说也不错，但我还想知道艺术家和科学家是如何创造和发展观念、由此将我们带入全新领域的。

* * *

智力是我们能在别人身上轻易识别的东西，运用智商测试，我们也至少能测出它的一些方面，然而光是给它一个数值，并不能告诉我们智力变高是什么感觉。还有那些从未接受过智商测试的人又如何呢？我们到本章后面的部分再来仔细分析智商，现在我们先来认识几位体现了智力这个性状的人——我在这本书里都会采取这个顺序。我们说某某人智商超过150，那他们自己又是什么感觉？智力是从哪里来的？如果它会带来好处，那又是什么好处？智力过剩的人是怎样看待这个世界的？我们能不能动动手脚，让后代拥有更高的智力？

在这次考察中，我决定最先和一位国际象棋特级大师会面。我选择从国际象棋入手，是因为它看起来是一项完全凭借智力的游戏，退一步说，它至少也需要大量脑力。此外它还得到了科学家的大量研究。有人说，国际象棋之于认知科学仿佛果蝇之于遗传学——果蝇或许是地球上被研究得最透彻的生物了。

约翰·纳恩（John Nunn）是国际象棋史上的一位顶尖棋手，在巅峰期曾进入过世界前十。他15岁就进入牛津大学攻读数学，是自1490年入学的托马斯·沃尔西主教（Cardinal Thomas Wolsey）之后最年轻的本科生（这自然引出了我们将在本章后面认识的另一个人物）。毕业后他继续深造，获得了代数拓扑学的博士学位，对这门学科我是毫无见解的。

纳恩在26岁那年成为了职业棋手。他在象棋上显然有特殊的才能，不过他虽然攀上了高峰，却并未拿到头奖，他今年已经61岁，还从来没有得过世界冠军。马格努斯·卡尔森（Magnus Carlsen）是国际象棋史上排名最高的棋手，他说纳恩的缺点是太聪明了："他的脑袋里装了很多东西，简直太多了。他领悟力超凡，始终求知若渴，所以很容易从象棋上分心。"

应该说，我在和纳恩碰面之前是有一点怵的。我知道自己对他的数学研究不太了解，于是去查了维基百科，上面说代数拓扑学的目的是"找到合适的代数不变量，从而将拓扑空间分为同胚，虽然大多数拓扑空间都是同伦等价的"。看了这个解释我一点没变聪明，或许还变得更糊涂了。我要是能和他一边下棋一边聊天，一定能成就一段佳话，但是我根本不想提出这个建议。我这不是假装谦虚，而是不想让他把姿态降得太低，那样太尴尬了。那就好像是对尤塞恩·博尔特提议我们在公园里一边快跑一边聊天一样。纳恩在1985年击败了苏联的亚历山大·别里亚夫斯基（Alexander Beliavsky），那场比赛号称"纳恩的不朽一局"（Nunn's immortal），被棋手和学者封为圣经的《国际象棋情报》（Chess Informant）杂志也将这场比赛列评为1966年(那一年它开始统计比赛纪录)以来最佳比赛的第6名。

我们约好了在伦敦西南里士满的一家咖啡馆见面。我早到了10分钟，先占了一张桌子。我们之前的交流都是通过电邮来往，措辞都相当正式，所以我并不知道他本人是什么样子。不经意间他就来了，下身穿牛仔裤匡威鞋，上身是连帽衫外罩一件黑色摩托夹克。我其实没有仔细想过他可能的样貌，但是见到了他，我还是意外地觉得这位特级大师竟然如此时髦。

他是4岁开始下棋的。但是据他的记忆，他说他可能生下来就会下了。"我不记得自己有过学棋的时候。"很快他就显出了下棋的天赋。大家是怎么看出这一点的？"怎么说呢，"他温和地答道，"当你赢得了许多排名赛，这一点就很清楚了。"

听到这个回答，我立刻觉得它触及了关于智力的一个有趣事实：当纳恩说到他有国际象棋的天赋时，他说的其实是遗传的重要作用。他当然还是要学习下棋的，但是他也宣称自己拥有一种天生的能力，能用来掌握高超的棋艺。这已经触及了才能的核心，也触及了天赋和练习在获得专门技能中的比例。这也是我们会在这本书里反复探讨的主题。

有两派思想对专业技能做出了解释，它们的辨别标准大致也是长久以来区分先天和后天的标准。后天阵营的代表人物是安德斯·埃里克森（Anders Ericsson），他是瑞典人，在佛罗里达州立大学心理学系任教授。在他的研究基础上出现了一个流行的观念：在任何领域操练 1 万个小时，都能使你成为专家（这个观念受到了广泛的批评，我们到第 6 章再来探讨）。埃里克森主张，只要用心练习，任何人都能学会高超的本领。

我说这两个阵营的划分标准是先天和后天之间的分界线，但其实这场争论整个是成问题的，因为这样的分界线根本不该存在。这两方面因素哪个都不能独立作用。一方面，基因没有了环境就无法施展；另一方面，如果没有合适的基因工具，再勤奋的练习也不会生效。这场辩论的焦点其实应该是基因和练习的相对比重。

扎克·汉布里克（Zach Hambrick）是密歇根州立大学专业技能实验室（Expertise Lab）的负责人，他可以说代表了和埃里克森相对立的阵营。"练习当然是一个重要因素，"他对我说，"但它无法解释人们在技能上的全部差异，这里头肯定还有其他因素的作用。"而我们都感兴趣的就是遗传的因素。

再来看看马格努斯·卡尔森，他是世界上排名最高的国际象棋选手，积分比第二名高出一大截。有人对他和接下来 10 位排名最高的国际象棋大师的练习量做了一番分析，并发现他的练习年数要比其他选手短许多。[7] 那么他是有下棋的天才吗？或者换种说法，他在棋艺上具有遗传优势吗？"这个问题的答案如此明显，明显得在象棋界从来没人这么问——人人都知道卡尔森是'国际象棋的莫扎特'。"这项分析的作者、利物浦大学的费南德·戈贝（Fernand Gobet）和布鲁内尔大学的摩根·埃雷库（Morgan Ereku）说道。

关于练习的作用，我们到后面讨论音乐的章节再来分析，现在还是再来看看纳恩，并且深入地研究一下他吧。

"马格努斯·卡尔森对你有一句评价，说你太聪明了，反而成了障碍，所以才一直没有拿下世界冠军。"我对他说。

"他说得太客气了。"纳恩回答。

"那么他说得对吗？"

纳恩耸了耸肩："他说得或许没错。人要取得真正的成就就得是个狂热分子，你要把全部生命都奉献给事业。但有的人就是做不到这一点。他们除了事业还有别的兴趣，要他们把全部生命投入一件事，他们是不会快乐的。"

这个说法似乎忽略了一件事：卡尔森在国际象棋之外也有着丰富的生活。卡尔森说过，他除了下棋之外还喜欢和朋友在网上聊天，玩线上扑克，滑雪，踢足球。[8] 不过话说回来，和卡尔森的那些爱好相比，纳恩的兴趣确实要费脑筋多了——他喜欢钻研天文学、物理学和高深莫测的高等数学分支。

"你要是全身心投入一项事业，万一出了岔子就会很痛苦。"纳恩说，"因为你已经没有别的退路了。"

而在大多数需要努力的领域，"出岔子"都是无法避免的，因为人的能力和发挥都会随着年龄而退化。纳恩的对策就是退出。已经有多项研究显示，用来解决抽象问题的所谓"流体智力"（fluid intelligence）及心智的处理速度，其效率都会在 30 岁以后下降。不过智力还有另一个称为"晶体智力"（crystallised intelligence）的部分，处理的是真实世界中的信息，它的巅峰水平能维持多年，而后才缓缓下跌。纳恩似乎不太愿意承认自己的脑功能有任何衰变，还说他的排名从职业生涯至今基本没有变化。

"改变的不是棋艺，而是你有了家庭，有了其他更重要的事，不再把下棋看作人生的全部了。"他说，"但是随着年龄增长，你确实会更容易疲惫。我还是觉得我的水平和以前一样，但要我再参加一次漫长的排名赛，体力已经跟不上了。"

我和心理学家尼尔·查内斯（Neil Charness）交流了这个问题。查内斯是佛罗里达州立大学的心理学教授，也是大学里成功长寿研究所（Institute for Sucessful Longevity）的所长。他和同事罗伊·罗琳（Roy Roring）共同研究了国际象棋选手一生的棋力变化。[9]他们梳理了一个包含5011名棋手的数据库,发现棋手的平均巅峰年龄（棋手取得最高排名的平均年龄）是43.8岁。他们还发现，岁月"对强者比较宽容"，也就是说，技术较高的棋手即使过了巅峰年龄，排名下降得也较为缓和。"年长的棋手遇到的困难，大概也和任何一个年长的成人遇到的困难一样：他们的学习速度变慢了。"查内斯说。从20岁到60岁，你的学习速度会下降一半。于是许多处于上升阶段的年轻选手靠勤奋就能战胜你。对于认知能力下降这个令人伤感的话题，查内斯还补充说年龄很可能也造成了求胜心的变化。此外，人脑的效率也会在许多方面下降，包括记忆、注意力和处理速度。"因此，虽然国际象棋主要是一项依赖模式识别和知识储备的游戏，虽然你确实能终其一生不断学习，但是随着年龄的增长，你或许会变得无法及时提取相关信息。"

这些说法似乎都和纳恩的经验相符。不过我感兴趣的还是那些处于人类潜能巅峰的人是如何爬上巅峰的，所以我想知道纳恩在年轻的时候是什么样子。根据他的说法，他在小时候当然觉察到了自己和其他孩子的不同。那么他是一眼就看出了自己拥有下棋的才能吗？"当你赢得了许多排名赛，这一点就很清楚了。"他说，"我在9岁那年就赢得了伦敦12岁以下组的冠军。"那么成功有没有使他傲慢？他回答说他是个平和的孩子，虽然稍稍有些孤僻，但同龄的朋友还是有的。

那么还有什么别的迹象能表明他与众不同呢？"那时我很小，还不认字，父母就发现我在浏览架子上的书了。他们问我：'你在干什么？你还不识字呢。'我回答说我在看每本书有多少页码。我自己摸索出了书页底部的编号系统。于是他们问我某一本书有多少页，我都报得出来。这样看我的数学才能应该很早就显现了吧。"

纳恩在纯数学上拿了甲等，十几岁时就申请了大学的数学系。可他为什么要这么早上大学呢？"因为我自己想去。我那年才14岁，如果不上大学就要在中学里再混好几年。这对一个青少年可不是什么好事。于是我主动提出要上大学。父母也同意了。结果一切都很顺利。"

不知道当年托马斯·沃尔西以14岁的年纪到牛津去念神学时，

他的家人有没有过类似的讨论（他后来成了红衣主教）。自沃尔西以后，牛津一连五百多年都没有比他更年轻的本科生，直到纳恩出现才打破了他的纪录。（顺便说一句，纳恩之后又出现了一位更年轻的本科生：1983 年，年仅 12 岁的露丝·劳伦斯 [Ruth Lawrence] 考上了牛津大学。要问她主修的领域？是代数拓扑学。）

这么年轻，怎么照顾自己呢？在这个年纪上，大多数学生连洗衣机还不会操作。"那确实很难，"纳恩说——不过他的语气让我感觉那一点都不难，"但是我摸索出来了。"

更加困难的是社交生活。在大学里，纳恩的年纪太小，还不能喝酒。"15 岁和 18 岁真的差别很大。许多活动都不对我的胃口。但是我也交了一些数学家朋友，并在象棋俱乐部里认识了几个棋友。等我到 17 岁时，一切就都感觉正常了。"

纳恩对自身能力的评价和他取得的成就都反映了汉布里克在研究中的发现：专业技术是建立在天赋能力之上的。"我认为我在象棋和数学上的才干都是与生俱来的，"纳恩说，"但是对于任何一项活动，如果你想做到最好，在天赋之外都还必须大量练习。"

我在前面假设，国际象棋是一项完全凭借智力的游戏。这是否意味着国际象棋好手比平常人智力更高？常识似乎认为的确如此，但实际上这一点是有争议的。国际象棋好手往往都经历了长期的刻苦训练，这已经和他们的天才或智力分不开了。

汉布里克向来热衷于确定练习和技术的相对比重，他和密歇根州立大学的同事亚历山大·布戈伊内（Alexander Burgoyne）一起研究了这个课题。布戈伊内梳理了对国际象棋技术的数千项研究，并从中挑出了 19 项，这些研究包含了大约 1800 名参与者，测量项目包括客观的棋艺和认知能力——后者在实践中指的就是 IQ 分数。研究团队在智力和棋艺之间发现了关联。"一般智力、一般的认知能力和象棋水平之间存在适度相关。"汉布里克说道。

　　这个相关之所以只是"适度",或许是因为顶尖的国际象棋选手全都具有超越常人的智力。而在年纪较小、程度较低的选手中间,棋艺和智力的联系就比较紧密了。汉布里克指出,这也许是因为智力高超的人能够迅速精通国际象棋,而普通人要多加练习才能成为好手。2017 年的一项后续研究验证了埃里克森的观点[10]:专家之所以成为专家,不单是因为他们比较聪明,还因为他们得到了更好的训练。[11] 埃里克森认为,科学家和音乐家之所以比普通人智商更高,原因是智商更高的人才会给大学选拔去参加专才训练。而传统的观点认为智商本身就能预测谁会成为专家。因此争论的焦点在于训练的作用,而埃里克森很重视训练。为了验证这一点,汉布里克的团队比较了国际象棋选手和其他不下国际象棋的人。这样比较的理由是象棋手不像科学家和音乐家,不必为了在专门机构赢得一席之地而接受选拔,因此埃里克森的观点如果是正确的,那么在象棋手和其他人之间就不应该存在智商差异。但研究结果显示,差异毕竟还是存在的:象棋手除了棋艺较高之外,在其他认知技能上也优于普通人,可见单靠训练并不能解释专才的杰出表现。

　　那么这些天才又具有哪些天生的才能呢?就国际象棋而言,纳恩说你必须具有一种图形化(visualisation)的能力,要能预见到四五步之后的棋盘局面。你要有个好记性,要有出众的计算能力,还要善于识别模式。在象棋界,早些起步很重要。研究显示在排除了训练量这个变量之后,学棋的年纪越小,日后可能取得的排名就越高。

在查内斯看来，象棋手在决定最好的一手时，模式识别在他们的搜索优化中起到了关键作用。"如果这里头有什么天生的或者遗传的差别，那就应该去那些在模式抽象过程上比别人流畅一点的人那里寻找。"这不是说有人天生就有下棋的基因，"人类的演化中不太可能有什么压力催生专门下国际象棋的基因，我们偶尔是会在汽车保险杠上看到'好棋手也是好配偶'的贴纸，但那不过是玩笑罢了。"

听了这些见解，我明白了象棋选手在智力的哪些成分上水准较高，也使我更加了解了棋艺是如何在年轻时产生、又如何随时间而衰退。但这些知识并没有告诉我真正下棋时的感受，也没有告诉我是什么使得纳恩进入了象棋界的世界前十。于是在和纳恩交谈之后，我又到 YouTube 上观看了对"纳恩的不朽一局"的复盘解说，就是凭这局棋，他击败了苏联特级大师别里亚夫斯基，由此成就了传奇。这局比赛之所以如此受棋迷推崇，是因为纳恩发明了一种超常的下法来应对别里亚夫斯基的白棋布局（别里亚夫斯基用的是王翼印度防御的塞米什变例 [Sämisch Variation of the King's Indian]，如果你能看懂的话），使别里亚夫斯基误以为得到了有利的进攻机会。别里亚夫斯基觉得黑棋有重大失误，于是执白棋进攻。接着黑棋便牺牲了一个马。失掉了一员干将，似乎胜负已分。但这时黑棋居然又织出了一张罗网，将白棋牢牢困在其中。看着复盘视频，我似乎领会了棋迷在其中看出的美。纳恩在棋局的无数种可能中发现了一种下法，它是可行的，但是没有人知道，即便是赛后分析这一局棋的其他特级大师，在当时也都没想到能这么下。就在这里，象棋呈现了我们通常会和艺术联系到一起的特质。纳恩和别里亚夫斯基的这一局传达了一种理念，这种理念是前人从未想到过的。

"我在比赛当时就意识到这不是普通的一局，是一辈子才有一次的机会，我下得很小心，心想不能因为失误而毁了它，"纳恩说道，"结果我发挥得相当顺利，比赛结束后也很满意。"

我问纳恩他有没有做过智商测试。他说年轻的时候做过，但是他不愿告诉我结果是什么。"相当高，高得不太现实。"我用奉承话诱导他说出了分数，同时保证绝对不会公布。他松口了。我得说，那分数确实"相当高"，这里的"相当"指的是远远高耸在一般人的海沟、沼泽和矮丘之上的雪峰。我冲他瞪大了眼睛，张口结舌。"那又怎么样呢？"他淡然说道，"我看这也不代表什么。"

* * *

我们暂且岔开去说说智商的事。

当纳恩说他的智商"不代表什么"时，他或许是太谦虚了，没能客观评价智商测试的作用。他完全否认智商测试的价值，说那只体现了你对这类测试的拿手程度。在爱丁堡大学心理学系的智力研究者斯图尔特·里奇（Stuart Ritchie）看来："这有点像是一个亿万富翁在说'我嘛，过得还算不错，但金钱不是一切'。"不过我们也确实听到了许多对智商测试的批评，我们这就对它考察一番。智商分数和人在生活中的许多表现密切相关。里奇指出："如果我们能退后一步，从宏观上考察大量智商比我们高得多和低得多的人，就会发现智商和教育、健康、工作成就、寿命等都存在有规律的联系。智商测量的是生活中相当重要的一种品质，而不单单是你对智商测试的拿手程度。"

历史曾经有力地证明了这个观点：1947 年，苏格兰对所有出生在 1936 年的国民中约 94% 开展了智商测试。这次测试具有很强的终身稳定性（lifetime stability），也就是说，孩子在 11 岁那年测出的分数会和他们日后的智商分数高度相关。2017 年，研究者又追踪调查了其中的 65000 名儿童。他们发现人在儿童时期的智商越高，成年后死于各种原因的风险就越低[12]，包括死于呼吸系统疾病、心脏病、中风、痴呆和自杀的风险。相比之下，人的社会经济地位对于死亡概率只有轻度影响。

我从来没有做过智商测试。我害怕接受测试，因为担心自己得不到一个像样的分数。但其实我的害怕是没有必要的。对于智商的研究，比如上述这项苏格兰的研究，针对的都是人群的平均智商。而对于个人，智商的高低并不能很好地预测人生中的成败。[13] 但是在许多人看来，他们更担心智商可能成为评判一个人优劣的标准，而实际上人生的丰富远远不只智商高低这么简单。这种担心可以用一句话总结："不能把我简化成一个数字。"对这句话我们有两条有力的回复。第一，正如里奇所说："没有人说过智力只是一个简单的数字。"没有人会宣称智商就能代表你的生活。智商是一个方便的总结性数字，但是从这个数字出发，研究者建立起了一整套统计学模型，用它来描述各种层次、从一般到特殊的认知能力，他们还考察了这些能力和不同人生成就的相关性。

第二，要是我们拒绝把复杂的事物简化成数字，就无法对它们开展科学的研究了——从心理测试到气候科学都是如此。里奇说："我们绝对明白智力是多么复杂。要真正理解为什么有的人比别人聪明，这些数字和模型只是跨出了第一步。"

智商测试也许是科学中争议最大的一种测量，但是在心理学中，还没有比智商测试设计更严谨、内容更复杂的评估。中佛罗里达大学管理系的心理学家达娜·约瑟夫（Dana Joseph）指出："所有测试和调查都有缺陷，但是对智力测试的研究可能超过了其他任何一种测试，它的缺陷已经减到最低了。"智商并不能涵盖智力的全部形式，问题是没有一种测试能够涵盖测量对象的所有方面。事实证明，智商在各种心理测试中已经是相当健全的了。"我们有证据显示，许多智力测试都能对智力做出很好的评估。"约瑟夫说。

一款合格的智商测试评估的是人的一系列认知能力——记忆、推理（语言推理和抽象推理）、一般知识、脑的处理速度及空间感知。测量完毕之后，将各个子项的分数归拢起来得出一个总分，而测试公司会将人群总体的平均分数定为 100 分。我们许多人会说"嘿，我的语言能力很强，但数学一塌糊涂"或者"我的推理能力很强，但记性稀烂"——我们都觉得自己在某些领域很擅长，在别的领域则较差。然而智商测试却揭示了一个奇怪而有力的事实：在某个测试子项上比较优秀的人，在别的子项上往往也很优秀。通观所有子项，就能得出"智力的一般因子"*，研究者称之为 g。

智商和智力的一般因子并不相同，但是由于智商测量了智力的许多方面，因此和智力的一般因子还是紧密相关的。多年来的大量研究显示，在各种智力测试中得分较高的人确实在学业和工作中表现得更好，就连他们的健康状况都优于常人。我们还知道遗传会影

---

* 它反映智商测试各子项之间总的正相关程度，亦称为"一般智力"。

响智力的高低。有许多基因会各自对智力产生小小的影响，这也符合我们对于复杂性状的预期。研究者测量了遗传在其中的作用，结果发现它对智商的影响要小于对 g 的影响。换句话说，智商似乎受文化、教育和社会因素的影响更大，而 g 更偏重生物性。总览高智商者的一生，你会发现他们往往极其成功：他们更容易获得位高权重的工作，影响着许多不同的生活圈子，包括从美术、音乐到政治科学等众多领域。他们之所以较常人健康，是因为更善于选择。顺带一提：你和配偶在智力上的匹配程度也超过其他性状。配偶间智商的相关系数达到 40%，而个性只有 10%，身高体重只有 20%。[14]

但是对于智商，仍有人提出深刻的批评。其中最麻烦的一种认为，在不同的人群中发现的任何智商差异（比如美国黑人和美国白人之间），都可能被用来证明不同人群之间有智力的高低，而实际情况更可能是这些差别与遗传无关，它们只体现了社会经济和文化的差异，比如当事人经历的种族歧视和贫困生活等等。

对智商的另一个批评是它忽视了情绪智力（emotional intelligence），也就是领会别人的思想和感受的能力。（有一件事值得在这里一提：就像记者亚当·格兰特 [Adam Grant] 指出的那样，有些重要的历史人物就具有强大的情绪智力，包括马丁·路德·金……和希特勒。[15]）有人认为在招募需要和人打交道的职位时，对情绪智力的测量是有用的筛选手段，然而达娜·约瑟夫和同事却提出，普通的智商测试能更好地预测求职者在这类工作中的表现。[16] 看来在人员挑选上，智商测试也要超过任何对其他智力的测试。

总的来说，缺陷肯定是有的，但智商依然是我们对智力的最佳度量，也和我们的各种人生成就显著相关。话虽如此，我也很明白智力是宽泛、复杂而丰富的，有着无数种外在表现。我还是想去考察具有不同形式智力的那些人，于是安排了一次会面，会面的对象是我们这个时代的一位顶尖作家。

* * *

在和希拉里·曼特尔（Hilary Mantel）会面之前，我先试着进入了一下角色。我从摩特雷克的轮船酒吧出发，沿着伦敦西部的泰晤士河走了一小段，河边有一道古墙，那正是五百年前托马斯·克伦威尔（Thomas Cromwell）的庄园围墙。1536 年，亨利八世任命他的这位首席大臣做了摩特雷克庄园的领主。我想象自己扭动一部时间机器的开关，令时钟倒退了481 年，我看见克伦威尔从城里驶出的驳船上走下，他刚刚在宫里向国王进言完毕，身边或许还跟着一小群随从。我想象这地方没有这些现代房屋，没有这家酒馆、这座老啤酒厂和奇西克桥。当这些新东西快速消失之后，我还是有几百年的时光需要倒退。唯一不变的是泰晤士河的形状，它从克伦威尔时代起就一直如此。也许现在的几棵老橡树五百年前就存在了，但当年还是小树。我实在无法想象当时的景象，我毕竟不是希拉里·曼特尔，她描绘了那个年代，研究了它，想象了它，简直像是亲身经历过似的。

曼特尔在开始写托马斯·克伦威尔之前已经是一位成功的小说家。（顺便说一句，克伦威尔应该是都铎时代智力最高的人物之一，他肯定也是当时最有权势的人物之一。）但是直到她写出克伦威尔三部曲的前两部，即《狼厅》和《提堂》，并两次获得布克文学奖之后

（她是第一位两次获奖的女性），她才在获得了国际声誉。2013 年，《时代周刊》将她列为全世界最有影响的百位人物之一，许多人也认为她已经跻身当今一流作家的行列。她的小说描写深刻、饱含智慧，几乎令每个书评家津津乐道。如果要我为本章挑选一位主人公的话，她一定是候选之一。

"这房子有点仿都铎风格。"曼特尔边说边将我引进她的公寓——一间都铎风格的现代公寓，作为她的住所真是再合适不过了。

说起她的专长，她首先提到的果然是对文字的掌控。"家里人说我在出生后一直、一直、一直不开口说话。直到大约两岁半的时候，我却忽然开始像个大人那样说话了。"她说。

她还说，当她回想最初的记忆时，那并不像是一般人认为的那种儿时记忆。她的心智发育速度似乎要快于常人。"就好像我体内住着一个比实际年龄大得多的人似的。"

她认为自己流畅的语言表达是天生的能力。小时候的她会一连几天坐在祖母和姨祖母身边听她们说话。两个老太太总是不停地交谈，仿佛是一场仪式，说出的内容只和前一天略有差别，小希拉里把它们一字一句全都记了下来。到上学的年龄时，她已经掌握了大量单词。她是家里唯一的幼童，周围全是大人，她就是在一众大人中间学会了他们的语言节奏。"这就是为什么我在上学时已经掌握了这么多奇怪单词的原因。我不说话的时候总在斟酌用词，只有斟酌停当了才会开口。"

她之所以认为这种语言诀窍不是后天习得的，是因为她和家人都没有专门研习过语文，她的头脑似乎天生就有这方面的准备，能把听到的词句都正确地使用出来。"我们家的人都很擅长说话。即使是我母亲，虽然 14 岁就辍了学，也从来不会在句法语法方面犯错。她能说出最长的句子，虽然在上下文里没有任何意义，但在句法上却毫无瑕疵。我认为这样的才能一定是天生的。"

我们已经明白了智商是对智力的精确反映，也明白了智商关系到人生的诸多方面。关于智商的作用还有争议，但争议更大的是"智力的有些方面是天生的"这个观点。为了考察这个观点，我去拜访了罗伯特·普罗明（Robert Plomin）教授。普罗明出生在美国芝加哥，但很早之前就搬到了英国居住，目前在伦敦国王学院教行为遗传学。他曾经发起并主持了双生子早期发育研究（Twins Early Development Study，简称 TEDS），那是英国最大的双胞胎研究，招募了 15000 多名同卵和异卵双胞胎，并对他们从儿童早期到（目前的）21 岁开展了追踪评估。[17] 双胞胎有着相同的基因，生活环境也大致相同，因此可以考察他们的性状（比如智力，又比如肥胖等许多其他性状）有多少是受基因的影响，又有多少是受环境的影响。普罗明还观察了分开抚养的双胞胎及领养的儿童 [18]，他的结论稳健而清晰，多少还有点令人吃惊：他发现孩子在 16 岁之前的学习表现主要可以用遗传来解释。孩子上的是什么类型的学校、抚养他们的是什么样的家庭，这些都不重要。即使和原来的家庭分开，孩子的智商也会和亲兄弟姐妹或者亲生母亲密切相关，和收养家庭的兄弟姐妹或养母毫不相关。普罗明表示："不管你研究的是哪个人群，收养儿童也好，同卵双胞胎也好，先在一起长大后来又分开的双胞胎也好，不管你起先有多少不同的假说，最终都会得出同一个结论：遗传基因的作用远远超过学校教育或是家庭环境。我认为谁也无法否认这样的数据。"

普罗明和同事曾对 36 万对兄弟姐妹和 9000 对双胞胎开展

过一项研究，结果发现我们在本章探讨的这种高超智力是家族性、可遗传的：在这种高度的智力中，有将近60%的差别由基因决定。[19]这个结论支持了曼特尔的直觉：她的智力有一大部分是得自遗传。

不过世界上并没有什么"智力基因"。即使有也不止一个，而是有数千个之多，它们每一个都只对智力产生微弱的影响，同时也影响着智力以外的其他性状。2017年一项对78308名对象的遗传学分析显示，有52个基因共同影响了人与人之间不到5%的智力差别。[20]你可能觉得奇怪：既然智力的60%都是由遗传决定的，为什么这项研究只找到了5%？原因是决定智力的特定基因很难寻找。这里的5%指的就是这些特定基因的比例，科学家正在努力寻找那另外的55%。

曼特尔并不认自己是个完美主义者，但她确实热衷于把事情做对。"我似乎从来就准备当一名作家。我一直在追求用精确的措辞描写事物，稍微模糊一点都不行。"（我对她说，这样的训练好像也很适合培养科学家。）

用曼特尔自己的话说，她有两项超越常人的品质，一个是记性好，一个是言语极其流畅（我们到第2章和第4章再详细考察它们）。有时她在说话间会转用第二人称来形容自己，听起来有点像是在读自己写的小说，因为她也常常用代词"他"来指称克伦威尔。"你感觉你的一般智力测出来不会太高，"她说，"但是我有一样东西是智商测试测不出来的，那就是我的好记性和仔细加工海量材料的能力。"

但其实，一套合格的智商测试可以测量记忆力，虽然那未必是曼特尔所指的那种长期记忆（long-term memory）。无论如何，曼特尔都属于我们之前在讨论智商时想到的那一部分人：她自认为长于语言，却拙于数字。"我一直认为，因为我的言辞太过流畅，世人都高估了我。我总是能在考卷上乱写一通蒙混过去。但是遇到数学我就两眼一抹黑了。我也不是不识数，但是我还记得第一次在课堂上听微积分时的感受：老师仿佛在讲俄语，我什么也听不懂。"

她未免对自己太苛刻了：即使用母语讲授，微积分也并不好懂。我对曼特尔提到，虽然常有人说"我擅长文字不擅长数字"，但是许多智力研究都表明聪明人在许多方面都聪明。她数学不好，也许只是因为没有得到恰当的引导而已。她思索片刻，修正了自己的观点："我其实很喜欢运算复杂的乘法。我并不讨厌数字，但如果那不是机械运算而是数学概念，我就弄不明白了。"这是心理学家所谓"倾斜"（tilt）的典型例子：有些人的能力会倾向某个方面，而这种倾向又会左右你的人生轨迹。[21] 以曼特尔来说，她倾向的当然是做一名小说家。

智力超群的孩子往往寂寞，这主要是因为他们觉得同龄的孩子太无聊了。曼特尔说，她在很小的时候就养成了一种习惯，就是对提出愚蠢问题的人视而不见。在她看来，学校教育中的许多内容简直是浪费时间。她觉得交朋友很难。"我认为大家都觉得我是太害羞了才不交朋友的。其实我是喜欢游离于群体之外。我是设计剧本的人，其他人则都要照着来演。作家总说自己喜欢观察其他所有人，我就是这样的。"

她说她并非不开心，只是有点挫败。"不过我也在等待时机。我一直想尽力有所成就。我有无尽的抱负，只是没有表达出来。所以不管小时候发生了什么，我都认为那只是暂时的。"

在我看来，她说到了高智力者或至少是成功者的一个关键行为特征，那就是抱负，或者叫上进心。你很有上进心，我说。

"你说得对。要在世上留下自己的印记。我并不是要'离开这个小地方，让他们看看我的能耐'，我的抱负比这更大——你知道那些心理学实验吗？他们给小孩子发棉花糖，测试他们延迟满足的能力。我要是参加，一定能得高分。"

她说的棉花糖实验是斯坦福大学的沃尔特·米歇尔（Walter Mischel）在 20 世纪 60 年代设计的。主试先给一群儿童每人发一块棉花糖，然后告诉他们可以现在就吃掉，也可以等 15 分钟然后再拿一块。大约有 1/3 的孩子忍住了没有立即吃掉，并在 15 分钟后领取了奖品。几年之后，米歇尔惊讶地发现当年那些较为自制的孩子在社交和学业上都更加优秀，而且这个结果在几个不同的方面均有表现。又过了 40 年，这些孩子早已长大成人，研究者再次找到了他们，并发现根据自制力的强弱，这些成年人的脑神经网络也有了不同。当年那些意志力较强的孩子，在长大后果然呈现了更优的神经活动模式。[22]

还有一项研究发现，自制力较强的人也有较高的智力，脑部扫描也显示了他们的前额叶前部（anterior prefrontal cortex）更加活跃[23]，而这本是在人脑中成熟较晚的一个部位。现在听着希拉里·曼特尔的叙述，我禁不住猜想她的脑或许真的比常人成熟得快。她想象自己的体内住着一个比实际年龄大的人，我觉得她的这个直觉可能触及了某个真相。

"当我回想儿时对别人的看法时，我常会觉得那是大人才有的判断。"她说，"在我的眼里别人都很好玩。当你期待他们做出下一件疯狂而古怪的事情，或者期待他们以极端的方式表露自己时，你就不会像孩子那样害怕他们了。这时你就做到了超然。"

她顿了顿，说她刚刚明白了一件从前不知道的事：等待别人表露自己。"你对一个人有了某种看法，然后就等他用行动向你证明。我觉得我的脑袋就是这样运作的，就好像有一部戏剧将要上演，而我就坐在一旁等着看戏似的。这并不是什么开心的事。孩子嘛，总不想被当作局外人。不过我也并不感到伤心。"

克里斯汀·瓦尔霍夫特（Kristine Walhovd）是挪威奥斯陆大学的一位认知神经心理学教授，她的研究方向之一是考察大脑和认知能力如何随年龄变化。我问她，像希拉里·曼特尔这样智力明显超常的人会在多大程度上感觉自己与众不同？我们又该怎么解释这个现象？瓦尔霍夫特的话使我冷静了下来。

"要说独特，其实每个人都是独特的，所以曼特尔说她感到与众不同，那当然是真的。人人都与众不同。我敢肯定，如果大家都说真话，那么大多数人都会像曼特尔一样，觉得自己在成长的某个阶段和'别人'不同。你难道不会吗？这都是对的，我们的确和别人不同，但是'别人'同样和别人不同。"

好吧，她说得不错，毕竟我的目标应该是为那些超人揭去神秘的面纱，而不是再神化他们。曼特尔的特质并非独一无二，她当然算不上。她那顶尖的语言能力也不能看作男孩和女孩之间不同发育速度的极端表现：瓦尔霍夫特说，男女间的性别差异被夸大了。

如果曼特尔真有什么童年时期就具备的品质，那就是对她自己这个人的确信，还有她的决心和专注。"我向来有一种强大而确定的自我感（sense of self），不管人怎么说我、怎么看我，都不会改变。我觉得我的内心是蛮顽固的，就像一块石头。"

从很年轻的时候起，她的一切计划就都宏大而长远。她知道做某件事在 5 年之内不会有回报，但总有一天会有的。那么她又是为了什么而延迟满足呢？她的棉花糖是什么？

"当你设定了目标，这目标也会随着你的接近而不断前行。到最后，你会取得比最初的想象更大、更好的成就。在这个追求的过程中，你这个人已经变了，能力也增强了。目标总在你的前方，也总在拓展你的才能。"

如果说自我磨炼、自我成长是她过去和现在的目标，那么这成长的动力又是什么？她对此也做了交代："我认为最根本的是好奇心。你每天早晨都必须问自己一声：今天可能发生什么？我认为你如果能保持这种心态，你的头脑就能一直活跃到老年。"她顿了顿又说："当然了，身体就是另一回事了。"

曼特尔多年来一直健康不佳，她也表示，身体上的耐力不足是她没有进入政界的一个原因。她继续说道："在我看来，幸福的生活就是在进入中年之后很久，你还能发掘出新的潜能。"

关于幸福生活的元素，我们还是留到书的最后再谈吧。现在我想问她一个阿提克斯·芬奇式*的问题。她的一项长处是能从不同的角度理解一个人的境况、能够钻进角色的皮囊里考察他的内心。她是怎么做到这一点的？曼特尔回答说，她把写作看成一场表演，里面的每一个角色你都要亲身演过。"如果一个人物是从你的头脑里冒出来的，我认为他就体现了你的自我的某个方面，是在探索你内心的某个不曾使用的角落。比方说，如果你是个男人，会是怎样一个男人。写作就是体验你未曾经历过的生活。"

---

* 芬奇是小说《杀死一只知更鸟》的主人公，是极为正直的律师，主张从别人的角度看问题。

但是曼特尔也表示，她也不知道自己笔下那些主要人物的内心在想什么，她能看见的只是他们的外表。她说她试着为那些主角赋予自由意志（我立刻想到了克伦威尔，我知道她也想到了他），使他们产生了一圈模糊的轮廓。我起先没有明白她的意思，后来想通了：她对这些人物并非全知全能，因为这些主角刻画得太深刻了，以至于有了自己的生命。

在她看来，她的创造力是从她的自我审视中产生的。"我总在认真记录头脑中闪现的念头，对外间的真实世界反倒不太关心。"说到这里，她不由得为那些咬着笔头、神游物外的作家做了一番辩解，"一般人在说起'发呆'（daydreaming）时是有误解的。"接着她凭直觉说出了一番洞见，和心理学家刚刚用脑部扫描发现的现象正好吻合。

"对于一个作家，发呆是极有目的的一项活动。它是有所指向的。你在内心的电影胶片上看见的东西会转化成文字、或者储存下来在以后重播，这根本不是什么模糊的活动。"就像哈佛大学的保罗·塞利（Paul Seli）指出的那样，胡思乱想其实和有目的的思维有关。[24] 其他研究也指出发呆能提高创造力，有助于解决问题。[25]

"我身上有许多矛盾，因为我对事实相当好奇。"曼特尔说。这又使我想到了文学和科学之间的共性。"创造的一个重要部分是容忍矛盾。创造时你随时要处理各种层面、各种色调的意义。"

* * *

我们再来看看另一个对事实同样好奇的人，不过这个人却极不能容忍那种模棱两可的状态。

　　保罗·纳斯（Paul Nurse）的名字后面有一连串表示爵位的字母，长得就像一辆巴士。2001 年，他因为发现细胞周期（cell cycle）的工作原理，获得了诺贝尔生理学及医学奖。他说他的科研动力是理解生与死之间的根本差异，他明白实现这个目标的手段就是观察细胞分裂的方式。

　　他从酵母入手，发现了调控细胞分裂的基因和蛋白。他还发现这些基因也在人类体内指导细胞分裂，这个过程一旦出错，就会导致癌症。他在 1999 年获得了骑士封号。他先后做过纽约洛克菲勒大学的校长、英国科学院及皇家科学院的主席，目前在欧洲最大的生物医学实验室、伦敦的弗朗西斯·克里克研究所（Francis Crick Institute）担任所长。有一次我要在一个科学节上向观众介绍他，我问他怎么称呼比较合适，他说："叫我'变形怪体'*吧。"我当然没有听他的吩咐。保罗·纳斯是我们这个时代极有影响的一位科学家。

　　他的家族血统也很不寻常。他在获得诺奖之后就一直在纽约生活，于是决定申请美国绿卡，但他的申请遭到了驳回，因为他提交的出生证明只是一个简版，上面没有写他父母的名字。当他从英国民政局那里调来全版时，才发现自己的父亲姓名未知，而"母亲"一栏里写着他一直以为是姐姐的那个人。原来当年他母亲和不知哪个男人怀了孩子，并为了掩盖他私生子的身份，在诺福克郡生下了他。纳斯由外公外婆带大，二老在逝世前始终假装是他的父母。而那个长他 18 岁、他以为是姐姐的女人，其实才是他的母亲，这时已经不在人世了。他的"哥哥"们其实是他的舅舅。父亲是谁，他始终没

---

* 《变形怪体》(*The Blob*，又译《幽浮魔点》)，1958 年的美国电影，是史莱姆的首次银幕亮相。

搞清楚。如果这是一出肥皂剧的情节，你一定会嫌编得太假。

在这件秘闻曝光之前，保罗一直被当作独子抚养，因为那些"哥哥姐姐"都大他太多，已经不需要家长照顾了。他在小时候度过了许多独处时光。在上学和放学的漫长路途中，一股与生俱来的强大好奇开始显现出来。和希拉里·曼特尔一样，他也将好奇当作自己心智的核心成分，不同的是在他身上，这份好奇还得到了逻辑和实验的辅助。就是这些品质将他塑造成了一名科学家。

我说这好奇是"与生俱来"的，但是纳斯的态度却有所保留，当他在克里克研究所与我坐下交谈时，他刻意不把好奇心说成是一种遗传性状："有一点不可否认，那就是我对周围的自然界有一种近乎病态的好奇心。我之所以这样，或许是因为没有被太多家庭事务分心的缘故吧。"那些独处的时光使他有机会观察自然。他对天文学和博物学发生了兴趣，也试着探索起了世界的运行原理，这在他身上激起了对自然界的真正好奇。这份好奇他一直保留到了今天。

他认为大体而言，大多数像智力这样的高级人类特征，都有大约 50% 是由遗传决定的、另外 50% 取决于环境，有时候环境的比重会略有高低。"我是遗传学家，完全明白基因可能造成的影响。我的成长环境远离学术界和知识界。那它是如何激励我走上科研道路的？我在头脑里论证过这个问题。"在发现没人知道他的父亲是谁之前，他就已经会寻思自己在智力上为何与家人如此不同了。他的家里没有藏书，父母也不鼓励他读书或者寻奇。然而他的好奇心却自行萌发，和天上的星星、上学途中停在灌木篱笆上的飞蛾拴在了一起。我不由想起了罗伯特·普罗明告诉我的话。他观察了一些双胞胎和领养儿童，他们或在不鼓励求知的环境中长大，或是被送到了差劲的学校，但普罗明发现，是人才总会冒尖："对那些才能顶尖的儿童来说，你简直要把他们关在衣柜里才能阻止他们成功。"

照理说，科学家应该以客观公正、严守逻辑和证据而自豪，然而在实践中，一些科学家又很容易不经证明直接得出结论，并且用不甚严密的数据来支持自己偏爱的假说。纳斯却真正代表了"恰当"的科学方法。他对"点子"十分严苛："我从来不觉得想出个把聪明的点子有什么了不起，因为点子是廉价的，只有掰碎了验证，它们才能产生价值。"

纳斯认为，将一件事物掰碎了验证的渴望正是智力的一个组成部分。"这可能和虚荣心有点关系。如果我有了一个理论，也有了支持它的观察，我并不会直接发布它，而是会绕着它走两圈，从各个角度观察它，并试着推翻它。如果这时它还能成立，我才会和人谈论它。试着推翻自己的理论是很有意义的。如果你的理论能挺过这一关，你谈它的时候就有自信了。"

当纳斯上了文法学校、后来又上了大学时，他发现身边的许多同学有更丰富的成长背景。这些孩子家里都有藏书，师长也鼓励他们参与智力活动。看见别人的见识远超自己，他觉得必须对世界多加了解了。于是他开始阅读《泰晤士报文学增刊》和《伦敦书评》来拓宽眼界，到今天还依然如此。"我的动力或许是觉得自己有些欠缺，但更多的是想了解世界上的许多事情。说到底，还是强烈的好奇心使然。"

好奇心和发现欲将他引向了生命科学。物理科学里的那些问题实在太宏大太难懂，使他自觉渺小。而在生物学里，那些课题都是你能观察的。他可以在自家后院里清点蛛网的数目，并思索苍蝇的相应分布。"要我在后院里研究原子的结构就不可能了。"

我说到他可以在头脑中研究原子，但他说他不是那种耽于头脑的人，他总是在观察事物，并把它们和世界联系在一起。把问题放进内心、用数学的方式思考，这对他而言是全然陌生的做法，他的那个不知学术为何物的家庭完全没教过他这个。这又使我想起了希拉里·曼特尔的话：当学校里开始教授数学概念时，她就跟不上了。而她也是在学术圈之外的家庭里长大的（"我上的是德比郡最差的一所学校"），虽然放了学就沉浸在书本中。我又想到了心理学家所说的"倾斜"：曼特尔的语言才能使她倾向写作，纳斯对自然界的好奇使他倾向生物学。

保罗·纳斯的孩子们当然都成长在一个充盈着学术和知识的家庭氛围里。他的一个女儿成了高能物理学家。"她是新一代人，成长环境和我不同，她好像并不害怕抽象的东西，我是害怕的。"他说。

无论在学校里还是生活中，纳斯都常常"脱离正轨"，他喜欢跟随想象的脚步行动，乘着幻想的翅膀起飞。"当我脱离正轨，走上有趣的道路时，我的表现就会上升，不然就会下降。"随着年龄的增长，脱离正轨也变得有利可图了，"我在思考解决方案时很有想象力，但每次我都能把自己拖回地面，回到实验、观察和验证上来。说到底，可能还是因为我喜欢用眼睛观看世界吧。"

考虑到本书后面会探讨的两个主题——记忆和语言——我提出一般认为高智力人士在这两样上也应该出众，但纳斯却说自己已经放弃了它们。"这几样东西是互相关联的。你得能记住 chien 就是狗。但是我有另一个问题：我的外祖父母都有诺福克口音，"说着他就换上了一副土气的乡下口音，"我住在伦敦的时候，别人都笑话我的这个口音。"

他说，自己始终无法用"正常"的方式（他的意思是不带强烈地方口音的方式）发音，因此在语言上遇到了障碍，而且他还不擅模仿。他的记忆力也是个问题。但是他也有他的长处，就是非常善于将事物以不同寻常的方式组合起来。"我能将知识海洋中的不同部分串在一起，这是大多数人做不到的。我对许多知识如饥似渴，同时又富有逻辑。我能将事物汇总起来，用逻辑来分析。如果分析失败，我就抛弃它们。"

他这种思维看来有家庭方面的原因。他出身低微，不想叫别人来批判自己的想法——也许那时候别人当他是乡巴佬，都不搭理他。

纳斯今年 68 岁。人的认知能力，尤其是思维的速度和不依赖于现成知识的推演能力，都从 30 多岁就开始下降了。但是人的晶体智力（前面说过，这是人在获取真实世界的知识、事实、数字和经验时运用的智力）却能在几十年里保持住水平。[26] 我问纳斯，从青年到老年，他觉得自己哪里变了。

"我知道自己已经比不像 30 岁时那么长于思考了。"他说。

他丧失的包括一连几个小时专注在一件事上的能力。"我在研究物理的女儿身上还能看到这种能力：像激光似的在一个问题上聚焦，直到它蒸发为止。我现在太容易分心，很难再完全专注了。"

不过他也会从别的方面做一些补偿。"解决问题的时候会运用一些思维过程，这些我都用过，知道该怎么做。"他还在有的领域积累了一些取巧的办法，也能派上用场。他的纯粹智力或许是退化了，但他有了经验——在我离开之前，他还向我传授了几条。第一条是把想法看成火车轨道。

"当你想出一个点子解释一个现象时，你就很难再想到别的点子，思维的列车会沿着一条轨道直开下去。可你又必须想出法子来摆脱这条轨道。"

他发明了几个窍门来做到这一点。第一是不要想得太勤："如果你老是想着一个问题，就会被困在同一条轨道上。"

第二是读一些未必与课题有关的材料，或者做些别的事情，强行把自己切换到别的轨道上去。纳斯还是个飞行员，开飞机就能强制他在脑中切换轨道。"人在天上的时候，除了活命别的一律不想。当你在阿尔卑斯山上滑翔了一番，再重新回到地面时，你就会以全新的目光看待一切，因为你的头脑已经清空了。"

最后，他对失败也有自己的心得："失败在所难免，你随时都会失败。"你必须接受失败，从失败中学习，关键是失败了也要继续前进。他说自己身为导师，常会忠告学生不要因为失败而沮丧，还教导他们如何建立应对失败的心理机制。你必须有成功的动机(motivation)，但也必须确保这个动机是扎实的。"如果你只想出名，就可能永远无法成功。成功需要另外一些动机。我的动机是好奇，它始终驱使着我。"

02

记忆

记忆，是自然最丰厚的馈赠，

也是人生的一切事物中最必要的一件。

——老普林尼（公元 1 世纪）[27]

我用我的当下构造记忆。

我迷路了，被抛弃在了当下里。

我徒劳地想要与过去再次结合，却无法逃脱当下。

——让-保罗·萨特《恶心》（1938）

我不仅仅是我的脑，我的记忆才是我之为我的原因，那么如果

我不记得自己是谁了呢？……我不知道该什么时候说再见。

——尼古拉·威尔逊《板块和缠结》

（*Plagues and Tangles*，2015）

伊雷内奥·富内斯掉下马背摔晕了。当他恢复意识时，身体瘫

痪了，但记忆却变得极好，可说是好到了超人的级别。他能记起自己做过的每一场梦、每一次遐想。"他记得 1882 年 4 月 30 日黎明时南面朝霞的形状，并且在记忆中同他只见过一次的一本皮面精装书的纹理比较，同凯布拉卓暴乱前夕前夕船桨在内格罗河激起的涟漪比较。"富内斯的记忆变得没有穷尽，他发明了一套疯狂的记数系统，并在其中用特定的单词表示数字。于是，数字 7013 就成了"马克西莫·佩雷斯"，7014 成了"铁路"。在他这种记忆系统里，数字超过了 24000。

　　这个富内斯当然是虚构的，是阿根廷作家豪尔赫·路易斯·博尔赫斯用他的非凡头脑创造出来的人物。他在短篇小说《博闻强记的富内斯》中写道，富内斯的这套记数法、连同他其他令人困惑的内心排列法都是毫无意义的，除了他本人谁都弄不明白，但至少，它们揭示了他的头脑中进行着怎样的活动。"从中我们能窥见或推导出富内斯生活的那个令人炫目的世界。"

　　这也是我们将在本章探索的世界。我们将会遇到的人在记忆的体量和精度上都逼近富内斯，但比富内斯更惊人的是他们都是真人。我们还会换一个角度，去看看对所有人来说，记忆的功能是如何的脆弱、可塑、完全不能信任，而且这居然是一件好事。记忆的奇怪，比得上博尔赫斯笔下最丰富离奇的故事，甚至可以说更加神秘。阅读本章时，请记住我们在说到"她的记忆惊人"时有两种意思。第一种是说她具有储存大量信息的能力，第二种是说她记忆的内容非同寻常。多数时候我们集中探讨的都是作为认知能力的记忆。[28]

　　我们先从一个数字讲起。这个数字我们念书的时候都有过起码的了解，它就是 π，圆的周长和直径的比值。它的开头几位是

3.14159……然后不断延长。它是无穷数，也是无理数，绵延不绝，永不重复，许多人都禁不住被它吸引。对有些人来说，这种吸引也许是灵性的；对另一些人，那又是征服的目标，就像登山者会因为"山在那里"而一定要去攀登一样。有些"记忆运动员"（这么叫是因为他们接受了大量记忆训练）尤其为 π 的无限性所吸引。

72 岁的原口证（Akira Haraguchi）是东京附近的木更津人，他在 2006 年将 π 背诵到了小数点后 10 万位，背诵过程超过 16 个小时。在他看来，π 代表的是对意义的宗教式探索。"背诵 π 的意义就像诵佛经和冥想。"他说，"世间环绕的一切都承载着佛的精神，我认为 π 就是对这一点的终极示范。"他是记忆圆周率的世界冠军，虽说《吉尼斯世界纪录大全》并没有认可他的背诵。

正式的吉尼斯世界纪录保持者是 23 岁的拉吉维尔·米纳（Rajveer Meena），来自印度拉贾斯坦邦的萨外马多布尔县。2015 年 3 月 21日，在印度泰米尔纳德邦的韦洛尔理工学院里，米纳将 π 背诵到了小数点后 7 万位。他当时蒙着双眼，整个过程持续了 9 小时又 7 分钟。他告诉我说，激励他背 π 的一个因素是他的成长环境：他要证明自己虽然出身卑微，却仍能攻克世界上最大的记忆难题。

这些记忆高手的动机各不相同，用的也是不同的方法，但从根本上说，他们都是把数字转化成了一个故事。背诵 π 时，他们其实是在脑袋里叙述那个故事，同时将它回译成了数字。原口证的记忆系统根据的是日文里的假名，他把 π 的前五十个数字用假名编成了这样一则故事："我是一个脆弱的人，离开故乡去外面寻找内心的平静，我将在一个黑暗的角落里死去。虽然死去很容易，我却仍要保持积极。"希望这个故事在接下去的 10 万个数字里能有些进展。

米纳则是把一组组数字转化成了字词，就像博尔赫斯小说里的那个富内斯一样。他在和我闲聊时给我举了一个例子："我走出屋子，见到了罗杰·费德勒，又去了公园，穿上了一条牛仔裤，我花50块钱乘出租车去了办公室，并在那里挣了100块钱。"这些词语可以翻译成数字749099950100：我（74）走出屋子，见到了罗杰·费德勒（90），又去了公园，穿上了一条牛仔裤（999），我花50块钱乘出租车去了办公室，并在那里挣了100块钱。

记住这个包含7万位数字的故事花了他6年多的时间。除了能证明自己是世界上记性最好的人之外，"这还是一个增强耐心和信心的好办法，"米纳面无表情地说道。接下去，他的这两种品质就得到了充分考验——整整等待了7个月的时间，他的努力才得到了正式认可："当我终于收到吉尼斯世界纪录的电子邮件，告诉我纪录申报成功时，我一晚上都没睡着。我把那封电邮看了好几遍。"

我好奇他的记性是不是和富内斯一样好，于是问他是否记得每一天发生过的每一件事。他说不行。他对面孔和事件的记忆很好，但并不能自动记住自己在每一天里穿了什么、吃了什么。不过我们在后面将会遇到一个这样的人。

* * *

既然我想理解那些记忆 π 的人，那么我最好先来研究一下这个数字，于是我花了一点时间浏览了一个网站，上面列出了 π 的前10亿位。[29] 我用鼠标滚动了好一会儿，但页边的滚动标记显示我只看了5%。我预感到如果在这件事上耗时太久，精神会出问题。屏幕上滚动的数字使我想起了《黑客帝国》，但从里面我什么也看不出来，因为里面本来也什么也没有。π 是一个无穷数，迄今已经算到了 22 万亿位。这些位数还没有（？）全部在网上公布。我回到了这串数字的开头，3.14159……并剪切下了最初的 22514 位。这只是整串数字中的一个片段罢了（话说回来，就算我剪切了 1 万亿位，仍只是这个无穷数中的一个片段）。我放松心情，开始仔细观看起来。

我不由想起了博尔赫斯的另一个故事：《巴别图书馆》。故事描写了一座神奇的图书馆，其中收藏了数量巨大、近乎无穷的书本，这座图书馆里有一片辽阔的空间，容纳了所有可能印刷出来的书本、每一种字母的组合形式。这些书本绝大部分毫无意义，但偶尔也会冒出一个单词甚至一个连贯的句子。图书馆里的人穷其一生，寻找有意义的书本。在浏览面前的这个 π 的片段时，我也偶尔会发现几座由数字构成的零星孤岛：接连出现的几个 9，短短的一串 0，看起来仿佛二进制的一串数字，还有几个连在一起、在数幕中构成蛇梯棋似图案的 7。但这些都只是巧合，我知道它们并不传达任何意义。我也无法理解为什么有人会沉迷于此。记忆这些数字是什么感觉？我想象了起来。

在丹尼尔·谭米特（Daniel Tammet）看来，这些数字有着实实在在的意义。在他眼中，数字都是带着光环的。它们有颜色，有质地，有形状，奇怪的是还有情绪。比如数字 4，在谭米特眼中就是蓝色的，此外它还是一个羞怯的数字，他感觉这个数字很亲切，因为他自己也是个害羞的人。于是他就把 4 当作了自己的昵称。数字能对他发光、眨眼甚至咆哮，一串串数字能形成句子，表达情绪和感受。

谭米特今年 38 岁，是一位畅销书作者和译者。他生于英国，眼下在巴黎居住,我就是在巴黎见到他的。那是 6 月里一个闷热的日子,我们约在了圣日耳曼德佩区一家凉爽而翠绿的餐厅里见面。赴约之前,我着重测试了一下自己的记性,因为我以前对这一带相当熟悉。我冒着热浪在一条条老街上闲逛起来,沿路寻找着眼熟的地方——我最喜欢的一家牡蛎店,雷吉斯牡蛎厂(Huîtrerie Régis)就在附近。我还把搁置已久的法语拿出来用了用,并欣喜地发现还没有全部忘光。我愉快地记起了某天中午曾在雷吉斯用过长长的一餐,吃了 21 只牡蛎。

谭米特通晓多国语言,会说的约有 10 种。他还拥有联觉(synaesthesia),这是一种神经方面的状况,在他身上表现为看见了词语或数字就会看见颜色。"3 是绿的,5 是黄的,9 是蓝的——很蓝的蓝,和 4 不一样;"他接着说道,"'谭米特'这个词是橙色的,'罗恩'是红的,'胡珀'是白的。"(红与白,这配色挺好看,我听后松了一口气。)谭米特还有自闭学者综合征(autistic savant syndrome),他的智商在 150 至 180 之间,具体数字"根据量表的不同而变化"。

我不由觉得奇怪:同一个人的智商居然会测出这么大的出入。但对这一点我没有深究,我更惊讶的是他对智商的看法:和约翰·纳恩一样,他也坚持认为智商只体现了对智商测试的擅长程度,也批评这类测试"把智力简化成了一个数字",说这没有意义——我们又遇见了一位声称金钱不是一切的亿万富翁。

但我来不是为了和他讨论智商。我想听听他是怎么创造背诵 π 的欧洲纪录,又为什么要创造这个纪录的。他的背诵过程只用了 5 小时多一点,总共背了 22514 位。

谭米特是家里 9 个孩子中最大的一个。他说,小时候因为必须和弟弟妹妹们交流，一定程度上缓和了他作为自闭症患者的反社会倾向。他的自闭症的确比较轻微，交谈时我们目光接触，和普通人没有什么不同，但是照他自己的说法，他要刻意提醒自己才能做到这些。他小时候觉得交朋友和沟通都很困难。他学会的第一种语言就是数字。他在上学时为 π 所吸引，但是无穷数的概念又令他害怕。他到二十多岁时仍能感受到 π 的魅力，于是他打印了 20 页 π，每页 1000 位，然后一头钻了进去。那副架势简直就像在跟数字谈心。

"我一看到数字就能体会到情绪和形状，这对我而言就像诗歌，譬如法语中的波德莱尔或是英语中的莎士比亚。π 就像一首用数字写成的诗。我对其中的数字玩味越久，它的意义就越明显。因为我不断用新的素材来发掘它的意义，不断赋予它新的颜色。"我不由想起了原口证说过，在 π 的深处能发现佛学的道理。

谭米特从 π 中创作出了一首由牵动情绪的诗歌，并在牛津朗诵了它。在他看来，这很像公开朗诵一首真正的诗歌，或是演员进行一场表演。"我使用的是数字的语言，下面的听众都很感动，因为这虽然不是他们的母语，不是他们能够理解的语言，但他们依然从我的体态、呼吸和口吻中感受到了数字的美。我把数字当成语言使用，这显然使听众受了触动。"

如果说原口证是把 π 当作佛经背诵，米纳背诵 π 是为了给村子争光、为自己夸口，那么对谭米特来说，背诵 π 的动机就简单多了：他只是为了交流。

在背诵 π 的那段时间里，他连做梦也会见到 π 吗？他说："在快要睡着的那一刻，我会看见数字在眼前闪现，它们有形状，有色彩，有情绪，有意义。它们有的代表孤独，有的代表恐惧。"我不禁想到：

要做到这个，是不是还必须具备勇气？"在背诵过程中，你有时会感到孑然一身。背诵最初的 1000 位时，仿佛整个宇宙只剩下了你一个人，那感觉真是恐怖。然而当故事逐渐展开，你就会进入一个新的阶段。"

背诵过程会使人精疲力尽。米纳回忆说，在 9 个小时的背诵时间里，他曾经腹泻发烧，简直无法再说出那些数字了。谭米特说他不知道那些演出漫长话剧的演员是如何做到的，但是那一个个饱含情绪的数字所引起的内心起伏，确实需要有勇气才能坚持下去。

"有人说他们听完我背诵之后眼里有了泪水，我知道我的声音里一定也有泪水。"谭米特说，"那是一种奇异的感觉：我既在数数字，又在讲故事……正是这件使我远离人群的东西，最后却帮我和人群直接沟通。"听他这么说，我想起了马克·里朗斯（Mark Rylance）说他在《耶路撒冷》（Jerusalem）中演完公鸡拜伦之后必须要做的事：他在剧中的表演激烈难当，结束后非得把身体缩成一团才能抽离角色，恢复镇定。"背诵需要勇气，因为有时它会使我心绪不宁；"谭米特说，"但我也知道背诵会带来美感，，给人勇气。"

剑桥大学心理系的丹尼尔·波尔（Daniel Bor）和同事对谭米特开展了一系列测试，有脑部扫描，还有一种叫作"纳冯任务"（Navon task）的心理测量。研究者先向被试展示一连串"整体"字符（可以是字母或者数字），它们由许多较小的"局部"字符构成，这些局部字符的作用是干扰被试的判断。比如被试可能看见了一个大号的数字 3，它由许多小号的数字 7 构成，而他的任务是认出数字 7。谭米特在辨认局部字符时比常人要快，也不太容易受到整体字符的干扰。

他的联觉也十分特殊。波尔在论文中指出："我们发现谭米特的联觉能生成有结构的、高度组块化的内容，这能够加强数字的编码，对回忆和计算都有辅助作用。"[30] 所谓"组块化"（chunking）指的是将较小的元素组合成比较熟悉的单位，它是记忆健将们常常运用的一种技术。比如数字 10271962 可以记成 1962 年 10 月 27 日。谭米特的自闭症和联觉似乎在帮助他记忆 π。

波尔说："谭米特的身上有一种特质：他非常倾向于关注学习对象的细节，比如数字之间的关系，比如外语单词的特征——它们是怎么发音的，又有什么联觉上的细节，这些他都可以用来增强记忆。我猜想这种注重局部的方法增强了他的特殊联觉形式。"

换句话说，谭米特把 π 看成了一个个联觉组块，他从这些组块中联想到了颜色和情绪，并将它们编成了一个故事。"他确实运用了一种辅助记忆法，但这种方法和他的联觉是密不可分的。"波尔说。

* * *

那些训练自身记忆力的人被称为"记忆运动员"（memory athletes）。你不要把他们想成是在费城艺术博物馆前的楼梯上跑步的洛基*，他们是佝偻在一张桌子前面努力记住一副纸牌顺序的人。这就是他们的训练手段。不过你要是喜欢，依然可以在脑子里给他们配上《洛基》的主题曲。

世界各地都有国家和地区级别的记忆竞赛，世界记忆运动协会（World Memory Sport Council）每年还要举办一次"世界记忆锦标赛"

---

* 电影《洛基》的主人公（史泰龙主演），拳击手。

（World Memory Championships）。[31] 2016 年的世界冠军是 25 岁的美国医学院学生亚历克斯·马伦（Alex Mullen）。马伦取得了多项记忆成就，比如他能在 20 秒内记住一副扑克牌打乱后的顺序，还能在 1 小时内记住 3000 多个个位数，这两项之前都没有人办到过。

　　和丹尼尔·谭米特以及所有记忆运动员一样，马伦也有一套方法将信息编码成方便记忆的形式。如果我们只是生硬地向脑子里灌输未经加工的信息，它是不会记住多少东西的。我们必须搭建某种框架，好让脑在里面舒服地吸收新知。这是因为人脑中负责加工短期记忆和长期记忆的区域是下丘脑（hippocampus），而下丘脑也负责产生情绪并为我们导航。对谭米特来说，他的框架是用数字建构并由情绪驱动的故事。只要记住了故事，他就能把它重新翻译成数字。于是在记忆时，他会将数字"拼接"成组块，再用辅助记忆法把组块串成一个故事。同样地，原口证和米纳也会将 π 中的组块编成故事。

　　要做到这一点，你不必拥有学者综合征式的能力，也无须联觉帮忙。你需要的只是练习。这是谁都能做到的把戏。科学记者约书亚·弗尔（Joshua Foer）就曾经证明了这一点。在报道世界记忆锦标赛的过程中，他决定亲自学习记忆窍门，结果赢得了 2006 年度的美国记忆锦标赛，还创造了"快速记牌"比赛的美国冠军。（他在 100 秒内记住了一副纸牌的顺序。）

　　我采访了马丁·德莱斯勒（Martin Dresler），他在荷兰拉德堡大学医学中心的邓德斯脑、认知和行为研究所（Donders Institute for Brain, Cognition and Behaviour）工作。他曾经证明任何人都可以借助记忆运动员的技巧变成记忆大师。首先，德莱斯勒物色了世界上最成功的 50 位记忆运动员，从中选出 23 人，用功能性磁共振（fMRI）

扫描了他们的脑。这些运动员都曾投入成百上千个小时练习记忆术。他们大多使用了一种称为"位置记忆法"（method-of-loci）的技术，又称为"记忆宫殿技术"（memory palace technique）。使用这种方法时，你要先想象一个非常熟悉的场所，一般是自己家里，然后想出一条路线，并在路线上放置各种物品，每一件都对应你需要记忆的东西。比如米纳的"步行到公园看见费德勒"就是这样一个例子。这些画面越是反常、惊人甚至令人不安，就越是容易记住。你可以在脑海中走过这条路线，一路捡起各种物品，然后将它们重新翻译成需要记忆的内容。

德莱斯勒的团队检查了 fMRI 扫描的结果，发现在脑的结构上，记忆运动员和未经训练的普通人并无不同。两者的差异只在于脑的活动，而且这种差异只在记忆运动员休息时才会表现出来。[32]

德莱斯勒又召集了一批没有受过记忆训练的志愿者，在 6 周的时间里指导他们学习记忆宫殿技术。结果这些志愿者记忆随机单词的能力普遍增长了 1 倍，脑的活动模式也开始和那些记忆冠军重合。

由此可见，谁都可以成为记忆超人。我们的记忆有巨大的潜力，关键是要明白记忆的演化原理，并将它的潜力发挥出来。德莱斯勒指出："我们的祖先几乎没有记忆抽象信息的演化压力。对大多数动物来说，最关键的是记忆视觉空间信息，比如怎么找到回家的路，到哪里去觅食、交配等等。"

明白记忆的演化背景对于理解记忆为什么容易出错是极其重要的，这一点我们很快就会说到。有一件事乍一看似乎违背直觉：要记住更多信息，我们就要把信息编码成庞大的组块，比如建几座宫殿，在里面装进企鹅、空间站和罗杰·费德勒之类的东西。也就是说，要减轻记忆的包袱，你反倒要创造更多信息。但是德莱斯勒解释了其中的原理：

"从生物学上说，人脑的主要功能还是编码那些相当具体的视觉空间信息，而不太适合处理抽象信息。因此在编码的时候增加一步、将抽象信息转化成具体的视觉空间表征，虽然表面看来是增加了需要编码的信息，实际却比直接编码抽象信息更加高效。"

我们的知识是听着故事学会的。如果能创造故事，我们就能学会记忆。与德莱斯勒合作过的记忆运动员都说他们没有什么天生的禀赋。他们的所有技巧都是后天学会的。不过，也有一种超常的记忆似乎确实是生而有之。

* * *

我正等在一尊纳尔逊·曼德拉的巨大青铜头像跟前，边上就是伦敦南岸的皇家节日音乐厅。附近没几个行人，只有一名红发女子和一个身穿雨衣、戴黑边眼镜的男人。还有几个人在雕像边停下脚步拍起了照片。我穿的是黑色牛仔裤和一双皮靴，上身一件条纹长袖棉衬衣和一件卡其色外套。袜子和内衣就不详细介绍了，只说一句我牛仔裤的胯部有一道（不严重的）裂口，那是我上周在巴黎植物园攀爬迷宫的时候扯坏的。我一边等待一边端详着曼德拉的雕像，雕像显得很年轻，和后来那个老年政治家相比，更像早年那个叛逆领袖。天空飘着乌云，看来要下雨了。这时一个年轻的金发男子走了过来。他比我高，穿着黑色牛仔裤，白色衬衣敞开着，露出里面的黑色 T 恤，左边耳朵上戴着一只小小的银色耳环。他伸手过来跟我握手，并叫出了我的名字。

　　要不是第二天一早就把这些写了下来，我很快就会忘记这些细节的。而这不过是昨天的事。你要是问我两星期前的那个周一在做什么，我要费很大劲才能回忆起来，至于当天穿了什么、天气如何，我是绝对想不起来的。但有些人偏偏就能记住这类细节，几年前甚至几十年前的某一天发生了什么，他们都能记住。他们得了一种叫"超忆症"（highly superior autobiographical memory，简称 HSAM）的疾病。

　　这种疾病在 2006 年第一次得到描述。当时有一个名叫吉尔·普赖斯（Jill Price）的女子联系了加州大学尔湾分校的詹姆斯·麦高（James McGaugh）。普赖斯说她能准确地记起过去 30 年中每一天发生的事情，其中有大量都和我在上面列出的一样，是些无关紧要的信息。"从 1980 年 2 月 5 日开始，那以后发生的每一件事我都记得，"她说，"那天是星期二。"你可以随便给她一个日期（麦高和他的团队试了许多个），她马上能告诉你那天是星期几、她又做了什么。比如 1987 年 10 月 3 日？"那天是周六，我整天都待在公寓里挂着悬带——我的胳膊肘受伤了。"科学家们将普赖斯说出的细节和她往年的日记比对，并把她报出的星期几和日历对照。结果证明她的记忆从不出错，媒体很快把这称作"全面回忆"（total recall）。

　　自从普赖斯出现以后，更多超忆症患者得到了证实，其中包括女演员玛丽露·亨纳尔（Marilu Henner，她曾在 20 世纪 80 年代的情景喜剧《出租车》中扮演伊莱恩）。不同于背诵 π 之类的后天习得、借用辅助记忆法的能力，超忆症是一种天生的超级记忆。不知道为什么，这些患者就是能把什么都记住。

　　我想要深入了解这些人的能力。他们是怎么做到的？脑袋里塞满了记忆又是怎样一种感觉？"大多数人说这是一份礼物，但我把它叫一种负担，"普赖斯说，"每天都要把整个人生在脑袋里过一遍，我简直要疯了！"

也许，这些超忆症患者能告诉我们记忆究竟是什么，又是如何储存的。我记得看过一部《哈利·波特》电影，里面邓布利多用魔杖从哈利的脑袋里抽出了几段记忆。从那以后，我就很难不把记忆想象成一种纤维状的卷须结构。记忆到底以何种形式存在？我们又是如何存取它的？我请教了伦敦经济学院的心理学家茱莉亚·肖（Julia Shaw），她也是《记忆错觉》（The Memory Illusion）一书的作者。"一段记忆，就是一片连接成网络的神经元在一同'哼唱'——也就是以相同的波长放电。"

网络是一个物理结构，也就是说记忆确实有具体的形式。它就像是脑袋里的一张蜘蛛网。激活一段记忆时，人脑会放出一只"探测器"，这就像是抛出了一根鱼线，只是它的末端不是一条软虫，而是一个问题。我们假设这个问题是关于海滩的。抛出之后，它就会激活和海滩有关的记忆。"接下来，和那个探测器关系最紧密的概念就会自动激活，比如'我最近去过的佛罗里达海滩'。当这些概念被唤起，我们就能核实这段记忆是不是我们要找的了。"肖说。也许我要回想的并不是那片佛罗里达海滩，于是我修改了探测器，让它去探查黑沙海滩，接着一段关于新西兰黑沙海滩的正确记忆就出现了。我会记住这个鱼线比喻的。

＊　＊　＊

和我握手的青年个子比我高，一头金发。他叫奥雷利安·海曼
(Aurélien Hayman)，是一名超忆症患者。海曼今年 25 岁，自 14 岁起，
他就能记住人生中的每一天。我们来到皇家节日音乐厅，在一张安
静的桌子边上喝了一杯啤酒。啤酒瓶上有一张天蓝色标签，这是当
地的一种淡啤，酿酒厂叫……唉，想不起来了。

吉尔·普赖斯说她的记忆"连续不断、无法控制、自动产生"[33]，
还说这种能力是一夜之间获得的，但海曼却说不清他的能力是怎么
来的了。"我不记得那是什么时候的事了。我总觉得那像是某种聚会
上的杂技，自然而然就能做出来了，不需要撞到脑袋什么的。"他看
过一部纪录片，说世界上有屈指可数的几个人能记住人生中的每一
天。他心想"这就是在说我"，然后就去搜索了谷歌。就像多米诺骨
牌，这引出了一连串事件：他和赫尔大学的记忆研究者朱莉安娜·马
佐尼（Giuliana Mazzoni）见了面，参与了几项科学研究，登上了几
篇媒体文章，上了几次电视，还在第四台的一部纪录片里出了镜。

接着我又联系上了 27 岁的丽贝卡·沙罗克（Rebecca Sharrock），
她住在澳大利亚的布里斯班，记性好得简直像博尔赫斯笔下的富内
斯。"我回想的每一段记忆都有生动的细节。"她说，"和那段记忆有
关的所有情绪都会重现，连同我的五感接收的一切体验。"

我要她举个例子，她说每年生日的时候，她都会回想起一生中
最快乐的一段记忆。那是她 7 岁生日的那一天。"我鼻子里能闻到空
气中的茉莉花香。那天的日出混合着粉色和金黄，脑海里满是它的
各种图景。我还感受到了拆礼物前的那份激动心情。"她接着列举了

她在那一年（1996年）收到的礼物：一顶公主王冠、一匹玩具小马和一座模型小屋。但除了这些，她也有所谓的"入侵式记忆"（intrusive memories），就是不由自主地回想起身体和情绪上的痛苦。有时她会想起从前擦伤过膝盖，随之就会产生一阵隐隐的痛觉。"虽然身体上的疼痛令人不适，但这远比不上重温以前的负面情绪。"她说。

在很长一段时间里，她都认为超忆症是一种折磨。"我曾经以为每个人的记性都和我一样好，"她说，"我还以为大多数人能比我更好地处理情绪的闪回。这使我感到灰心，感到沮丧。"但在去加州大学尔湾分校参观了克雷格·斯塔克（Craig Stark）的实验室后，她心情有了好转，明白了自己不是唯一的超忆病人，"现在我开心多了"。

沙罗克还有一个不同寻常的地方：她有自闭症。她记下了全本《哈利·波特》系列。每当她想睡觉，记忆却像潮水般涌来时，她就靠《哈利·波特》让自己不被淹没。我要她告诉我整套书里她最喜欢的一幕。她说就我们的话题而言，那只能是这一幕：哈利说服斯拉格霍恩教授交出他的真实记忆，交出他对少年伏地魔到底说了什么。"这一节对于我意义重大，因为斯拉格霍恩的描述，完全符合我自己对那些可耻记忆的感受。"

斯塔克指出，沙罗克的例子很好地展示了超忆症在形式上的强弱区别："这种自传式的能力还有等级之分，比如在测试中有些患者表现得比别人更好，但总的来说，他们都比普通人强多了。"

听海曼的描述，他并没有把记忆当作一种负担。"常有人问超级记忆是'礼物还是诅咒'，但是对我来说，它只是我的很小一个方面。有人问我：'你记性这么好，对每天的生活有影响吗？'说实话，没有什么影响。"海曼的超忆症完全在他的掌控之中，"我不会早上起来想到'哎呀今天是 6 月 5 日',接着就记起每一年的 6 月 5 日。如果有人问起我过去的某一天,我有时还会想不起来。我的记忆还是有空缺的。"

说到这里时机正好,我向他抛出了一个日期:请回想一下 2005 年 5 月 1 日吧。他沉默良久,眼睛盯着窗外,显然是在脑海中回顾过去。我想象此刻他正在无数个文件柜中一个个翻看。"这个我一时真想不起来了。"他最后说。

我忘记了 2005 年他还只有 13 岁。我到底指望他给我表演什么?像台电脑似的调出某个日期并立即报告那一天发生的事?这时他仍在努力搜索当天的细节,就像我们在回忆某件事情时都会做的那样。接着他灵光一现,打了一个响指说:"我想起来了,全都想起来了。"当天的画面一下子展开了。"那是一个星期天(我后来查了日历,发现他说得不错),我和爸爸妈妈一起去奇尔特恩丘陵玩了一天,还在酒馆吃了午饭。关于那天我记得许多事情——大家穿了什么,天气又怎么样。不过对你来说,这些大概都平平无奇吧。"

我要他描述一下刚刚努力记起日期的感觉。

"如果记忆并不直截了当,我就会去访问头脑中的几个检查站,比如我会这样想:'我的生日是 4 月 27 日,我还知道那几天银行放假'……这样在脑袋里筛选一番之后,你就能找到相关记忆了。"

这听上去很像是茱莉亚·肖所说的那个放出探测器寻找相关记忆的比喻。当我思考自己的记忆时,我发现它们是根据我当时所处的位置来组织的,比如我在东京的住所或在都柏林的公寓。我发现把记忆按时间排序,要比按地点排序困难得多,但是那些超忆症患者却能轻易做到这一点。马佐尼指出:"对超忆症患者来说,日期才是最理想的记忆线索。他们的记忆还有一种连锁效应：当他们循着日期回想起了一件事，他们接着就能用这件事里的某些元素作为线索，勾起别的记忆。"只要给他们足够的时间，他们就可能回想起许多，虽然不是人生中的每一个瞬间都想得起来。

海曼说："一般人总以为，要记住这么多东西，就得有无穷的记忆，有非常广阔的记忆容量。"但他并不认为自己的记忆库要比别人宽广，只是他的记忆好像布局更为合理，使他能在正确的节点上提取信息罢了。"我的脑子似乎调节得恰到好处，很容易记起以前的事来。"据他推测，如果给予足够的刺激，就连我也能记起某年某月某日发生的事情。或许真是这样，但是也有可能，在受到足够的刺激之后，我会想象出当天的记忆，那样就可能产生毁灭性的后果，这一点我们后面就会看到。马佐尼同意海曼的说法："只要有合适的条件，许多人应该都能记起更多东西。"这也是她对超忆症如此着迷的原因：这种疾病使我们窥见了长期记忆的巨大潜力。她认为，超忆症和其他现象告诉我们，人对过往经历的心理表征，很可能远远超出我们在某一时刻能够回想的内容。

好，我已经明白海曼是怎么记起旧事的了。可他又是怎么记起和某段记忆关联的日期的呢？起初我很难理解他的这个本事，因为拿我自己来说，我连今天是星期几都未必知道，几年前就更不可能记得了吧？海曼耸了耸肩，说他也不知道其中的原理。不过仔细一想，就算我在某一天中没有明确地说出那是星期几（写到这里，我脑海中不期而至地出现了电影《教父》的一段情节，那是迈克·考利昂的西西里太太在报日子：'星期一，星期二，星期四，星期三……'），就算我自以为不知道今天是星期几，但在内心深处，我当然还是知道的。只是我们把星期几当成了理所当然之事，就像阳光雨水，就像呼吸，以至于我们都不觉得自己在记录它了。

我又抛出了一个日期考他——2012 年 7 月 9 日。

"我想想看啊。"海曼进入了回忆模式，凝神望向窗外。我想象着他脑中的思维卷须蜿蜒着伸出，缠住浓雾中露出的标记物。

"那天是星期一——"不错，我后来证实了那天的确是周一，"我记得那天是纪录片剧组来拍我的日子。"他说完哈哈大笑：我居然正好挑中了这一天。"我还记得那天穿的是什么衣服，不过那也是因为我后来看了纪录片才记住的。之前的一天刚比过温布尔登网球赛，我还发作了严重的花粉过敏。你要是想听，我还可以告诉你那天的天气。"我后来查证，那之前的一天确实是温网决赛，罗杰·费德勒打败了安迪·穆雷。

我想知道他到底记住了多少东西。于是我说：我问你一个傻问题，你还记得那天阴晴怎样，甚至天上的云都是什么形状吗？海曼坦诚地微笑，他记不得了。他说他并没有照相机般的记忆："有时我只能记得一些朦胧的感觉，一股氛围。"

是啊，这是我本来就该明白的道理。也许我的脑袋里装了太多伊雷内奥·富内斯的故事，误以为真实世界里也有那样夸张的记忆了。实际上，就连丽贝卡·沙罗克也记不得这么多细节。世上根本没有所谓的"照相机式的记忆"（photographic memory），最接近它的是"映像记忆"（eidetic memory），记忆者能够巨细无遗地审视记忆中的某样事物，就好像眼前摆着一张相片似的。这个本领只有 5% 的儿童才有，在成年人身上从没出现过。把这样一个儿童带到一个房间里让他观察一两分钟，然后把他的眼睛完全遮住。在之后的几分钟里，他仍能在记忆中审视这个房间，仿佛它还在眼前似的。

有些超忆症患者似乎还具有优于常人的工作记忆，海曼也是如此吗？"我在这方面相当差劲。其实我很容易忘事，工作中也丢三落四的。这是完全不同的一种本领。"

超忆症有一个奇怪之处，就是具有这种疾病或说本领的人，只能记得他们亲身经历的事件，而且只有在那些事件过去几个月之后才能回想起来。[34] 他们并不能立时将记忆编码，放进某个水晶罩子里保存起来。通向旧时记忆的道路需要一些时间才能成形。克雷格·斯塔克的实验室里就做过几项实验，展示了这个记忆延迟形成的现象。"我们从研究中得出的结论之一是这些人在记忆的许多方面都相当典型，只要不涉及自传式记忆，他们就和普通人没什么两样，他们的基本记忆机制看起来也很典型。超忆症患者并不是和我们完全不同的人，他们也没有使用任何完全未知的记忆系统，只是在自传式记忆这个有限的领域，他们的记忆力要明显高出常人好几个量级。"斯塔克说道。

再给海曼提个日期吧。2009 年 3 月 12 日？他被难住了，然后说他知道 3 月 14 日。"但那天的记忆我不能对外人说。"说吧说吧，我撺掇他。"那天是星期天，也是我第一次喝醉的日子。我是和几个朋友在海滩上喝的酒，珀纳斯海滩。"你们喝了什么？"纯伏特加。"

海曼的记忆在强度上并不均等，就和我们非超忆症患者一样。它们有的相当稀薄，有的非常清晰。我猜想他之所以跳到 3 月 14 日喝醉的那一天，是因为那天的记忆要比 3 月 12 日清晰得多（至少在他喝醉之前）。何况"第一次"总是难忘的。但是总的来说，他并不知道自己的记忆为什么有这样的强弱分别。也许这和我们事后的思索回味有关。

海曼还有一个许多超忆症患者都有的本领——其实说"许多"也不算多，全世界已经确认的超忆者总共才六十来人："我的想象非常活跃，我天生就是个有点喜欢胡思乱想的人。"听他的描述，那并不是希拉里·曼特尔所说的那种有所指向的玄想，而是更加……自由散漫。"有时我甚至不敢承认自己在想什么。"他说，"用我父母的话说，我是让精灵仙怪勾了魂儿了。"

在劳伦斯·帕提西斯（Lawrence Patihis）看来，这一点可能就是超忆者强大记忆的关键。帕提西斯曾加入过加州大学尔湾分校的那支研究团队，目前在哈蒂斯堡的南密西西比大学工作。他在一篇研究超忆症患者人格的论文中写道："超忆者常常沉湎于私人事件，并在事后反复幻想，很可能就是这塑造了他们的精准记忆。"[35]

海曼反复向我说明：将超忆症看作负担是一种误解，至少他这种形式的超忆症绝对算不上负担。"得了超忆症，并不是说你的整个人生都会在脑子里像胶卷似的放个不停，根本不是那样。你只是在得到提示的时候能记起从前的事情罢了。你不只是拥有大量记忆，还能将它们提取出来，这就是超忆者的本事。"

他感觉自己脑中的某处还有更多记忆，只是无法提取而已。他还认为我们其他人也是如此。也许我们经历过的一切都已经在某处编码储存了，但是它们被锁了起来，或者给扔到了一边，它们的信号变得太弱，弱得我们再也无法提取。丹麦奥胡斯大学（Aarhus University）心理学和行为科学系的多特·贝恩特森（Dorthe Berntsen）猜测："像我这样一个没有超忆症的人，是不是也储存了人生中每一天的记忆，只是我已经无法找到它们了？"[36]

这是一个引人遐想的观点，也确实有许多人这样认为，但它并没有科学依据。当我向帕提西斯提到这个观点时，遭到了他的断然驳斥。"绝对不可能，这个说法早被驳倒了。它一直可以追溯到神经科学家怀尔德·潘菲尔德（Wilder Penfield）。"潘菲尔德，加拿大神经外科医生，他是第一个绘出脑的不同部分并推演出它们各自功能的人，也是用手术方法治疗癫痫的先驱。"我们的大部分经历都不会在脑中编码，"帕提西斯说道，"即使是已经编码的事件，也会随着时间而变淡。"

荷兰神经科学家马丁·德莱斯勒也指出，要设法验证这个观点是很困难的。而且退一万步，从演化的角度来说，给人脑配备巨大的容量编码一切，再把它们隐藏在意识之外，也实在是没有必要的做法。"我认为，更有效的机制是只把那些打了标记的事件完整而永久地编码，比如那些被强烈情绪标记的非常事件。而对于平常的经历只要记住核心就行了，那些冗长无聊的细节统统可以忘掉。"他说。

在海曼看来，问题的关键是，常人无法提取的信息，为什么他就可以提取？那些信息其实并不重要，可为什么他就能记住？不过话说回来，我们也不能苛责脑分清什么信息重要，什么不重要。比如在奇尔特恩的酒馆里和爸爸妈妈吃一顿午饭，这至少有可能成为一个重要事件。但如果这样说的话，一切事件都可能成为重要事件了。要留下更深刻的印记，我们只有把记忆文在身上，比如婚礼和特殊场合的信息，或使用辅助记忆法，或是一遍遍地复述，就像背诵《古兰经》的虔诚信徒（哈菲兹）和背诵台词的演员。

普通人以情绪为标准（比如快乐的记忆、悲伤的记忆）区分记忆，心理学家却不这样，他们的标准更加宽泛，看的是那记忆属于一般知识还是个人经历。前者他们称为"语义记忆"（semantic memory），后者称为"情节记忆"（episodic memory）。超忆者的那些充满细节的记忆正是属于后者的个人记忆。

帕提西斯和同事的实验显示，超忆者在时间回忆方面表现惊人，但他们回忆的细节却只是常人水平。[37] 比如在实验环境下要求他们记住一张单词表，他们的表现并不比没有超忆症的普通人强。这也符合海曼对自己记忆的感受："我能零零碎碎地记得一些事情，也能记起某个时间点前后的事。如果你说出某年某月，我就能记起我当时在听什么音乐、交了什么朋友、电台里在放什么节目。你抛一个日期给我，就可能开启一段我以前不知道的记忆。这真是离奇。"

和海曼的谈话使我很受启发，尤其是因为它揭开了超忆者的神秘面纱。我明白了他们使用的很可能是和我们普通人一样的记忆机制，也就是把问题钩在鱼线上抛掷出去——帕提西斯和同事开展的一个虚假记忆实验为这一点提供了证明。研究者向被试展示各种场景，然后测试他们的记忆，并在测试中混入可能虚假的信息。结果所有被试都快乐地将虚假信息融入了自己的记忆之中。"这项研究使用的记忆扭曲任务充分利用了我们重构记忆的各种方式。"帕提西斯说道，"这说明超忆者对记忆的储存及提取和我们普通人是相似的。"

他认为，要解释超忆症并不能诉诸新的记忆机制，而是要从超忆者的特殊性格入手，比如他们执着、善于想象、容易沉迷等等。

总之，具有高超自传式记忆的人并不比我们高超多少。我们当然还不知道他们是如何从漫长的过去中提取出这么多记忆的。但是和常人一样，他们的记忆也会受到污染，也会产生虚假内容并对之深信不疑。赋予他们超强记忆的或许是他们全神贯注和耽于幻想的性格，而这种性格或许也使他们受到了虚假信息的蒙蔽。帕提西斯指出，对误导性信息的深切关注会导致记忆错乱。

你可以说超忆症的特征是"全面回忆"，但你要是还记得那部同名电影，就一定知道里面有一处情节使这种对比难以成立：在电影中，阿诺·施瓦辛格的记忆是经过了窜改的，他对人生中大量事件的记忆都是虚构的。在脑中收录虚假记忆可能会造成悲剧性后果，然而虚假记忆的广泛存在至今没有得到足够的认识。该是深入研究的时候了。

＊ ＊ ＊

2017 年 4 月，莱德尔·李（Ledell Lee）在美国阿肯色州遭到处决，他的罪名是谋杀了邻居德布拉·里斯（Debra Reese）。但是据专门为错判者洗脱罪名的法律组织"无辜计划"（Innocence Project）的说法，对李的判决包含了许多漏洞。比如犯罪现场发现了许多不明指纹，但其中没有一枚是李的。李的鞋子上有一点血迹，法庭却未对它进行 DNA 检测。检方主张现场找到的几根毛发是李的，但它们同样没有经过检测。且检方的指控实在太过依赖目击者的证词。

有 3 名目击者说他们看见李案发时在现场附近，还看见他从里斯的住宅里出来。但是根据无辜计划的一份报告，在美国历史上 349 名因 DNA 证据洗脱了罪名的犯人中，有 71% 在定罪时至少有目击证词的支持，说明这些目击证词都是错的。然而美国最高法院并没有下令对李的案件做 DNA 检测，他被执行了注射死刑。

心理学家和律师向来知道目击辨认是靠不住的。数以千计的科学论文指出了目击证词的缺陷,其中重要的一类称为"自身种族偏见"(own race bias),也就是人在辨认其他种族的嫌犯时会格外草率。

然而目击者辨认至今是法庭上的强大证据,科学的成果却没有在法庭中普及,这一点实在不可理喻。1984 年发生过一件臭名昭著的案子,一个年轻女大学生在北卡罗来纳州伯林顿的公寓中遭到了攻击和强暴。受害者是 22 岁的詹妮弗·汤普森-卡尼诺(Jennifer Thompson-Cannino),白人,她自称在遭遇袭击时特地记住了袭击者的面容,这样一旦幸存下来就能指认对方。当地餐馆有一个工人名叫罗纳德·科顿(Ronald Cotton),黑人,袭击发生当晚待在家里,但是他没有妥善提供不在场证明,汤普森-卡尼诺把他从警方提供的几张照片里挑了出来。科顿给带到警察局去做现场指认,汤普森-卡尼诺再次指出了他,还说她百分百肯定他就是袭击者。她的语气是那样坚定,使人难以反驳,而且无论作为陪审员还是普通人,我们都自然更信任别人告诉我们的话,而不是干巴巴的科学证据。法庭根据她的证词判处科顿终身监禁外加 54 年徒刑。幸好这个故事的结局比莱德尔·李要圆满:案发后 10 年出头,DNA 证据证明了科顿的清白,也揪出了另一个男人,后者在监狱里坦白了罪行。汤普森-卡尼诺和科顿成了朋友,两人合写了一本书,书名很有意思,叫《选中科顿》(*Picking Cotton*),他们还常常举办讲座,呼吁改革与目击者辨认相关的法律。

伦敦大学皇家霍洛威学院的心理学家亚克·塔米宁(Jakke Tamminen)表示:"目击者或许会声称自己对某事有百分之百的把握,但研究指出他们的证词仅比那些自称无法确定的证人稍微精准一点。"如果在纯净的实验条件下,目击者的信心和证词的准确性确实有正相关，但是在杂乱的真实世界中就未必如此了。而这一点是从来没人考虑的，控方证人更是绝对不会考虑。

我在塔米宁的实验室里参与了一项验证记忆可靠性的实验。他给我看了两起罪案，都是为了研究记忆而在摄像机前演出来的。第一起罪案中，有两个男人从图书馆里偷了一台电脑显示器；第二起罪案中，一名女子在白雪皑皑的麻省剑桥被一个男人在街上偷走了钱包。这两个场景中都有许多因素使情况变得复杂，比如主要角色都和其他人互动，每个场景还涉及了几个地点。在观看罪案录像之后，我又在一张单子上读到了若干陈述，它们概括了每个场景的剧情及其中人物的行为。第二天塔米宁将会考察我对犯罪事实的记忆。他说，这是为了验证目击者证词的准确性。

许多实验都显示，即便我们对某事有生动的记忆，即便我们自以为它十分可靠、十分真切，也不能证明我们的记忆就一定是准确的。1986 年挑战者号爆炸之后，埃默里大学的认知心理学家乌尔里克·奈瑟尔（Ulric Neisser）让学生们填写了一份问卷。3 年后，这些学生又填了一遍同样的问卷。奈瑟尔将它们和 3 年前的问卷对比，发现两者截然不同。纽约世贸中心遭到"9·11"袭击之后，有人也做了类似的对比，并发现目击者确定自己记得的内容和实际发生的事实之间完全不相匹配。我们的心灵真的会捉弄我们。

那天早晨在塔米宁的实验室目击"罪案"之后，他询问了我看见的内容，并要求我评估对每一个回答的确信程度。比如那个钱包被偷的女人，我在前一天读到概括陈述时，他告诉我小偷是从前面撞上她的。我当时就断定这是一条错误信息，我记得自己观看犯罪场景时就觉得不太自然，因为小偷是从后面撞上她的。第二天，他又告诉我男小偷是从前面撞上女被害人的，他要我表示同不同意这个说法，并评估自己的确信程度。我表示不能同意，并说我相当确信（5 分里能打 4 分）。接着他又告诉我："那男人把钱包放进了外衣口袋里"。我不记得他是真的把钱包放进外衣口袋还是塞进裤子口袋了。其他细节也是如此：比如图书馆里有没有一个戴眼镜的女人？塔米宁设计这个实验，旨在测试记忆的确信程度是如何随测试时间而变化的，这取决于被试是在目击事件之后立即接受测试，还是先睡了一觉再接受测试。

　　我们知道，即使是长期记忆，也可能在提取时重新组装。这个现象在 2000 年的《自然》杂志上公布时，引起了不小的轰动，因为研究者向来认为长期记忆是锁定的。[38]埃姆斯艾奥瓦立大学杰森·陈（Jason CK Chan，音）的研究显示，如果在某个事件发生后立刻回忆，我们最容易受到虚假信息的污染。回忆行为本身会使记忆变得更不稳定，这时错误的信息就可能趁虚而入。[39]

＊　＊　＊

　　每个人似乎都有相信虚假事物的倾向。我们会真诚却错误地相信，我们从未见过的事情真的在眼前发生过。玛丽安娜·加里（Maryanne Garry）是一位心理学家，供职于新西兰汉密尔顿的怀卡托大学（University of Waikato），多年来一直研究人是如何获得虚假记忆的。"我个人的感觉是，只要用合适的信息、方法和环境引导，很少有人能对这种效应免疫。"

　　杰森·陈也赞同这个说法："有些人比其他人更能抗拒虚假记忆。

一般认为额叶功能是一个重要因素,而额叶功能又和来源监测(source monitoring)能力及工作记忆容量有关。"但抗拒是一回事,免疫可完全是另一回事。"我们还不知道有谁能完全不受虚假记忆的影响。"

那么,有什么人对虚假记忆的抗拒超越常人吗?人脑天生就有像吸墨纸一般吸收虚假记忆的倾向,如果能训练或者挑选出某个能抵抗这种倾向的人,那多半要到特种部队里去找,因为他们的训练是特别严格的。

许多国家都会训练自己的精英士兵抗拒审讯。

查尔斯·摩根三世(Charles Morgan Ⅲ)是耶鲁大学医学院的一位精神病学家,他曾和美国及加拿大军方广泛合作,就极度紧张环境中的目击记忆和心理表现提供建议,并协助特种部队挑选队员。他的研究对象一般是在特种部队中接受训练的现役军人。在研究中,这些士兵会参与一项紧张的角色扮演练习,他们模拟战俘的处境,一连48个小时被剥夺食物和睡眠,然后接受"粗鲁"的审讯。在从战俘营"释放"一天之后,士兵们要在一排候选人中指认自己的审讯者。在好几项研究中,摩根都发现许多士兵做不到这一点,甚至还有人搞错了审讯者的性别。"在被人以残忍而真实的方式'审问'之后,许多士兵都在回忆任务中表现得一塌糊涂,他们根本认不出审问自己的人是谁。"玛丽安娜·加里说道。

对特种部队的士兵来说,记忆易遭扭曲大概不是什么好事,但我们大多数人永远不会被人俘虏并置于那样紧张的境地。我们不是在那样的环境里演化出来的,我们的脑也不会以那样的方式工作。我们是社会性的猿猴。我们从各种不同的人那里学习,在不同的时间和不同的环境中学习,还会循着环境中的不同线索学习。我们的脑必须灵活可塑。"这一点我看很好理解,"加里说,"我们演化出了向多方信源学习的能力,但在真实生活中,我们常以某些方式遭遇一些错误,而我们却没有演化出相应能力,能在这样的常见情形下甄别那些错误……这些错误在别的情况下都显得合情合理、值得信赖,根本不值得花费脑力去甄别。"

尽管如此,还是有证据表明有人对虚假记忆具有更强的抵抗力。

北京师范大学脑科学研究院的朱茜曾和目击者记忆领域的传奇人物、加州大学尔湾分校的伊丽莎白·洛夫特斯(Elizabeth Loftus)合作,共同验证了有些人的记忆是否更加可靠的问题。朱茜开展的实验和我在皇家霍洛威学院参与的类似。她让 205 名中国大学生观看虚构的"罪案",然后要他们回答关于这些案件的问题,同时向他们散播错误信息。被试在观看视频后一小时回答了第一组问题,第二组却要等到一年半之后才回答。学生们还接受了磁共振扫描,以测量他们脑部关键结构的大小。结果显示,海马区较大的学生能正确地记起更多问题,也较少受错误信息的影响。[40] 我们还不知道遗传对这些学生的海马尺寸有多大影响。

* * *

人的记忆是不可靠的,这个发现对于我们的自我认识具有深远的影响。你的人生原来是一只俄罗斯套娃,你的身体里还住着别人。如果人生某个阶段的你能和现在的你对话,你们对于彼此的经历不会有一致的意见。起初这个观念使我相当不安,但现在我却觉得感激,感激演化给了我们一个能调整个人历史的方法。有一天我听见一个

63 岁的男人说，他终于对现在的自己满意了。多亏了我们那可塑的记忆，大部分时候，我们都能成长为自己喜欢的人。

菲力普·德·布里加德（Felipe De Brigard）来自北卡罗来纳州的杜克大学，供职于杜大的哲学系及认知神经科学中心，他对此事有一个惊人的想法。[41] 他说，人有记忆不仅仅是为了记起往事。人类的错误记忆是如此普遍，我们不应将它们一律视作故障。在他看来，许多错误记忆都在为我们建构过去可能发生过的场景，从而更好地模拟未来可能会发生的事件。一段不可靠的记忆还可能动摇你人格的稳定性。你或许认为自己的人格是固有而不可改变的，但是 2016 年的一项研究测量了被试在 60 年中的人格特质，并发现人格可能在人的一生中发生深刻变化。[42]

对超人性状的考察让我们对人类这个物种的多样性有了更加广泛的理解。这番对记忆的探索出乎意料地表明，我们每个人都比自己认为的更加多样。用"多样"来形容个人似乎自相矛盾。但实际上，每个人的自我中确实包含着几个不同的人。

03

语言

语言和意识一样，都是从最基本的需求、从与他人最少量的交往中产生的。

——卡尔·马克思《德意志意识形态》

瞧，人要倒霉就也爱看别人倒霉，

那你想从我和我的伤疤里得到点什么？

人人都不确定，人人都不确定：

我的潜力多少次被埋没？ / 这城市又有多少次对我许诺？

——肯德里克·拉马尔《小写的我》(*i*, 2014)

"马里奥，把一个失眠者、一个不得已的不可知论者和一个阅读困难者放到一起，会产生什么？"

"我不知道。"

"会产生一个整晚睡不着觉还老是拷问自己有没有一条狗的人。"

——大卫·福斯特·华莱士《无尽的玩笑》(*Infinite Jest*, 2011)

隔壁房间有一只绿色的大鹦鹉。我的位置是希腊东北部塞萨洛尼基的一间公寓。我担心那只鹦鹉会整晚粗声大叫，吵得我无法睡眠，于是我过去跟它打了声招呼。我隔着鸟笼的栏杆说："γεια σου（你好），γεια σου。"一次性就把我储备的希腊语词汇用完了。那只鹦鹉端详着我，我看见它的瞳孔真的变大了。这时我感到了一阵血清素上涌带来的快感，许多会两种语言的人在被当地人理解时，想必也有这样的快感吧。果然鹦鹉也和我打了招呼："Yah Yah！"

这次巧遇相当应景，至少我是这么认为的：我这次来希腊是为了参加一个多语者大会。我写这本书的一个关键动机是想认识那些在我们关心的事情上做到最好的人。除了认识他们，我还要向他们学习。除非你是一个绝对自信的人，不然你肯定希望得到别人的理解。人是社会动物。我们因为沟通而成长。沟通越好，对话越多，我们就越是快乐，朋友也越多。下面的说法也许并不夸张：有了更好的沟通水平，我们的生活就会更加精彩，世界也会更加安全。这话像听起来像是花言巧语的广告词，但我真是这么认为的。

我自己绝对不算是通晓多种语言的人。我会说日语，这对一个英国人来说不太常见，但那是因为我在日本生活过 8 年。我在那段日子里明确认识到了一件事：对日语学得越深，我就越能享受在日本的生活，越能欣赏日本文化，也越能和日本人相处。我以前法语说得不错，那主要是因为我在学校里很喜欢法语，还因为我念博士的时候到法国做了三个夏天的田野调查；至今我的法语技能还躺在脑袋里的什么地方。我在学校里也学过德语，但学得不怎么样（虽然现在我喜欢上了这门语言。）

我就这样到会场上向大家学习来了。这里的人都太喜欢说话，没法将自己局限在一种语言里，其中有些人会说好几十种。你知道去国外度假却不懂当地语言的游客有多窘迫吗？我在会场上就是这个感觉。至少现在看来，我是这里会说的语言最少的人。

在这一章里，我们会遇见能在不同语言之间轻松切换的人。我们会考察一些证据，它们有的证明了通晓多种语言的优势，还有的指出了学习新语言的最佳方法。我们会考察多语者在基因上有什么超凡之处。我们还会看到，在人类的演化史和大部分文字历史中，一个人接触几种语言都很正常，到今天这依然是正常现象，而不是什么例外情况。我们会看到这对我们的脑意味着什么，对我们幼儿时期的发育速度和成年后不可避免的衰老又意味着什么，甚至对我们的伦理体系、对语言本身的演化意味着什么。最后我们再来想想这对未来意味着什么，尤其是考虑到世界上的语言正以惊人的速度灭绝，每 3 个月就有一种语言消失。[43]

* * *

我们先来认识亚历山大·阿圭列斯（Alexander Arguelles），他是个中年美国男人，身材高大，气质坚定，举止庄严。我在希腊遇见他时，他身穿一件深紫红色的上衣，我却在心里将把它扩展成了一件斗篷：他通身上下有一股帝王般的气度，一圈知识的光环。他身边还围绕着一小群崇拜者。只要在他附近，周围的人就会敬畏地压低嗓子，有少数胆大的人会上去和他自拍合影。有人告诉我说，他是世界上掌握语言最多的几个人之一。他总共学过六七十门语言，能深入理解的至少有 50 门。他不单单是一个多语者（polyglot），这个词太低估他了，他是一个超多语者（hyperpolyglot）——这个词是英国多语者理查德·赫德森（Richard Hudson）在 2008 年发明的。你要是通晓的语言超过 11 种，就能获得"超多语者"的殊荣；你要是能流利使用超过 6 种语言，国际超多语者协会（International Association of HyperPolyglots）也会向你颁发会员证书。[44] 阿圭列斯多语者世界的传奇，也是多语者运动的祖父。难怪他一出场就会吸引这么多注意了。

我排队等着和他讲话。会场上的每个人都在脖子上挂着一块牌子，牌子上贴着多面国旗，还写着一句邀请语："你可以用如下语言和我交谈……"我们的会议指南里有一大张贴纸，上面有各国国旗，你可以把它们贴在你的名牌上，表示你会说的语言。我贴的是英国旗和日本旗。阿圭列斯的名牌两面都贴满了，其中的许多国旗我连认都不认识。现在他正在用朝鲜语在和人说话。

我周围的人在用各种语言交谈，还不时中断一下，改说另一种语言。他们是怎么做到的？有人告诉我那就像一只赌盘，它不断旋转，然后停在某一种语言上。但是对另一些人，那又仿佛是一扇无形的百叶窗飞快掀起，拉开了一种全新的文化，那里有全套的肢体语言、屈折、手势和面部表情，还有关于社会习俗的全部知识。阿圭列斯自己说他是一名孤独的学习者。我在会场上发现多语者确实可以分成两种类型：一种将自己投入外国社会并自然而然地掌握语言，另一种一头扎进书本里，凭钻研达到流利。我和他在几乎全黑的一条后台过道里闲聊了一会儿（我们找不到电灯开关），居然也很应景。

他说他学习语言是为了能用原文阅读某种文化的文学作品。这也是他为什么学会了几种死语言的一个原因，像是拉丁语和古诺斯语。在美国念本科和研究生时，他学会了古法语和古德语，还有拉丁语、古希腊语和梵语。他后来搬到柏林去做博士后研究，又在那里学会了另外几种条顿语，包括瑞典语和荷兰语。但这时他还想给自己出出难题，于是到韩国接受了韩东大学的一个职位。他说那是他的"修道士"时期，就是在那段时间里，他实现了通晓多种语言的梦想。他把自己关在一座孤零零的房子里，每天学习十几种甚至几十种语言，有时每天学习 18 个小时。他的成就是非凡的。他懂得阿拉伯语、南非荷兰语、斯瓦希里语、印地语、爱尔兰盖尔语、波斯语、俄语、冰岛语和……好了，我就不一一列举了。

"我是注定要成为多语者的。"阿圭列斯说。他的父亲就通晓多国语言。父亲是一名大学图书管理员，每天早晨阿圭列斯都看见他在学习。但是父亲并没有鼓励他学习外语。虽然一家人曾在世界上好几个国家生活过，但阿圭列斯却长成了一个单一语言者。说起这个，他的语气里稍微流露出了一丝悲伤。我不禁疑惑：他认为自己变成一个多语者的原因是什么？是他想效法父亲，还是他觉得这里头也有遗传的作用？换句话说，我们要回答的是一个鸡生蛋还是蛋生鸡的问题：是他的脑正好有优越的语言学习能力，还是他把自己的成功和学习欲望归结为了父亲的职业？

"如果真有什么遗传的联系，那也是来自我的外祖母。"他对我说。他的外祖母是美国中西部一个德国移民的女儿，从小就掌握英语和德语两种语言。她后来又爱上了西班牙语，年纪轻轻就自学了这门语言，学到了很高的水平，甚至拿到了一份奖学金到墨西哥留学。她还学会了葡萄牙语，最后成为了四门语言之间的专业笔译和口译。

当然，家庭影响在基因和环境层面上都能发挥作用。世界上没有什么"多语者基因"，但他可能确实从外祖母那里遗传到了什么有助于学习的品质。那么他自己的孩子又如何呢？阿圭列斯先回答说，现在的他和父亲已经有了很好的"多语者关系"。我理解这意思是他和父亲用多种语言交流。他培养孩子的方式和他父亲不同。"我常常和儿子们说法语，还教他们拉丁语、德语、西班牙语和俄语。他们的成长经历和我不一样了。"好了，这一章写的是语言，不是男人和父亲的关系。和其他课题一样，这里头也有基因和环境的共同作用。

阿圭列斯将学习语言比作身体锻炼。"你可以把通晓多种语言的状态当作体育、当作竞技、当作精神锻炼来追求。在体育运动中，你要遵守一套规则、方法，学语言也是。体育比赛很有意思，对吧？学语言也一样，有意思，有成就感，还能让你幸福。世界上有许多事情能让你幸福，但是相信我，没有哪样比得上这个。世界上最有意思的事就是自学成才。"

* * *

有的超多语者仿佛是来自别的世界。他们看起来和普通人没有区别，却具有一种随景变形的本领：他们能施展超强的沟通能力，随意融入另外一种文化。难怪情报机构都喜欢招募语言学家。

多语者、超多语者的脑和单语者是不同的。我们通过几个来源知道了这一点。首先是埃米尔·克雷布斯（Emil Krebs）的脑部解剖。克雷布斯是一名德国外交官，生活于1867—1930年间。他是多语者世界中的一位奇人，能用大约65种语言和人对话，从阿拉伯语到希伯来语到土耳其语，从希腊语到汉语普通话到日语，几乎无所不能。他有一种超常的本领，那就是以惊人的速度掌握一门语言：他从零开始学习亚美尼亚语，仅用两周时间就达到了优秀水平。他去世后，家属经人劝说将他的脑捐出，成了威廉皇帝脑研究所（Kaiser-Wilhelm Institute for Brain Research）的藏品。2002 年，几位神经科学家检查了克雷布斯的脑，发现他的布洛卡区（Broca's area）和常人有着结构差异（该区域位于额叶，我们知道它参与了语言功能）。[45] 另外他的左右脑半球也比常人更不对称。总之，他的脑和常人不同——也应该不同。他就是一个与众不同的人。

学习一门新语言对脑的锻炼类似慢跑对身体的锻炼。它能增强学习中运用的脑区，并使它们保持灵活。这也给我们提出了又一道鸡生蛋还是蛋生鸡的难题：多语者能长出不同的脑，是因为他们勤于用脑，还是因为他们的脑天生就与众不同？

瑞典隆德大学心理系的约翰·马腾松（Johan Mårtensson）利用两项聪明的研究考察了这个问题。直到不久之前，瑞典还实行强制兵役制度，擅长语言的新兵可以申请加入瑞典武装部队口译学院（Swedish Armed Forces Interpreter Academy）。学院的录取标准十分严格：马腾松表示，在 500 至 3000 名申请者中，只有 30 人会被录取。他和同事们查看了这些精英士兵的脑，并在 3 个月的强化语言训练前后测量他们海马的体积和大脑皮层的厚度。他们选用的对照组是在于默奥大学（Umeå University）研习医学的学生——实验组和对照组都是刻苦学习的年轻人，但只有一组学的是新语言。

研究发现，被试的海马在语言训练期间长大了，而且在训练达到最高水平的被试脑中长得最大。海马是成对的结构，因形状接近海马而得名（hippocampus 就是拉丁语"海马"的意思），它们隐藏在大脑皮层下方，而大脑皮层是人脑负责和意识有关的高级功能的区域。在阿兹海默症患者的脑中，海马也是最先退行的区域之一。我曾在伦敦帝国学院脑科学部参观人脑解剖时亲眼见证了这一点。被解剖的脑已经取出颅腔，仔细地做成了切片供人观察，这些切片依次排开，仿佛熟食柜台里的火腿片。一名病理学家指出了那名死亡男性的海马已经萎缩。

马腾松的团队不必等到研究对象死亡再测量他们。他们用功能性磁共振成像扫描了对象的脑。扫描显示，对外语掌握程度最高的对象在两个脑区表现出了较强的可塑性：一个是右侧海马，另一个是所谓的"左颞上回"（left superior temporal gyrus）——从侧面观察头部，它正好位于左耳上方。[46]

在另一项前后对比研究中，马腾松用 10 周时间里观察了一群学习意大利语的瑞典人的脑部变化。这一次的对象不是语言能手，只是通过广告招募的普通瑞典人。研究团队再次发现，和没有学习新语言的对照组相比，对象的右侧海马发生了变化，尤其是其中灰质的结构（灰质即脑中的神经元）。[47]

可见学习语言确实会改变人脑的线路。此外也有研究显示在阿兹海默症患者中间，掌握了两门或多门语言的人发病较晚，这两项研究有什么关联吗？一对肥厚的海马，似乎能更加长久地抵抗阿兹海默症的破坏力。然而那些"只会"两门语言的人要愤怒了：没有清楚的证据显示双语就足以提供这种保护。

加拿大多伦多大学的莫里斯·弗里曼（Morris Freeman）和同事在文献中总结了学习语言的这种保健效果。他们发现，有研究显示学习两门或多门语言能将阿兹海默症的发病时间延后 5 年，但是也有研究显示你要学习 4 门语言才有这个效果。[48] 研究者认为，这种保护力来自所谓的"认知储备"（cognitive reserve），它指的是脑为了修补衰老或疾病带来的损伤而发生的变化——比如我们在马腾松的研究中看到的海马变化。顺带说一句：能增加认知储备的不仅是语言学习，一般的高等教育或者得体的社交生活和身体锻炼，都能起到这个效果。

马腾松告诉我："海马效应产生的原因似乎是在学习中投入的时间，而不是学习达到的流利程度，这对于我们这些拼命努力却效果一般的人来说，无疑是一线希望。"换句话说，你只要坚持学习一门外语，就算水平不高，将来仍有可能获益。你也许已经发现，即使是一门很久没说的语言，一旦你开始使用就会复苏——我当年在荒废日语很久之后访问日本时，就欣喜地印证了这一点。马腾松说他敢肯定那些长久不用的语言只是在脑中休眠了，一有机会还是能提取出来的，但是他也补充了一句："脑的结构很可能会因为你的不断用脑而受益，而'用脑'不只限于语言学习，在这点上它和平常的肌肉没有太大区别。"看来我真该多练练日语了。

总之，学外语看来的确会对脑神经产生宝贵的影响。它的副作用看来也很轻微——比如双语者在两种语言上的词汇量要比单语者略小一些。学外语还有别好处，比如双语者比单语者赚钱多。

我还在和那些多语者见面交谈时听说了另一件事：他们中一些人指出，外语会对影响人的思考和行动方式。有的双语者和多语者说他们的性格会随着所说的语言而变化，比如说巴西葡萄牙语时轻浮，说俄语时忧郁，说法语时深思，说墨西哥西班牙语时谦逊。我在说日语的时候显然不如说英语时坦率。不过这些可能只是我们附加在语言之上的国民刻板印象，或者是某一门语言强加给我们的制约，而不是我们的性格真的发生了变化。

阿圭列斯就不同意他的性格会随语言而变化，他承认他的思维模式确实会变，但那也只是因为那些语言在文化上有些奇异的特征罢了。比如说日语时要根据对方的年龄和地位使用不同的动词结尾。我学会了在日本文化中最好给出含蓄的回答。德语因为要把主要动词放在句子末尾，也会影响你的说话方式。

* * *

对阿圭列斯来说，学外语或许不至于改变性格，但那可能是因为他是一个内向、好读书、遵守规则的多语者。与其说他通晓多国语言，不如说他通晓多国文字比较合适：对于他，读书是第一位的，然后才是说话。那么那些性格外向、富于共情（empathy）又喜爱社交的语言学习者又如何呢？

理查德·辛考特（Richard Simcott）是这次多语者大会的组织者，他在塞萨洛尼基的舞台上用各种语言讲笑话，还兴致勃勃地扬言要用 25 种语言唱《随它吧》。*（后来我在 YouTube 上搜出了这段视频放给我女儿看，看见艾莎公主用汉语普通话、芬兰语、德语和加泰罗尼亚语唱歌，她吓坏了。）辛考特 1977 年生于英格兰和威尔士边境的切斯特市，有人说他是全英国掌握语言最多的人。他并不喜欢这个称号（"他们考察了每个英国人吗？"），但毫无疑问他肯定属于最顶尖的那一批。

---

* 《随它吧》（Let It Go）即迪士尼动画电影《冰雪奇缘》主题曲。

在希腊的会场上，他用 25 到 30 种语言和别人快乐地闲聊。他在家里每天说 5 种语言（马其顿语、英语、法语、西班牙语和德语），工作中使用的语言多达 14 种（他的工作是多语种社交网络管理），曾经学习过的语言超过 50 种。他似乎是社交型语言学习者的一个典范。他小时候是个单语儿童，但那时起就喜欢模仿别人的口音："我在和家人外出度假时会遇到许多来自不同国家的孩子。我总是很有兴趣去做一件事：如果我学习一点他们的语言，就能调整自己的说话方式，接着我就发现自己能够轻松学会外语并融入外国人中间。语言是和别人建立友谊的一件交流工具。因此对我来说，学语言向来和社交有很大的关系。"

辛考特在大学里学了几门语言，聚会时他常在宾客中间转来转去，切换各种语言。他从语言中得到的东西似乎和阿圭列斯这样的人不同，后者的动力是对于文献的智性好奇。然而辛考特也说他的性格并没有变化。在别人看来，他的性格或许会随着他使用的语言而改变，但他始终是他。"这不是性格的不同，而更像是穿上了不同的外套、不同的衣服。"他说。在用荷兰语或德语提要求时，他会相应地改变措辞，口气会更直接，不会像英国人那样绕来绕去惹人发火。驱使他学习的，是在社交中与别人相互理解时感到的激动。

在和我闲聊时，他提到冰岛语是他最喜欢的一种口语，于是我要他说上两句。天知道他对我说了什么，但那听起来确实有一股北欧风味。他的嗓音变化很大，我几乎听不出是他了。他说："冰岛语里气音很多，听起来很纤细，仿佛是一种精灵般的感觉，那种纤弱的气质我很喜欢。"他还说格鲁吉亚语是他最喜欢的书面语言，他向我展示了一段格鲁吉亚文字，我立刻明白了他的意思：眼前的字母非常漂亮，就像托尔金笔下的一页精灵语手稿：我看出了他喜欢的语言都有某种共性。他也喜欢德语，但原因不是这门语言本身——他和我、和许多人一样，最初觉得德语并不好听；是因为使用德语的人民友善好客，他才顺带喜欢上了这门语言。后来我认识了几个英国二战老兵，看见其中的一个正在学德语时，我回想起了辛考特的这番话。

在会场上，还有几个多语者半开玩笑地告诉我，说他们有强迫症的倾向。其中的一个是纽约人埃伦·若万（Ellen Jovin），她说自己是在 40 岁高龄才开始学习 20 种语言的。在我看来，人需要很强的动力才能挺过这样的难关。她会熬夜细读俄语的动词结尾，然后在梦中温习它们。她还自称是一个语法狂人。

辛考特是否也认为外语学习者有不同的类型？"我们的会上有一些人在社交场合很不自在，但他们同样精通语言，对语言的爱也别无二致。多语者有的自称内向，有的说自己外向，但肯定都在自闭症光谱上占有一个位置，这个圈子里的很多人都有自闭倾向。"

照辛考特的说法，许多多语者都承认自己在社交场合很笨拙，他们身处人群就不自在，不懂得在合适的时间说合适的话，有的还感觉自己缺乏正常人的情绪反应。这并不意味着你非得有自闭或强迫的倾向才能成为多语者，只是有这种倾向也许会更容易一点。

* * *

我已经明白：用另一种语言思考和工作，就好比在同一个操作系统上运行不同的软件。这并不会真的改变你的内在性格，只是会要求你遵循不同的规范。但是有人发现，第二语言的使用还会产生更加深刻和出人意料的影响：它会改变我们的道德观念，使我们的思维更加趋向功利主义。如果你要求某人完成一项高风险任务，但又只许他使用第二语言，那么和使用母语相比，他就会在任务中表现得更加理性。

这方面有大量研究出自芝加哥大学的波阿斯·凯撒（Boaz Keysar）之手。我们以经典的心理学测试"电车两难"（trolley dilemma）为例说明。研究者虚构了一个场景，并询问研究对象：如果看见一辆失控的有轨电车撞向 5 个人，你会怎么做？你可以什么都不做，坐视 5 个人被撞死，也可以扳动机关，使电车驶上另一条轨道，只撞死 1 个人。大多数人稍加思索，就会断定为救 5 人而去扳动机关牺牲 1 人的做法是符合道德的。然而在第二个场景中，这个道德两难变得更加棘手：你站在一座人行天桥上，身边还有一个身材高大的人。下面依然是一辆失控的有轨电车撞向 5 个人。这一次，为救 5 人，你必须把身边的大个子推到桥下的轨道上挡住电车。这么做的效果和之前一样，能阻止电车撞死 5 个人。然而大多人都觉得第二个场景过于直接、过于恐怖，在道德上的震撼力要比第一个场景强烈得多。

假设有人分别用你的母语和你理解的一门外语向你提出这个两难，你的道德判断并不会根据提问语言的不同而改变，对吧？但是凯撒发现，你确实会变。[49] 他招募了母语是朝鲜语、英语和西班牙语的被试，并根据他们对外语的熟练程度，分别用西班牙语、希伯来语或法语向他们提出了这个两难。在人行天桥场景中，只有 18% 的被试用母语表示他们会把大个子推下去撞死，但如果换成第二语言，却有 44% 的被试表示会这么做。而在扳道场景中选择牺牲一人救五人的，听到母语和外语的比例一样多。（80%的被试用母语表示会扳动机关，81%的被试用外语表示会这么做。）

凯撒指出，一门外语会在你和待解决的问题之间拉开"心理距离"（psychological distance），使你如飞鸟一般俯瞰问题，了解事情的全貌。同时这也会降低母语产生的情绪反应。所以别再认为什么说意大利语会使人激情澎湃了：如果我能流利地使用意大利语，那么我用意大利语做出的决策只会更加干枯冷静。我们会说这样的决策来自大脑，而非来自心灵。

凯撒还指出，使用外语能减少你对损失的厌恶情绪。换句话说，你会比使用母语时更容易接受危险的赌注。[50]在一篇综述论文中，凯撒和同事指出了一些证据，证明了人的决策取决于获得信息时是通过母语还是外语。他们认为这也暗示了语言和思维的关系。[51]

语言对我们的思维和决策方式都有影响。凯撒说："我们的研究显示，当你使用母语时，它会对你的抉择产生重要作用，母语会将你和你的情绪更有力地连结在一起，由此左右你的选择。"看来，这项研究的意义超出了使用一门外语造成的影响。它告诉我们，当我们使用母语时，它大部分时候都会左右我们的决策。"不管是研究者还是普通人，一般都不会认为母语重要到了产生决策偏见的地步。"

由此可见，虽然我们的多语者并不会改变性格，但他们似乎真的会改变道德思维的模式，而且使用外语还会改变我们的决策方式。荷兰语言学家和作家加斯东·多伦（Gaston Dorren）把这称作"理性效应"（rationality effect）："说一门第二语言不仅会使你努力思考自己说话的方式，也会使你努力思考自己说出的内容甚至做出的事。我认为这是一份美妙的馈赠。"

须得明白：当风险用外语呈现时（比如和生物科技或航空旅行有关的风险），我们就会低估它们。Capisce（意大利语"明白了吗"）？

* * *

我以前看过迈克尔·列维·哈里斯（Michael Levi Harris）编剧并主演的一部短片《超语者》（*The Hyperglot*），这次在希腊的多语者大会上我也见到了他。他在会场上讲述了如何将戏剧学院学会的表演技巧应用到语言学习上去。我对这个话题很感兴趣，因为在我看来，要有效学习一国语言，很大一部分就是要吸收那个国家的性格。而且，要想正确地领会那门语言的韵律和特征，不也需要做到这一点吗？学习一门语言肯定远不只是单纯的模仿，还需要观察、复现和共情的参与。从这一点来看，它确实和表演有相通之处。当然，要说意大利人热情、德国人高效，那肯定是主观且带有成见的看法，但对哈里斯来说，那又确实是这两种语言在他的脑中呈现的模式，也是他在说出这两种语言时展现的风格。他在说某种语言时总会想象自己在扮演某个角色，这能帮助他进入状态。哈里斯的话令我神往，因为我总想知道戏剧学院是怎么传授表演的，听了他的介绍我对此略有了一些了解。哈里斯是美国人，刚刚从伦敦的市政厅音乐及戏剧学院（Guildhall School of Music and Drama）毕业。

哈里斯向我介绍了雅克·勒科克（Jacques Lecoq），他是一位法国演员和戏剧教师，于 1999 年去世。他提出了著名的"七层张力"（seven levels of tension）技术。每一层都对应一位演员在表演中投入的神经能量。不同的人会用不同的名字来称呼这些层次，下面是哈里斯使用的名称。他还将每个层次和一种语言相联系，我把它们也列了出来：

1. 筋疲力尽（美国英语，瑞士法语）
2. 美洲风情（巴西葡萄牙语，澳大利亚英语）
3. 没有色彩（德语，芬兰语）
4. 警觉（英国英语，法语）
5. 戏剧性（西班牙语，希腊语）
6. 歌剧式（意大利语，希伯来语）
7. 希腊式／悲剧（汉语，俄语）

为了演示，哈里斯同时用英语和美国手语，在 7 个层次上朗诵了《失宠于上帝的孩子们》（*Children of a Lesser God*）中的几段台词。

他是个演员，理应擅长表演。但是看着他表现不同层次的张力，看着他用各种语言表达自身，我真的喜欢上了这个理论：语言有着各自的性格，当你说出一种语言，就也会带上它的一些特征。

也许阿圭列斯的性格并未随语言而改变。但是对于可塑性更强的人来说，就算说的是同一种语言，他们的性格也会随交往对象而变化。演员本来就属于共情最强的人群，更何况是一个通晓了多种语言的演员呢？也难怪哈里斯会表现出这样多彩的特征了。

顺便说一句，我认为对于共情应该在本书中专门辟出一章来讨论，问题是共情很难测量，我们能轻易看出别人的共情强弱，但要测量就未必了。对于共情有一个近似的测量手段，那就是情绪智力测试，简称 EQ。不过虽然我们都喜欢共情强烈的人，共情却不是一种能够比较高低的性状，你很难找到一个人并说他是"世界上共情最强的人"。而且极端的共情也未必是一件好事。但是拥有发达的共情，能够设身处地为他人着想，却能够影响你在本书中探讨的几种性状上的表现。意大利蒙特罗顿多欧洲分子生物学实验室的科尼利厄斯·格罗斯（Cornelius Gross）指出："我们天生就有共情的线路，能不断将自己放进别人的处境之中，这就是我们成为社会动物的原因。因此当别人痛苦的时候，我们也会跟着痛苦。"

如果你有发达的共情，就可能成为社交型的语言学习者；如果没有，你就会成为一名孤独的学习者。不过我也说了，共情是一种模糊的特质。我们最好另选一个稍微明确一些的特质作为研究对象，为此我们需要了解语言的遗传学。

* * *

我住的地方过一条河就是伦敦西郊的布伦特福德。这地方乏善可陈，在大多数人眼里不过是从伦敦开车去希思罗机场时途经的一个地方。布伦特福德位于布伦特河和泰晤士河汇流处，对我们一家来说最有名的当属它的那家绰号"蜜蜂"的足球俱乐部。凡是足球迷都知道，布伦特福德球场有一个在英国球坛上独一无二的地方：它在四角各有一间酒馆。他们不知道的是，在 20 世纪 80 年代晚期，研究者正是在布伦特福德走出了关键一步，由此引出了关于人类语言演化的一个伟大发现。

伊丽莎白·奥格尔（Elizabeth Augur）是布伦特福德一所小学特殊教育部的一名教师，当时照看着来自同一个家庭的 7 名成员，这一家人在今天的遗传学文献中称为"KE 家庭"（KE family）。奥格尔发现，有一种学习及语言障碍在这一家人中延续了 3 代，她怀疑这是某种遗传疾病造成的。那时，为所有人的基因测序的人类基因组计划还是很久之后的事，要确定这家人的症结是一项艰巨的工作。1998 年 [52]，一队来自牛津大学和伦敦儿童卫生研究所（Institute of Child Health）的学者终于将一家人的病因归结到了 7 号染色体上一个包含了约 70 个基因的片段上。到 2001 年，他们又发现了关键的受损基因。[53] 它名叫"叉头框蛋白 P2"（forkhead box protein P2），简称"FOXP2"，媒体几乎立刻给它起了"语言基因"的绰号。

这个绰号虽然不准确，但 FOXP2 确实是一个影响深远的基因。人体内有 22000 多个基因，并不是个个都在所有细胞中激活的，有些只在发育的特定阶段发挥作用。FOXP2 却不一样：从胚胎到成年，它始终在人脑中发挥作用，而且在肺部、喉咙、肠子和心脏细胞中统统激活。它还引导着其他许多关键基因的作用。如果它没有正常工作，就好比是一支管弦乐队的指挥出了差错，乐队就会奏出不和谐的音符。比如 KE 家庭的成员就因为携带了 FOXP2 的突变型，无法正确地发出辅音，他们会把 blue 说成 bu，把 table 说成 able。[54] 这种疾病叫"言语失用"（speech apraxia）：患者能发出单个的音，但要将单个的音连成序列，好说出词语和句子时，他们就会出现问题。

我们知道，语言涉及的基因有数百个之多。[55] 这一点并不意外，因为语言是一个复杂的性状，包含了诸多元素：它需要肌肉和神经塑造口腔和舌头并发出声音，需要说话者对呼吸的控制，还需要有学习语法规则和词汇的智力。然而就我们所知，和语言有明确关系的基因却只有寥寥几个，而 FOXP2 就是其中之一，因此它才受到了详细的研究。

用遗传学家的话来说，FOXP2 是一个"保守"（conserved）的基因，也就是说它在演化史上几乎没有变化。在遗传上相隔千百万年的脊椎动物，体内的 FOXP2 却有着十分相似的面貌。

沃尔夫冈·埃纳尔德（Wolfgang Enard）在德国莱比锡的马克斯普朗克演化人类学研究所（EVA）工作时，曾将人类的 FOXP2 和黑猩猩对比，发现两者在全部 715 个氨基酸中只相差 2 个。[56] 将人类的这个基因和小鼠对比，不同的只有 3 处；和鸟类相差只有 8 处。保守基因之所以保持不变，是因为它们具有深刻而重要的作用。成功的配方是不能胡乱改动的。

有人说 KE 一家的突变使他们的 FOXP2 返回到了黑猩猩的类型，但事实并非如此。事实是他们的突变干扰了 FOXP2 调控其他基因的能力。我们知道，FOXP2 的正常版本和我们学习运动技能的能力息息相关。比如 FOXP2 发生破坏性突变的小鼠就较难学会在倾斜的转笼里跑动。[57] 用基因工程给小鼠注入人类的 FOXP2，就能提高它们学习新任务的能力。[58]

那些超多语者是否可能拥有一个特殊版本的 FOXP2，从而有了更强的学习能力？在得州大学奥斯汀分校的穆迪传播学院，巴拉特·钱德拉塞克兰（Bharath Chandrasekaran）正好对这个问题产生了兴趣。

钱德拉塞克兰知道，虽然 FOXP2 在不同的物种之间十分保守，但它在不同的人身上却有细微的变异。那不是像 KE 一家那样对语言能力造成罕见而严重破坏的剧烈突变，而是许多人携带的基因序列的常见变化。对基因组中的每个基因而言，各人都会在特定的位置上产生常见的变异，DNA 中的一个核苷酸会被另外一个替换，比如应该是鸟嘌呤（G）的地方出现了腺嘌呤（A）。

这样的变化被称为"单核苷酸多态性"（single nucleotide polymorphisms，简称 SNPs），它们一般来说不会影响我们的表现型，也就是说我们的身体和行为不会在基因的作用下出现异常（如果真会产生严重影响，它们早就被自然选择淘汰了）。钱德拉塞克兰瞄准了FOXP2 的一个已知变异，那是一个有 A 和 G 两种版本的 SNP。

由于我们各从双亲那里继承一个 FOXP2，所以我们的这个 SNP 要么是两个 A，要么是两个 G，要么是一个 A 一个 G。

此前的研究指出，AA 型多态性的人在处理语言时，前额叶皮层的活性要比 GG 型多态性的人略高一些。当你学习一项新技能时，第一步总是有意识的练习。这称为"叙述性学习"（declarative learning）。等你掌握了这项技能，可以不假思索地将它发挥出来时，它就交由程序性学习系统（procedural learning system）来管理了。

钱德拉塞克兰想知道，AA 型人较高的前额叶皮层活性是否会降低他们的学习能力，因为这个皮层的活动会减缓叙性学习向自动的程序性学习的转化。为了验证这个假说，他招募了一群对包括汉语普通话在内的任何一种声调语言（这些语言中字词的意思会随着它们的声调而改变）都毫无了解的人，并让他们学习区分汉语普通话中的不同声调。结果 GG 型被试真的更快地学会了这个区别。[59]

当我们学习第二语言时，所有人的起始步骤都是相同的。[60] 我们都是从规则入手学习，也都能说出我们用来学习的策略：比如遵照一条动词变化规则给动词加上某个结尾。钱德拉塞克兰的研究显示，那些成功的学习者会更快地转入内隐式（implicit）学习方法。就我们的例子而言，这意味着他们会自动应用动词变化规则。这样他们就能腾出脑中负责分析思考的部分，留给学习语言的其他必要活动，比如记忆词汇。

"语言学习就像一边骑车一边表演杂耍。"钱德拉塞克兰说。如果你能将一部分内容转到脑中的程序性区域，那么处理其他内容就轻松了。"好比是你把骑车变成了自动行为，不用再刻意留神，这时你就能一门心思表演杂耍了。反之，如果你非得留意每一个细小的动作才能不从自行车上掉下来，那么再要表演杂耍就不太可能了。"

以上只是一个小小的多态性对一个过程（语言学习）的轻微影响，而影响这个过程的还有大量别的因素。因此，即使我们用基因工程的手段使胎儿携带 GG 多态性，这个手段本身也不足以有效地提高一个人的语言学习能力。但是钱德拉塞克兰还有更好的主意，那就是用行为干预的方法帮助那些学习语言费力的人。那将是个性化医疗的一种形式。学习者先接受常规的基因检测，以确定他们的 FOXP2 是哪个版本，接着再由研究者专门为他设计一套学习时间表。"研究者的任务之一是设计语言学习的范式，先是帮你尽快熟悉规则，但接着就是慢慢脱离规则，使学习变成一个内隐的过程。"他说，"成人的脑回路及学习策略都和少儿不同，而目前的培训方法并没有根据成人的学习策略做优化。"

这并不是一条能使你流利使用外语的捷径，不过那种捷径本来就不存在。它能提供的或许只是一种方法，使你的学习需求和遗传天赋更加匹配。（虽然以 SNPs 和语言技能之间的复杂关系，许多这类方法的效果都是可疑的。）

* * *

西蒙·费舍尔（Simon Fisher）曾参与牛津大学的研究团队发现了 FOXP2。他现在是荷兰奈梅亨市拉德堡德大学（Radboud University）的语言学和遗传学教授，还在同样位于奈梅亨的马克斯普朗克心理语言研究所担任所长。眼下他正在主持一个项目，专门研究超常语言能力的生物学基础。他对钱德拉塞克兰的 GG 多态性理论不以为然，认为有一个重要的技术细节是这个理论无法解释的。我们已经在上文看到：你从父母那里各继承了一个 FOXP2 基因，因此你的基因型可能是 AA、AG 或者 GG。如果取一个随机样本，那么每种基因型的人数比例应该符合一条遗传学的基本公式，那就是哈代-温伯格平衡定律（Hardy-Weinberg equilibrium）。如果人数比例竟不符合这条定律，那就说明是哪里出了问题，比如基因型分型的差错，又比如反常的自然选择。钱德拉塞克兰的团队也承认他们的样本比例不符合哈代-温伯格定律，而在费舍尔看来，一方面是样本比例的失调，一方面是单个 SNP 对行为只有微弱的影响，这两点都对钱德拉塞克兰的实验解释提出了疑问。

眼下，费舍尔的团队正在就 FOXP2 多态性开展自己的实验。例如他们评估了 FOXP2 的各种 SNP 在前额叶皮层对语言相关活动的影响，对被试做了脑成像测量，样本量大大超出了比以往的研究。费舍尔表示，要明确指出某个类型的多态性对人脑语言能力有正面作用，希望还很渺茫。语言是极复杂的性状，如果像 FOXP2 这么小的遗传差别居然对它有这么清晰的影响，那未免也太简单了。我们还是拭目以待吧。

另一方面，因为 FOXP2 也参与了肌肉控制和发音，费舍尔想到了那些十分擅长发音的人（比如说唱歌手和 B-Box 表演者）可能有某种特殊的变异或是几种变异的组合。"这些技巧的水平是否受到遗传因素的影响？还是只要经过足够的训练，人人都能掌握它们？这个问题我们还在研究。"

从直觉上说，学习语言的能力应该有遗传的成分，但是对大部分人来说，努力也是必需的。学习语言必须专注，下一章我们就来考察这个课题。

04

专注

要忠于当下的思想，防止走神。除了发挥自身之外，什么都不要想。要在一个接着一个的念头中生活。

——山本常朝（1710 年左右）

我在二十多岁的时候加入过日本的一家剑道馆。"剑道"的字面意思就是用剑的方法，那是日本武士在漫长的封建时代发展出来的一套训练原则。我很喜欢剑道。那家道馆里就我一个外国人，也是我在日本居住期间，唯一没有把我当外国人的地方。只有在那里，人们才叫我"胡珀君"而不是"胡珀先生（san）"。在日语里里，"君"是比较亲切随意的后缀，常用来称呼男青年和男孩子。剑道传达的是禅宗哲学，能沉浸在这样一片日本气息浓郁的文化之中，我感到非常高兴。在那里，我了解了欧洲骑士和日本武士对待剑的不同态度：在欧洲剑只是一种武器，而在日本剑却是受人崇敬的对象。只有武士才可以佩剑，剑是武士最珍贵的所有物，是他们的传家宝。

在一次训练中，我随随便便地倚靠在了我的竹刀上。见我这样，我的剑道老师用他的竹刀在我的腿上重重打了一下，还训斥了我一番。他说，你的剑就是你的心，一定要对它怀有敬意。我当时还不明白，我的竹刀就代表了我的武士刀。从此我再也没有在上面倚过。剑道除了是为战斗准备的身体训练之外，也是一种精神状态，能向这样传统而尽责的老师学习，我真是备感荣幸。

一天，我们这里来了另一家道馆的一位名望极高的大师，他已经是一个老人了，我们有幸能在对抗训练中做他的对手。只见他漫不经心地握着竹刀，刀尖下垂，几乎碰到了地板上。轮到我的时候，他的眼睛望向别处，仿佛陷入了沉思。我面对他摆出了平时的架子，竹刀举起就位。我的竹刀只要微微一沉，快速一挥，就能击中他的脑袋。然而就在我攻向他时，他却做出了一个我后来怎么也想不明白的动作：他的身法快得出奇，但乍看起来又那样漫不经心，还没等我的竹刀完全劈出，他的武器就已经打在了我的头盔上。一击中的之后，他又立刻变回了那个心不在焉的老头子。只有在刚刚的那一瞬间，他才显露了真实的自我。

好吧，这个小故事也许还不足以说明那位老人如同尤达大师一般的功力，只显示了我的技术有多么差劲。但在他离开之后，我的剑道老师透露了那位前辈大师具有超人的专注力和反应力，那都是他在几十年的修行中磨炼出来的。这位老人的身上浓缩了我们将在本章探讨的话题：专注、集中和反应的能力。专注是一种如同烛火般的品质，它无法捉摸，却需要时时守护，它不停移动，并会随着你的观察而变化。它就是我们生活于其中的"当下"。下面的话听起来像是一段禅宗公案，却也是一句实话：一个人掌握了当下，就能在更高的层次上发挥，一个人能全神贯注，就能取得伟大的成就。"专注"是一种有高低之分的能力。它可以用于短小紧张的瞬间，比如那位和我对战的剑道大师；它也可以在很长的时间里持续地发挥作用。我们对这两种形式都要考察一番，就从下面的例子开始吧。

* * *

2004—2005 年间，埃伦·麦克阿瑟（Ellen MacArthur）独自一人毫无停顿地航行了 27000 海里（约 5 万公里）。她总共花了 71 天14 小时 18 分 33 秒，一举创造了独自环球航行的世界纪录。她当时29 岁。事先许多人都认定她无法打破纪录；在她之前的纪录保持者将更早的纪录缩短了整整 20 天，人们都认为这个纪录至少能保持 10年。毋庸讳言，对麦克阿瑟的怀疑言论，部分是因为她是女性。但最后她却用行动创造了辉煌的胜利。在法国，人们将她和圣女贞德相提并论；在英国，人们将她奉为国家历史上最优秀的航海家、21世纪的第一位真正女英雄。为了了解她的成功秘诀，我和她见了面。一个人要具有怎样的品质才能如此顽强地专注一项事业？在海上孤身一人，要怎样才能做到 7×24 地在总计两个半月的时间里始终专注、鲜少休息？在我看来，这真是一项超凡的壮举。

麦克阿瑟身材矮小，只有 5 英尺 2 英寸（约 150 厘米），她那条帆船长 75 英尺（约 23 米），我记得是专门为了她的娇小体型而设计建造的。这段航行的艰苦超乎想象。她的船是一条三体帆船，三个船体的结构速度较快，但也更不稳定。麦克阿瑟曾在 2001 年的旺迪单人不靠岸航海赛（Vendée Globe）上完成环球航行，并取得了第二名。那场比赛用的都是有龙骨的单体船，即使翻船也多半能再翻回来。"可是如果一条三体船翻船，那一切就都完了，你也很可能会死。"她说，"在环球航行途中，除了少数几片安全的海域，你随时都可能倾覆。就连睡觉你也要把缆绳握在手里。"而且在大部分时候，完整的睡眠都是一种无法企及的奢侈享受，你只能零零碎碎地打瞌睡应付。

我问她在航行中是如何适应压力的。她说："当你登上那条船开始环球航行的时候，你已经没有了选择。这时你考虑的不是怎么适应，而是怎么生存下去——这么说一点都不夸张。在海上，帆船就像一列失控的地铁，狂暴极了。"当然了，她有一半时间都要在夜间航行。整个航程她一刻也不敢松手，无论是在比喻意义还是实际意义上。"这是一场残酷的精神磨炼，有时你觉得情况已经坏到不能再坏了，但偏偏哪里又出了差错。这种时候你只能自救，没人会来帮你。"听起来真可怕，我说。"不，"她说，"那是你的家园，你的生命。你会慢慢习惯的。"

她的这股动力是从哪里来的？她为什么能维持这样超人的专注、这种专心做事所需的韧性？"这都是因为我有一个目标：我从 4 岁起就想环球航行了。"

小时候，她曾和姨（姑）母一起乘船出海，一下子就爱上了那种感觉。"我觉得那真是最美妙的一种自由，我从来没有过这样的体验。我兴奋极了，心想这真是不可思议：这条船就是一个小小的家，还是个可以乘着它旅行的家。"

很小的孩子就可以拥有清晰而炽热的梦想——我觉得这真是精彩而有益的一课，以后在和孩子交往时一定要牢牢记住。

麦克阿瑟说，从那么小的时候起，她的心里就有了一个念头：

总有一天，她要想办法乘船周游世界。这绝不是童年时心血来潮的幻想。她开始有意安排自己的生活，并朝着这个目标一点一点迈进。"目标真的会裁定你的人生选择。4 岁你还太小，你的生活都被大人规定好了，自己能选的东西并不多。但是当你慢慢长大，你总会一点点获得选择权。"

她要做的第一件事是得到一条船。她没有出生在一个航海世家，得到船的唯一方法就是存钱买。可她当时还小，没有零花钱。于是她把生日和圣诞节收到的礼金都存了下来，甚至还从学校的午餐费里克扣。她在学校只吃土豆泥和豆子，天天如此，因为这是中午最便宜的菜式，可以把多余的钱存下来。"我满脑子只有一件事情。我本可以吃好一点的午餐，但是我忍住了，因为我要买船，要周游世界。为了省钱买船，别的东西我一概不买。就连去酒吧放松我都整晚不喝一杯酒，因为我要努力存下钱来。"

她极力向我表示她是一个正常人："我或许离经叛道，做了一些疯狂的事，但我觉得自己完全正常。我并不感到自己和别人有没什么两样，我只是决定了自己要做的事情而已。"她不喜欢别人把她当作特殊人物看待，但是我也努力向她说明：大多数人在 4 岁时是不会像她那样立志节俭的。她的回答是："如果你有目标，自然能克服困难。"话说到这份上，她也不会再让步了。

这里的关键还是必须先有一股炽热的渴望。有的人在儿时会像麦克阿瑟一样，像闪电一般被这股渴望击中。但就像我们要设定目标并为之努力那样，我们大部分人都只能去努力找到热情。有的人也许运气不错，很快就找到了喜欢且擅长的事业，但大多数都要花很长时间摸索。

　　我很喜欢埃伦·麦克阿瑟宽慰普通人的一番话："如果你真想做成一件事，就不要想着自己做不到。但大多数人并不是真的想要做成什么事。这也很好，人生未必要有辉煌的成就。我只是碰巧向往航行，向往周游世界，也碰巧成功了而已。"

　　确立目标并牢牢把握，这似乎是取得成功、发挥潜力的关键。我们在希拉里·曼特尔的长远计划中也看到了这一点。在这本书里，我们将不断发现这个品质，它在各种性状、能力之中都有体现。那么，对那些能专注当下的人，我们对他们的脑又了解多少呢？

＊　＊　＊

　　成千上万人的喧嚣，引擎的隆隆轰鸣，炫目的速度，强烈的气味，还有柏油路面，汽油，机油，橡胶，滚热的金属，飙升的肾上腺素。期待，金钱——巨额金钱。一级方程式赛车（F1）是一种独一无二的运动。每支车队都有数百人通力协作，每场比赛都要花数千个小时准备，到比赛那天，驾驶赛车的却只有一人而已。

　　2017 年 6 月 25 日，18 岁的比利时裔加拿大人兰斯·斯特罗（Lance Stroll）成为了这个人。他驾驶一辆时速可逾 200 英里的威廉姆斯 FW40 赛车，开进了阿塞拜疆大奖赛（Grand Prix）的赛场。斯特罗是目前 F1 赛场上最年轻的车手，也是亿万富翁的孩子。就在一周前，加拿大传奇车手雅克·维伦纽夫（Jacques Villeneuve）刚刚批评他是"F1 史上最差的新人"。[61] 的确，他在之前的六场比赛中一分未得，但是在后来的加拿大大奖赛中，他却在家乡车迷眼前取得了不错的成绩，以第九位完成比赛，得到 2 分。接下来的阿塞拜疆大奖赛，他更是表现得经验丰富，技巧娴熟，最后跑出了第三名。

"这个结果对兰斯真是太好了，史上最年轻的新人车手登上了领奖台，这是他的精彩周末。"威廉姆斯车队的首席技术官帕迪·洛（Paddy Lowe）说道，"他每个赛程都表现得无懈可击。他不惹麻烦，没出任何意外，并将这个状态延续到了赛场上。他跑得很干净，节奏出色，车辆和轮胎也都控制得很好。"[62]

在为本章搜集资料之前，我根本不知道驾驶 F1 赛车需要掌握这么多技能。F1 车手要在比赛中行驶两个小时。一圈 F1 赛道一般在4.3～6公里之间，车手每跑一圈大约耗时一分半钟，总共要跑 70圈左右。F1 赛场的环境会使我们多数人慌张、晕眩乃至崩溃，这些车手却必须全程保持专注。因为速度飞快，他们的反应当然要是极佳的，还要敏锐地感知空间，并随时处理感官收到的一切信息。即便是专业车手，在第一次驾驶 F1 时也会惊讶于思考的时间竟这么少。车手要有感知赛车的能力，要让赛车几乎成为躯体的延伸。他们还要有运动员的体格，要用身体经受各种力的冲击。赛车转弯时会产生巨大的重力加速度，给车手的头部造成尤其沉重的压力。这样的情况一圈圈地重复，车手非有强韧的耐力不可。此外他们还要有赛车的专门技术，要知道什么时候超车，如何利用别的车辆，如何等待时机。这些都需要车手具备耐心，但那又是高速飞驰中的耐心。从技术上说，F1 赛车并不容易驾驭，它们是世界上最复杂的机器之一。F1 赛场上的风险当然是真切的。这么快的速度，一个闪失就可能危及生命。

我们当中很少有人能驾驶 F1 赛车，但在一生之中，或长或短，总有需要我们全神贯注的时候。用心理学家的话来说，就是需要我们的"持续注意力"（sustained attention）。如果能在这一点上有所提高，我们或许就能改进生活的方方面面和工作中的表现。维持专注能在学习和工作中取得更好的成绩；而反过来，缺乏专注则是各种意外的原因。

因为要了解将这个性状的潜能发挥到最大的人，我来到了位于牛津郡的威廉姆斯 F1 车队总部，我的访问对象是斯特罗和卢卡·巴尔迪塞里（Luca Baldisserri）——他曾是法拉利车队的竞技总管，目前在威廉姆斯车队担任斯特罗的导师。

赛车的损耗率高得惊人，部分是因为这是一项昂贵的运动，但还有一个原因：车手要在各个阶段接受严酷的自然选择，从最初的卡丁车，到后来的四级、三级方程式，再到最终的一级方程式，中间淘汰的车手不知凡几。F1 或许是最精英的一项运动，而斯特罗又是两个方面的精英。第一，他父亲向威廉姆斯车队捐赠了 8000 万美元，因此有传言说他的车手身份是买来的。但是鉴于他在蒙特利尔的出色表现，洛和其他车队同事都希望批评者能就此闭嘴。第二，要驾驶 F1 赛车，你就得先考取一张 FIA（国际汽车联合会）的超级驾照。此外斯特罗还是 2016 年的三级方程式冠军。那 8000 万美元肯定起到了作用，但车队表示，斯特罗是凭本事赢得车手位置的。

我正在走进一个只对精英开放的世界。我通过安检，然后把我那辆老破车停到了车队巨大的停车场上，幸好这里没有停满高性能跑车。我和这次的采访向导见了面。他们不许我看车队今年参赛的 2017 款新车，但是我近距离参观了 2016 年的那一款。我从来不是热心的赛车迷，但是我也看出了眼前这辆车是一件美丽的工程杰作。它的方向盘令人困惑，仿佛是集中了飞机驾驶舱里的所有控件。我本来希望能到他们的驾驶模拟器里去试试身手的，但他们连看都不让我看。无论是那款 2017 新车还是那部模拟器，都配备了威廉姆斯版权所有的敏感科技，车队的工程师们绝对不想泄露。顺便说一句：那些模拟器价值数百万美元，要由一队敬业的工程师组装起来，车手在里面模拟比赛时，工程师就在外面监测轮胎接触、下压力和引擎性能之类的参数。车手戴着头盔，坐在和真实比赛相同的驾驶舱内，这是最接近真实 F1 驾驶的体验。大部分十几岁的男孩有了一台 PlayStation 游戏机就沾沾自喜，而兰斯·斯特罗却在他日内瓦的公寓里有一台完整的 F1 模拟器。

斯特罗个子很高，我原以为车手的理想身材要矮一些。他穿着牛仔裤和黑色 T 恤，神态相当放松。他说他总是活在当下——一个 18 岁的亿万富翁之子也理应如此。但是他又表现得成熟理智，没有一点花花公子车手的影子。他看起来无疑比我在这个年纪时更加机敏成熟，但这或许也是因为他接受过公关培训的缘故。当他说"活在当下"时，他指的是驾驶赛车的时候。他完全不被周围的噪声、振动和赛道上的混乱分神，而是全心享受比赛。当他坐在驾驶室里，他的状态就是最好的。"当我坐到方向盘后面戴上头盔，我就不再分神，这时什么都干扰不了我，什么都阻挡不了我，这时的我才是真实的我。"他说，"我的求胜心很强，是主动进攻的类型，我热爱速度，也一向热爱赛车。"

我在访问詹姆斯·休伊特（James Hewitt）的时候问他，参加 F1 比赛需要哪些素质。休伊特是辛斯塔绩效公司（Hinsta Performance）的科学和创新主管，公司与包括 F1 车手在内的运动员和专业人士合作，以求最大限度地发挥他们的潜能。公司曾经的客户包括前 F1 世界冠军塞巴斯蒂安·维泰尔（Sebastian Vettel）、米卡·哈基宁（Mika Häkkinen）和尼克·罗斯伯格（Nico Rosberg）。休伊特表示，每个F1车手身上都兼具外部和内部动机。赢得比赛的回报是巨大的，年轻车手肩上的压力尤其沉重，他们要证明支持者对自己的巨额投资没有浪费。而飞速驾驶本身同样给人享受。对我们大多数人来说，以这样的速度行驶会产生巨大的压力，将我们压垮。"但是对这些优秀车手来说，他们把压力当成乐趣。"休伊特说。普通人在中度唤醒时表现最佳，但是在赛车运动中，车手却要在高度唤醒时才有最佳表现。"世界以300公里／时的速度向你扑来，周围噪声强烈，振动不停，你的身体受到巨大的刺激。"休伊特这样描述，"那些我合作过的顶尖车手，你问他们感觉怎样，他们会说他们热爱这种感觉，简直爱死了。"

我问斯特罗他从赛车中得到了什么，他的热爱溢于言表。"我在赛道上可以做真正的自己，"他说，"在车里时，我不为任何人驾驶，想到的只有自己、赛车和赛道，这就是我的激情所在。我感到充满活力，那感觉简直嗨到爆。"

研究者做了许多实验来测试这类动机对专注力的影响。迈克尔·伊斯特曼（Michael Esterman）是波士顿注意与学习实验室（Boston Attention and Learning Lab）的创始人之一，也是波士顿大学的心理学家。他指出："科学显示，无论内部动机、即发自内心的喜爱，还是外部动机、即得到奖品的诱惑，都能更好地维持人的脑部活动，并使人对意外情况做好准备。"有了动机，这份专注就不会随时间而减少。

伊斯特曼的团队开展了几个实验来验证这个观点。在一个实验中，他们向被试展示一组随机照片，拍的是城市和山区的风景，照片每800毫秒呈现一张；同时他们用fMRI扫描被试的脑。被试每看见一幅城市的风景（90%的照片是城市）就要按一个键，看到山区（剩余的10%）则不能按。有的试次是有奖赏的。比如被试每次对城市按键会得到1美分，看到山区不按键得到10美分，如果按错还会受罚。还有的试次没有奖赏或惩罚。脑部扫描的结果显示，一旦没有了奖赏的激励，被试就会变成"认知小气鬼"（cognitive misers）：他们懒得再投入脑中的注意资源，成绩也随之下降，直到精神涣散为止。而当被试受到奖赏的激励，他们就会变成"认知投资者"（cognitive investors），他们乐于开动脑筋，集中精神完成任务。[63]

"动机的作用很重要，它能把人的注意力和专注维持在最佳水平。"伊斯特曼表示。他解释说，人在专心致志的时候能更加高效地使用负责注意的脑区。"这时脑中的连通、交流和信息传输都会增强，处理起感觉和视觉信息来也更加精确。"

斯特罗在驾驶赛车时就是如此。他脑中的一切似乎都加快了。也许对他来说，开到每小时200英里只相当于我开到每小时100英里。当然，驾驶F1赛车和看照片按键不是一回事。但实验确实证明奖赏能激励人更加专注。休伊特说："以往的研究者认为注意力是一项有限的资源，一旦耗尽就需要重新补充。但实际上没有这么简单，注意力和我们的动机之间有着深刻的联系。"在精英F1车手的世界顶尖车技上再附加奖赏和动机，就会产生超常的结果。"将丰厚至极的奖赏和严格至极的选拔过程相结合，我们就会看到这样强度惊人的持续注意力。"休伊特说道。F1车手在比赛中极度专注，因而往往发展出一种可怕的记忆力，能清晰地记住比赛环境中的一切。休伊特把这称为超能力，他举车手在模拟器中的表现为例："如果你暂停模拟器，车手依然能详细描述他们正在观察的线索。"比如他们会留意建筑物，把它们当作刹车的提示，但他们同时也能告诉你赛道上发生了什么：他们的对手在什么位置，自己赛车的性能数据如何等等。休伊特指出，一个 F1 车手的工作记忆能比一个未经训练的普通司机容纳更多独立的项目。现在的 F1 对比赛时的天气有了严格要求，天气条件太差是不允许开赛的，然而就在不久之前，车手还要在能见度接近于零的瓢泼大雨中竞赛。休伊特透露："有一位车手说过，当你在大雨中以 300 公里的时速行驶时，你就必须根据直觉、经验和记忆来决定什么时候刹车，什么时候转弯。"他说的这位车手一边笔直行驶一边数数，等数到某个特别的数字时（比如 1001，1002，1003），他就踩刹车转弯。

斯特罗为什么这么喜欢赛车，又为什么会在赛车时更接近真正的自我？这是因为他在赛车时进入了令人向往的心流（flow）状态。"心流"是匈牙利心理学家米哈伊·奇克森特米哈伊（Mihaly Csikszentmihalyi）提出的概念，它和伊斯特曼所说的"专心致志"（in the zone）是一个意思：你被一项艰巨的任务所吸引，在其中投入了全副身心。这项任务不能太难，不然就会使你心慌意乱、影响发挥；但也不能太简单，不然你就会轻易完成、毫无乐趣。心流是 F1 车手在两小时的比赛中进入的状态。我有一点明白那是什么感觉：我在玩滑雪板的时候，有几次曾在刻雪转弯（carving turn）的当口进入过一种特殊的节奏，当时我感觉自己似乎在冥想，仿佛灵魂都出窍了。就连骑自行车穿过伦敦的车流去上班也会令我心情舒畅，因为它能使我的心思暂时从日常的烦恼中解脱出来。

斯特罗解释了赛车在心理上最难的部分："最难的是在资格赛上稍稍突破你的舒适区，把成绩缩短那么 0.2 秒。你知道你能拿下比赛，但彻底失败的风险同样很高。"

我问他害不害怕，虽然我知道他肯定会说不怕。休伊特告诉我，年轻车手一般根本不会想到危险，即使想到也会迅速忘掉，继续投入比赛。

"我不是害怕，而是感到了风险。"斯特罗说。不过他所谓的风险不是指身体可能受伤，而是指做不到自己想要的操作，从而浪费了时间。"在资格赛上说一句'我要开到这个时间'很容易，但是你必须敦促自己达到这个目标。这一点对网球比赛同样适用。你想把球打到球场那头，失球的风险有，但加把劲还是能做到的。这就是比赛的乐趣所在。"他说。

如果成功，你就能跑出一圈好成绩，这就是对你的奖赏。"这时你的身体掌控了比赛，你会感到自由畅快，势不可挡。"他说，"那感觉得真棒。"

* * *

斯特罗现在的教练卢卡·巴尔迪塞里在法拉利车队做了多年的赛车工程师，他曾与迈克尔·舒马赫和奇米·赖科宁（Kimi Räik-könen）合作，后来又为法拉利开发了年轻车手项目。他说他见过许多车技优秀的年轻孩子，但是他在这个年龄段的孩子身上寻找的东西，也是他认为一个孩子身上最有希望的特质，却并非驾驶技术，而是他们是否有目标。这正是我们在埃伦·麦克阿瑟身上看到的东西。

他解释说，年轻人很容易分心，常常注意力涣散。"因此，你在一个13 岁的孩子身上寻找的，主要是他有没有目标。"

他在斯特罗 12 岁时遇见了他，一眼就看出了这孩子与众不同。当时斯特罗已经在北美赢得过几个卡丁车赛冠军，巴尔迪塞里还想知道他的目标是不是成为 F1 车手。

那果然就是斯特罗的目标，尽管他那时还是个孩子。和所有赛车手一样，他从小到大一直怀有一颗强烈的求胜心。我问起他的目标，他说："人要活在当下，别太操心未来——但目标我还是有的，那就是成为 F1 世界冠军，我也正朝着这个方向努力。"看来，人最好还是要追求卓越。"我想在自己的能力范围内成为最好的车手。"斯特罗说，"我踏踏实实训练，每一天都在取胜。要赢下每一天——这样的目标非有不可。"

"赢下每一天"，听着像某本"绩效心理学"手册里的一句口号，但它确实树立了一种进步的心态，而这也正是巴尔迪塞里的职责。"我们会给车手确立阶段性目标，让他们逐渐提升，步步前进。"他说。

他把车手的训练项目拆解成三个主要方面：生理的、技术的和心理的。他把车手看作运动员，既然是运动员就要锻炼身体、保持状态，同时也必须掌握好驾车技术："你既要能应付天气和温度，又要理解轮胎的行为。"

除了维持专注之外，你还需要强健的精神。

"赛车和足球之类的团体运动不同。车手在驾车时是孤身一人。他的家人、赞助商、车迷，人人都在看他一个人比赛。比赛结束，车手还要应付各种评论。"斯特罗就收到过许多负面评论。"一打开手机，这些评论就会跳到你脸上。"巴尔迪塞里说。

"车手要把精神集中在目标上。而做教练的就要为他们树立目标，并帮助他们排遣压力。"

就像我们认为有些歌手具有歌唱天赋，有的车手也有驾驶的天赋。比如常有人说刘易斯·汉密尔顿（Lewis Hamilton）天赋过人。在巴尔迪塞里看来，真正的天赋可以从车手在比赛中对竞争局势的判断中甄别出来：他是怎么盘算超越对手，又是怎么保护自己不被超越的。他还需要对比赛有一种宏观的把握。"你要把车完全掌握在手里。这是天才车手和普通车手之间的主要区别。驾驶技术是谁都可以学会的。"

他进一步说明"把车掌握在手里"是什么意思：赛车上装配了各种传感器，能记录车身的详细运动，还能算出从车辆开始运动到车手纠正车辆运动之间的间隔。"如果间隔很短，就说明车手的感觉很敏锐。要判断车手能否驾驭更快的车子，这是一个依据。"

我们已经在埃伦·麦克阿瑟的身上看到了长期目标的力量。我们也明白了奖赏和动机如何帮 F1 车手维持高度的专注。那么当人在保持专注时，脑子里又在发生什么呢？要回答这个问题，我们就必须考察那些活在当下的专家。我们要找到他们，把他们放进 fMRI 机里扫描。幸运的是这样的人有许多，而且他们还得到了广泛的研究。

* * *

那年唐一源 6 岁，是一名小学生，生活在中国东北辽宁省一座悠闲的海滨城市，大连。彼时彼地他就开始了默想训练(contemplative practice)。这种训练近似冥想，要求练习者反省自己的行为，使自己进入一种宁静、沉思、平和的状态。

这个小男孩还开始练习跑步，他发现自己善于长跑，尤其是3000 米、5000 米和 10000 米距离。"我初中和高中时在这些项目上都拿了冠军。"他说。

中国的孩子在很小的时候就会学习冥想。唐一源发现集中式冥想（narrow-focus meditation），也就是向内关注、特别是关注呼吸，对他的长跑很有帮助。后来他又开始练习开放式冥想（open-focus meditation），也就是将强度最合适的关注投放到某个对象上。试想你是兰斯·斯特罗，正在阿塞拜疆赛车。你不能对手头的任务太过关注，因为那会使你过度思考。在一场精英赛事上，这会损害你的表现。但是与此同时，你又必须对手头的任务全神贯注。这就是正念（mindfulness）和冥想练习者所说的"平衡注意状态"（balanced attention state），对它的最佳表述或许正是前面写到的心流。在这个状态下，你的决策迅速准确，而且常常不是有意识思考的结果。

唐一源发现冥想和跑步有许多共同之处。不仅如此，它们还会相互促进，随着冥想的熟练，他在长跑上也受益了："经过冥想，我的长跑水平显著提高，因为我在长跑时能毫不费力地专注和行动，这减少了我的紧张，也促使我进入了心流状态。我认为，顶尖好手在冥想或运动中应该同时使用集中式和开放式这两种策略。"

唐一源继续怀着兴趣训练身体和心灵，训练两者相互促进。20 世纪 90 年代，他借鉴中国的传统修炼方法开发出了一种新的正念冥想形式，称为"整体身心调节法"（integrative body-mind training，简称 IBMT）。这种方法的重点是承认内在和外在的干扰，比如承认背部的酸痛，或是周围人的说话声。唐认为冥想者要学会对这些事情泰然处之——这个概念我们到本书结尾会再来探讨。不过唐也成了一名科学家。他目前在得克萨斯州卢博克的得州理工大学（Texas Tech University）执掌神经科学的总统捐赠讲席（Presidential Endowed chairs）。他既是得州理工大学心理科学系的教授，也是得州理工健康科学中心内科医学系的教授。

唐一源的研究很好地用科学方法展示了冥想练习对脑的影响。2015年，他和俄勒冈大学的迈克尔·波斯纳（Michael Posner）、德国慕尼黑工业大学的布里塔·赫泽尔（Britta Hölzel）一起，在知名期刊《自然评论神经科学》（*Nature Reviews Neuroscience*）上发表了一篇证据综述。3位研究者判定，二十多年以来对于冥想的研究，足以支持冥想有益身心健康并能提高认知表现的观点。[64] 总之，冥想能够增强脑力。

比如，加拿大蒙特利尔大学的约书亚·格兰特（Joshua Grant）扫描了一批禅修者的脑，他们每人都积累了超过1000小时的修行经验。这些熟练冥想者和不冥想的人相比，有几个脑区的活动较不活跃，它们是前额叶皮层、杏仁核和海马。[65] 这些脑区分别负责对疼痛的感知、对恐惧等情绪的处理及记忆存储（此外还有别的功能）。但这些冥想者脑中一些处理痛感的区域却比常人要厚。[66] 这并不矛盾：冥想者处理疼痛，为的是更少受疼痛困扰。

另一项研究指出冥想者或许能更好地连接自己的潜意识。此项研究的前身是1983年的一项著名实验，那项实验提出了自由意志并不存在。实验中，加州大学旧金山分校的已故心理学家本杰明·利伯特（Benjamin Libet）让志愿者先决定按一个按钮，然后真的动手按下去，他则测量他们的脑部活动。实验得出了一个惊人结果：在志愿者自认为决定按键之前，他们脑中负责运动的区域就已经激活了。但是这未必就能证明我们不能做出决定、没有自由意志，它很可能只证明了我们对决策的意识体验要稍稍滞后一些。2016 年，苏塞克斯大学的彼得·拉什（Peter Lush）重做了这个实验，这次他的被试都是经常冥想的人。实验显示，这些冥想者意识到自己决定按键，和他们实际动手按键，两者的时间差要比非冥想者更长。拉什认为，这说明冥想者对自己的脑部活动有更加清晰的意识。[67] 你可以说他们对自己更加了解。

* * *

有一次我心血来潮，参加了一个为期 4 天的禅修课程，上课的地点在日本镰仓的圆觉寺。这座寺院始建于 1282 年，我们一众学生住在一座木房子里，周围的土地几乎和寺院本身一样古老。每天清晨 4 点，我们就被僧人叫醒去做冥想。那是 4 月，天还很冷，我坐的地方正对着一扇窗户。我当时完全是个外行，不知道该做什么，于是就在那里一连几个小时盘腿呆坐，一边在脑袋里胡思乱想。偶尔有个和尚放个屁，我使劲憋住不笑出声来。我还记得，坐着坐着，我忽然感到了念头在心中流动，我在一旁观察着它们，仿佛观看溪流中的游鱼。那就像是临睡幻觉（hypnagogia），整个人处在半睡半醒的奇怪状态（我们到第 10 章再来谈这个话题）。关于那天早晨我还有许多鲜活的记忆，它们和冥想无关，倒和日本关系很大。我们坐了几个小时，天色渐渐破晓，我开始能看清寺庙院子里那几棵李子树的树枝了，接着又看清了树上的花。如果不是那几个放屁的僧人，这完全就是三岛由纪夫小说里的场景，不过虽然有屁声打扰，我依然很珍重那段记忆。

唐一源的一项研究显示，要从冥想中受益，你未必要像僧人一样积累上千个小时的经验。他和同事招募了 86 名中国大学本科生，将他们随机分成两组。其中一组接受他的整体身心调节法 5 天，每天练习 20 分钟。另一组投入同样的时间接受放松训练，学习有意识地逐步放松自己的肌肉。在这 5 天前后，所有学生都接受了"注意力网络测试"（Attention Network Test）的评估，这是一件电脑化评估工具，专门测量对象的警觉程度和解决冲突的能力。研究者还用情绪状态量表（Profile of Mood States test）测量了学生们的情绪状态。结果显示，参加 IBMT 冥想课程的学生在注意力网络测试中进步更大，在情绪状态量表中也表现出了更低的焦虑、抑郁、愤怒和疲惫水平，以及更加旺盛的活力。[68] 诚然，IBMT 课程是由经验丰富的教练传授的，但这依然驳斥了你需要冥想几年才能受益的说法。[69]

冥想练习甚至能改变脑部结构。[70] 我们知道脑中有两个区域对于我们集中注意的能力十分关键，它们是前扣带皮层（anterior cingulate cortex，简称 ACC）和脑岛（insula），脑岛是大脑皮层上的一处深褶，而冥想者的这两个脑区都有增长。这两个区域，连同脑前部中线上的前扣带回（anterior cingulate gyrus）的几个部分，都会在认知任务时激活。比如 ACC 就能阻止脑中的其他系统闯入并分散注意，由此维持专注。当我们执行反复练习的任务，比如调整三体船的风帆，或是给赛车换挡时，我们的自主神经系统发挥了很大的作用——那是我们神经系统中能够自主行动的部分，负责调节心率和消化之类的功能。当我们处在毫不费力的心流状态时，这一切都在我们的意识水平之下运行，ACC 和脑岛的共同帮助自主神经系统做到了这一点。[71]

"我们考察了正念冥想训练，它要求将注意力严格固定在当下，并提出了一项需要高度专注的任务。"迈克尔·波斯纳在谈到集中式冥想练习时说道，"我们证明了这样的训练能提高腹侧 ACC 的激活程度，并改变 ACC 周围的白质通路。"

那么，这又和必须在压力下迅速决策的精英运动员、最佳表现者等有什么关系呢？也许他们的脑和普通人有着不同的运行方式。彼得·拉什说："我们提出了几个假设，其中的一个认为人的意图可以是无意识的，人的决策也可以在无意识中形成。而意图一旦进入意识，就很可能受其他过程干扰。"这时我们的最佳表现就会受到阻碍，他说。

拉什凭直觉提出了一个关于心流的看法，他认为心流并不参与意图，而是让我们能不带偏见地观察自己的意图。在 F1 车赛或是环球航行中，这意味着持续关注当下的时刻，这有点像是正念，也等同于唐一源的集中式关注，然而心流也需要有开放式关注，它需要当事人既能将目光投向全局，又能回到动态心流（dynamic flow）之中。

也许兰斯·斯特罗和埃伦·麦克阿瑟的脑天生与众不同，因而能像水管一般轻易输送高水平的专注。"你的这个猜想确实有可能，但我们还没有清晰的证据来支持它。"唐一源说。但是也有另一种可能，那就是多年以来，他们不懈地追求一个清晰的目标，为此反复训练，并在自己选中的运动领域积累了专业技能，他们虽然表面上没有受正念和冥想的影响，但他们的努力产生了和冥想练习一样的效果，并改变了自己的脑部结构。唐一源认可这个观点："有些活动，比如运动员的训练，也能增强脑的可塑性。"他现在能借助冥想进入一种"静态心流"（static flow）状态，使思维完全专注，而在长跑时，他又能切换到动态心流状态。"在这种状态下，我的身体和精神合作无间，能发挥出最高的水平。"可喜的是，任何人都能从这项训练中受益，而且训练可以很方便地在家里开展。

现在，当我再次回想起剑道馆里的那位老者将我轻易击败的情景，我感到自己的认识比以前清醒了许多。我不再为自己的水平没有想象中高而痛苦，也明白了他到底高明在哪里。剑道训练深受禅宗冥想练习的影响，我们也看到了禅修者的脑是如何在练习中改变的。此外我还从唐一源那里了解了身体训练和自主神经系统，了解了那些擅长冥想和运动的人能在静态和动态的心流之间切换。那位老前辈练习剑道已有几十年时间，即便站立不动，我猜想他的心灵也处于无懈可击的状态，他专注当下，静止而又心流涌动，随时准备出击。

第二部

行　动

05

勇气

英雄并不比普通人更勇敢，他只是比普通人多勇敢了 5 分钟。

——拉尔夫·沃尔多·爱默生

戴夫·亨森（Dave Henson）是一个强悍的男人，他下颌突出，身材魁梧，曾在陆军担任上尉。战友叫他"大个子戴夫·亨森"，谁都希望和他一队。他是英国陆军皇家工程兵的一名拆弹专家，任务是寻找塔利班部署的简易爆炸装置（improvised explosive devices，简称 IED）。

由维基解密公布的美国军事数据显示，2001 年美国领导北约军队入侵阿富汗以来，IED 渐渐成了塔利班的首选武器。2004—2009 年间，塔利班士兵在阿富汗国内部署了 16000 多个自制炸弹，随着冲突的继续，炸弹的数字每年都在上升。通过遥控、定时器、绊线或压板引爆，这些 IED 已经造成成百上千的平民死亡，也很快成为对联军的最大威胁。数百名联军士兵被炸死，还有数千人在突发的爆炸中失去了四肢。有人残酷地打趣说，至少各国的残奥队伍都能壮大了。

　　没错，战争就是地狱，但是由 IED 造成的威胁、危险以及它在军人和平民心中投下的恐惧，却使阿富汗笼上了一层特别紧张的气氛。截至 2014 年，单单美国军队就出现了 7 万多例创伤后应激障碍（PTSD）。无论你如何评价发动战争的政治决策，对一个士兵来说，选择在阿富汗搜索 IED 都格外需要勇气。

　　我选中戴夫·亨森的经历是为了考察勇气，但他的经历同样可以用来说明耐力、坚韧和幸福。这经历还显示了人生会走上怎样一条奇怪而宿命的道路。

　　亨森在英国南部的沿海城市南安普顿长大，后来在赫特福德郡大学主修机械工程。大学规定学生要在业内工作一年才能拿到学位，因为军队提供了一个职位，他在皇家工程兵待了一年。等到要决定学位论文课题时，一名守卫部队军官建议他对受伤士兵做些研究。亨森回忆说："那是 2006 年，阿富汗的情况正在变糟，开始有人炸断双腿，从前线抬下来。"于是他把课题定为如何帮助伤残士兵回到运动场上，尤其是帮助截肢士兵开上卡丁车。"我在学生公寓里放一辆轮椅，平时就靠它进出。我的想法是，如果不亲身试一试，我是不可能知道怎么从轮椅上坐进卡丁车里的。那段日子真是辛苦极了，不过我也因此掌握了轮椅的用法。"

　　这个技能以后会派上用场。毕业以后，亨森留在了陆军，去了训练陆军军官的高校——桑德赫斯特的皇家军事学院（Royal Military Academy Sandhurst）深造。从桑德赫斯特毕业后，他加入了第 22 工兵团，接着他又得到了一个工作机会：到皇家工兵部队的爆炸军械处理组／拆弹部队（Explosive Ordnance Disposal，简称 EOD）去做搜索顾问。"看到这个职位时我确实感到了风险，但我也觉得那实在很有意思。"他说。所谓"风险"，他用预测下周降水概率般的戏剧性口吻告诉我，指的是这个小组的成员有 1/6 的概率在任务中负伤或死亡。六分之一，有多少人会在工作中接受这样的风险？

亨森和战友们演习了各种"伤亡情形"（casualty scenarios）——这是陆军内部对于爆炸的称呼。他也亲眼见识了人被炸伤是什么样子——没什么"情形"可言，就是真正的血肉横飞。他回忆说："有个阿富汗人在部署 IED 的时候自己引爆了装置，被送到了我们的基地。我看见了他……应该说是他的残骸……他送来的时候还活着，但最终没撑下来。真是太恐怖了。"

2011 年 2 月，亨森被派在赫尔曼德省（Helmand Province）负责当地的炸弹清除，为的是让塔利班强行迁走的人民返回故乡。他和战友们有条不紊地检查并清理地面炸弹，这是一项漫长而琐碎的工作，但是 2 月 13 日那天却使他终生难忘。亨森的 EOD 小组当时驻扎在纳德阿里（Nad-e Ali）地区南部的一处农村，距坎大哈西部100 公里。当地已经下了两周的长雨，这一天才刚刚收干。小组清理完第一座院子，正准备动手清理第二座。周围的气氛十分紧张，因为就在 4 天前，刚有两名空降团的士兵在这片区域北部死于枪战。

"我走到外层院子去确认那几个保护我们的步兵还在视野范围之内，就在我往回走时，事情发生了。"他回忆说，"当时根本没有'咔嗒'一声，完全没有，我只记得自己掉到了地上，又坐了起来。我感觉像是被人打了一铁锹，脑袋嗡嗡的，视野也变窄了。我低头看双腿，它们还连在我身上，但只连着几块皮肤，骨头都戳出来了。"他看见双脚还穿在鞋子里，他说这挺好。"我只记得自己大声惨叫，身子向后面一堵墙靠去。这时外面进来一个步兵，我脑袋一下清醒了，一切都回到了现实。"

我说过他是一个强悍的男人。但我没说的是，他的双腿从膝盖上方截断了。他的推特账号叫"无腿 BDH"（@leglessBDH）。我和他见面是在一个寒冷的冬天，他戴着钢质的假腿，末端是粉色的乳胶脚掌。他在室内不用穿鞋，乳胶脚掌能够牢牢抓住地面。我差点忍不住问他在这个天气脚冷不冷，真够蠢的。

亨森的伤势会使大多数人死亡，好在爆炸发生不到 20 分钟，医疗直升机就赶来了。他在这段时间里注射了吗啡，一边和战友们抽烟一边等直升机，轻松得像在打发时间。但他的疼痛是剧烈的。"我感到像是有人在我的腿上停了辆汽车。那是一种持续不断的压痛感，丝毫没有缓解的迹象。"亨森努力不去留意疼痛，等待直升机到来。37 分钟后，他就躺在了"堡垒营"*的手术台上。快速的救援行动无疑保住了他的性命。第二天他就回到了英国，右腿膝盖以上截肢，左腿在膝盖中间截断。

"我早知道这份工作会有风险，"他在谈起自己的职业选择时说，"我评估过各种可能，甚至想到了会受这样的重伤，所以出事情的时候我并不完全感到意外。这事其实没吓到我。"

如果和消防员或警察交谈，你也会听到同样的话：应付危险是他们工作的一部分。就像亨森说的那样，你不能让恐惧占满心灵，老是担心接下来会发生什么，那样你会一事无成。灾难当然随时可能发生，紧张的气氛也始终存在，但你要学会与之共处。

---

* 即 Camp Bastion，现称"舒拉巴克营"（Camp Shorabak）。

　　我发现亨森这样的人身上有一项杰出品质：他们完全知道将来很可能发生糟糕的情况，却依然接受了这样的危险工作。他们了解风险，却义无反顾。

　　世上有各种各样的勇气，但看来拆弹需要尤为特殊的一种。从事这项工作的人要特别勇敢，即使在军人堆里也能脱颖而出。从他们主动选择这门职业起，就已置身于持续的险恶环境中，这种险境没有具体形象，却可能夺人性命。当英国陆军发明了一种新的勋章给 EOD 成员在制服上佩戴时，他们的一位指挥官也说了同样的话："要把这份工作干一整天，并在半年时间里天天不断，需要的是一种特殊的品质：一份持久挺立的勇敢。"[72]

＊　＊　＊

　　亨森的身上有着英国军官特有的谦逊气质，他们说起话来轻描淡写，还用这个互相比试：风险嘛，当然是有的，但我们不怕。在和我的交谈中，亨森还把双腿截肢说成是"一点皮肉伤"。不过当他谈到对勇气的理解，还是变得严肃起来。他说如果他的作为能算作勇敢，那也是一种集体的勇敢。"我不是一个人出去独自寻找炸弹的，我的战友们都在身边，这和独自行动完全是两回事。"他说拆弹就像其他高风险的军事任务，很少会只派一个人去执行。你不必对近在咫尺的风险太过担忧，因为你和战友之间建立了一种信任和凝聚力，你相信大家能一起把任务完成。

　　他还对我引用了陆军的口号：团结才能成功（the team works）。"这意味着眼下的风险减轻了，或者说你对风险的担心减少了。"他说，"如果老是操心被炸伤了有多疼，被炸残了怎么办，你就永远迈不出大门。但是有了战友，大家就能共渡难关。"

听他这么说，我开始明白了加入团队能增强勇气的道理。然而驱使人们承担风险的动机又是什么呢？他们哪儿来的胆子拆弹？这工作我是绝不敢做的，在这一点上我的观点和莎翁笔下的福斯塔夫（《亨利四世》中的破落骑士）相同。他拒绝荣誉其实就是在拒绝勇气：

> 荣誉能重装断腿吗？不能。能接好断臂吗？不能。它能解除伤口的痛楚吗？不能。
>
> 荣誉一点不懂外科医术？不懂。那荣誉到底是什么？
>
> 两个字。这两个字又是什么？
>
> 一阵空气。好聪明的算计！

幸好陆军的许多成员都没这么虚无。华盛顿大学西雅图分校的茱莉·卡彭特（Julie Carpenter）访问了 23 名美国 EOD 成员（除一人外全是男性），并在 2013 年把结果写进了博士论文。"我发现有一件事强烈吸引着这些 EOD 成员，"她说，"那就是他们相信自己是在'帮人'，而不是害人，因为他们的工作是拆除没有爆炸的军械，给周围带来安全。"亨森在和我谈到他的动机时也说了类似的话。

卡彭特说，团队合作绝对是关键。"在外人眼里，EOD 的精神是有一点叛逆的，他们自信，机敏，甚至在军人当中也显得特别团结。"

你或许和我一样，在本章一开头就联想到了电影《拆弹部队》（The Hurt Locker），如果真是这样，那我可要告诫你几句：用卡彭特的话说，那部电影是对拆弹作业的好莱坞式呈现，细节并不准确。它的主角是个独行侠，毫无团队意识。卡彭特和亨森都强调说，真实的 EOD 工作靠的是密切的沟通和团队协作。"EOD 非常注重团结，每天的工作都在体现这一点，不过他们也很享受在军队里特立独行的形象。"卡彭特说，"EOD 成员不仅要有团队协作的意愿，还要有很强的沟通能力，因为这对团队成员来说是不可或缺的，他们在任务中几乎无时不在沟通。"

用亨森的话说，加入 EOD 服役的人各有原因，但底线都是要做成一番事业。他解释说，他和战友工作的地区经历过激烈的战斗。为了实现创造和平与稳定的政治目标，他们就要清理杂物，好让农民们能重返故土。

他对自己的身份——皇家工程兵 OED 军官相当自豪。"我们的工作就是找到炸弹，不让炸弹杀伤我们的战士。当然，我们也在意自己在军中的地位，也有自负的想法。"

追求刺激当然是另一个动机的源头。亨森也承认他参加军队是为了体验风险。"我们中间，有人喜欢肾上腺素，有人向往成人仪式，还有人想证明自己——人们加入军队有各式各样的理由。"刚看到这份工作时，他一方面觉得工作本身很有意思，另一方面也是为其中的风险所吸引。"有风险，工作就更有趣。肾上腺素引起的兴奋是它诱人的原因之一。"年轻人卖弄胆量的心理肯定也是一个因素，但亨森说，现在的他已经不这样了。

作为演化生物学家，我在遇到一种行为时往往首先会想到它是如何演化出来的。就勇敢而言，它的演化有几种可能的原因，分别对应了勇敢的几种形式：勇敢的行为能保护亲朋，还可能拯救所爱之人；在祖先的时代，勇敢的行为能带来食物；它能证明领袖的资质，或许还能证明自己配得上一位配偶。总之，勇敢是一种令人赞赏、引人注目的性状。

这种性状福斯塔夫是完全没有的。我不会和这个文学史上著名的机智人物辩论，只想说他老兄并不以性吸引力而闻名。勇气或许只是两个字，也不懂外科医术，但在异性看来，彰显勇气的人总是更有魅力。消防队员无疑就享有这个声誉。但亨森却不认同。

"我不认为一个小伙子进了 EOD 就会有额外的艳遇。"不过他也承认，"如果你自称是 EOD 专家、拆弹专家，那么受邀去参加几次晚宴还是不成问题的。"

有赖于军队锻造出来的强烈情谊，军人几乎肯为战友做任何事情。从演化的角度来看，我们该如何解释这个现象？瑞士洛桑大学生态与演化系的劳伦特·雷曼（Laurent Lehmann）和我一样，是一位演化生物学家，他和同事用数学模型研究了像勇敢、利他、领导和专制这些行为是如何演化出来的。

用演化论的语言来说，勇气有一个简单的解释：我们倾向于在家人遇到危险时冒险。雷曼用更专业的方式表达了这个意思：如果对一个人来说，勇敢是极昂贵的行为，会使他（她）承担巨大风险，蒙受一辈子也无法弥补的损失，那么勇气能够演化出来并成为本能，唯一的途径就是亲缘选择。换句话说，勇气就是做一件自己不会直接受益却有益家人的事。动物界也能找到这方面的例子，比如鸟类投入时间和精力喂养兄弟姐妹的雏鸟。

"一个军团就像一个家庭，因为它创造了同样的邻近感，或许还有同样的感觉输入——'兄弟连'就是这样产生的。"雷曼说，"因此在部队创造的氛围中，士兵就会像帮助亲人一样帮助战友。"

数千年来，军事领袖们向来知道将男性组成紧密团体的心理学价值。他们或许也一直在利用深刻的演化行为。一旦人们在亲缘选择的过程中产生了勇气，军队就会模拟它的演化环境，以此将它激发出来。虽然我们大多数人都认为自己无法表现出这样持续的勇气，但是演化论的主张和团队建设的实践还是对它做出了一定的解释。它们还说明了勇敢在一定程度上是可以学会的，或者就军队而言，它是可以灌输的。它还会导致极端勇敢的行为。

* * *

团队的行为守则加上和战友一起接受的严格训练，使亨森在等待直升机的时候始终保持冷静。正是团队和战友情使他最终成功得救。"身处这种环境，身边又是最喜欢的人，你就会做出奇怪的事情来。为战友奉献已经成了我们的本能。"亨森说道。

的确，在这样的处境中，人是会做出奇怪而非凡的事情。彼得·辛格（Peter Singer）是华盛顿特区新美国智库（New America）的一名战争专家，他举了一个美国士兵在伊拉克的例子，那恰好也是一名EOD士兵，他在机关枪的火力下奔跑了50米，只为营救一名队友。这无疑是个勇敢的举动，问题是他营救的那名队友是一部被打倒的机器人。为了一个机器人，他为什么甘冒这样的风险？难道这个机器人也成了兄弟连中的一员？

茱莉·卡彭特用它所谓的"机器人适应矛盾"（Robot Accommodation Dilemma）考察了同类报道。这类矛盾是EOD士兵尤其容易遇到的。拆弹士兵和机器人的关系不同于其他士兵或平民和机器人的关系。说它矛盾，是因为机器人一方面是工具且是消耗品，但另一方面又能救人性命并且和拆弹部队一起作业行军。在这种情况下，士兵很难不把它们当作人类看待，并认为它们"经历了许多坎坷"。一名士兵告诉卡彭特，他队里有个小伙子把队里的机器人叫作"丹妮尔"，还在悍马车里和"她"搂着睡觉。卡彭特的研究显示，士兵们很快就会和机器人混熟，他们会摸清机器人在机械上的奇怪特征和"个性"，还会把它们看作自己身体的延伸。她采访的 EOD 士兵都说他们把机器人看作自己的化身——他们钻进机器人的身体，并和机器人建立联系。他们会因为机器人在任务中损坏而伤感。卡彭特引用了一个名叫杰德（Jed）的 EOD 士兵在采访中的话，他描述了自己在队里的机器人成员被炸毁后的感受："要知道，这个机器人是为了救你才牺牲的，你当然会有些悲伤。"这样来看，士兵会努力营救一个落难的机器人朋友，或许就不足为怪了。雷曼指出，这是新奇的演化环境催生勇气的又一个例子。

　　陆军中的团队纽带和强烈的战友情增进了士兵的勇气，但是要具备这样的勇气，你首先还得敢于冒险、主动参军才行。那么，对于那些个人的、一次性的勇敢行为，我们又该怎么解释呢？

＊　＊　＊

　　2012 年春季，一阵出人意料的热浪袭击了英格兰南部地区。

　　那一年 5 月 26 日星期六，保加利亚出生、居住在伦敦西南郊萨顿（Sutton）的英国电工普莱蒙·佩特科夫（Plamen Petkov）和女友一起去海边享受春光。他们选中了西惠特灵海滨（West Wittering beach），那是奇切斯特附近的一长片海滩，那里沙子细洁，海水清澈，以冲浪和美景著称。当气温升到 28 度后，另外几百名游客也想到了同样的念头。其中就包括来自伦敦西北部的桑·西达·敏（San Thidar Myint），她带着 5 岁的女儿达琳（Darlene）也从伦敦西北部来到了海边。

那天的事呈现了人类面对灾难时的两种极端反应。当时达琳正躺在一只充气游泳圈上，忽然来了一阵激流，把她拖到了远离海岸的水域。女孩尖叫起来。她的母亲慌了神，哀求海滩上的人救她女儿。顷刻间，海浪变得凶恶，波涛汹涌。如果是你会怎么做？你起码会权衡一番自己的风险。也许你会对自己说：别去了，会有别人去救的，或是你不出手险境也会自动解除。你可以想象，当时沙滩上的人都不安地挪动着。海滩上人头攒动，却没有一个回应那位母亲的求救。

母亲桑·西达不会游泳，急得快要发狂了。就是在这时，普莱蒙恰好路过。他当时 32 岁，刚刚和女朋友搬到一起，正开始享受幸福生活。目击者说，他想都没想就一头扎进了水里，而这时达琳已经给冲到了一片插着红旗、标着"请勿游泳或下水"的区域。

普莱蒙游到达琳身边时，达琳撇下橡胶游泳圈，爬到了他背上。普莱蒙开始向岸边游去，他努力让达琳的脑袋保持在水面之上，可是这样一来，因为风浪和女孩的体重，他自己就无法从水中抬头了。普莱蒙竭力将达琳带到了离岸较近的水域，并通过一名女子将她安全交到了她母亲手里。然而他自己却被海浪卷走，拖到了海底。他被拉回陆地时已经没了知觉，旁人尝试给他做了心肺复苏，但没能把他救回来。医生宣布他死亡，死因是心脏停搏。

接手这个案子的验尸官说，这是她见过的最无私的举动。[73] 普莱蒙死后被授予女王勇气勋章（Queen's Gallantry Medal for bravery）。授勋词说他的无私举动挽救了女孩的生命，并在结尾这样写道："他在游到女孩身边之后，就再也没有为了自保而放弃她，即使自己陷入困境也没有松手。"

这样的故事使我们对人类的勇气倍感敬畏。听到它们你会想：如果是我，当此情景会怎么做？你或许不会深究，只会说一句："他不是平常人，这样的人一百万里才有一个。"但我却要试着理解这些将勇气发挥到极致的人。为什么普莱蒙会甘冒这样的风险，为一个陌生人献出生命？他到底有什么地方与众不同？

我们已经对人在鼓起勇气时的脑部活动和激素活动有了许多了解，可以试着对此做出生物学解释了。此外科学家还在研究如何激发勇气，并运用现有的知识治疗 PTSD 和其他应激及焦虑反应。

在面对灾难或突如其来的绝境时，人脑会释放一种促肾上腺皮质激素释放素（简称 CRH）。这种激素又会引发一连串反应，使身体做好行动准备：分泌肾上腺素，使心跳加速、血糖升高。CRH 还会与杏仁核相互作用——那是脑中的一对杏仁形状的结构，负责产生恐惧和焦虑的情感。

对有些人来说，恐惧会使他们丧失行动能力。而对另一些人，就像我们看到的那样，恐惧却是可以克服的。他们或许懂得自我调节，能将恐惧控制在一个不温不火的水平，比如亨森和 EOD 士兵的体验就是如此。又或许他们能将眼前的恐惧驱除，就像普莱蒙那样。

普莱蒙牺牲后，他的朋友都说这充分表现了他的无私天性。这是一种诉诸性格的解释，根据拜伦·斯特兰奇（Bryan Strange）的说法，科学家在研究为什么有人会为陌生人展现勇气时，性格正是他们考

察的两个主要因素之一。斯特兰奇在西班牙马德里的索菲亚王后阿
兹海默症研究中心（Reina Sofia Centre for Alzheimer's Research）工作，
负责那里的临床神经科学实验室。这间"斯特兰奇实验室"的研究
焦点是创伤性事件在脑中的储存方式，以及有没有可能将这些事件
抹掉。

性格以外，另一个因素是遗传多态性（genetic poly-morphisms）。
"我们正在研究一些基因，比如肾上腺素系统里的 ADRA2b。"斯特
兰奇说，"但这就像精神病的发病机理，不同的恐惧反应背后可能是
各种遗传多态性的组合。"这使我不禁想起了遗传学家在向我解释智
力时的话：像这样复杂的行为性状，背后可能有许多不同的基因变
异在起作用。

格列布·舒米亚茨基（Gleb Shumyatsky）是一位遗传学家，在
美国新泽西的罗格斯大学主持一间实验室。他的研究方向是在分子
和细胞层面上分析恐惧和记忆，也就是恐惧的遗传学。他的团队发现，
有一种"抑微管装配蛋白"（stathmin）对杏仁核的行为起关键作用，
而杏仁核正好连接着几个已知会影响恐惧反应的区域。抑微管装配
蛋白是由 STMN1 基因制造的，研究者培育出了缺乏此基因的小鼠，
并发现它们更喜欢探索新环境，在进入开放区域时也显得更有"勇
气"。除了缺乏研究者所说的这种"先天恐惧"（innate fear）之外，
实验还证明了这些小鼠无法对恐怖事件形成记忆。缺乏抑微管装配
蛋白基因的雌性小鼠还表现出了反常的母性行为：它们不会将幼崽
从有害环境中召回，在实验中遇到威胁时也懒得找安全的地方躲避。

恐惧是一种适应行为，我们需要恐惧。在野生环境中，一只无
畏的小鼠当然是活不了多久的，但是在实验室里造出一只缺乏抑微

管装配蛋白基因的小鼠，却能让科学家理解恐惧是如何产生、如何加工的。他们的目标是为那些病态恐惧者或是 PTSD 之类疾病的患者找到治疗手段。

这有可能减轻我们的恐惧反应吗？"人可以从训练中获得一些应对危险环境的简单行为。"舒米亚茨基表示。他告诉我，我们已经知道小鼠能改变抑微管装配蛋白基因的活动。就像前面写到的那样，缺乏这个基因的小鼠更加勇敢，而将这个基因的"音量"调高或调低，也能调节它们的恐惧水平。舒米亚茨基指出，那些恐惧反应特强的人，就是体内有几个控制这个音量开关的基因发生了突变。这么说，像普莱蒙这样的勇者，可能是因为抑微管装配蛋白基因发生了变异，所以天生就比我们普通人勇敢喽？这个问题不好回答，舒米亚茨基指出，科学家的研究对象一般都是异常胆怯的人，而非格外勇敢的人。"我没有听说谁在勇敢者的体内找到过变异的抑微管装配蛋白基因，但这个可能是有的。"

* * *

有一些人的行为里似乎看不出一点恐惧。比如我们已经看到，拆弹士兵学会了与恐惧共存。就像他们的口号所说的那样，他们心怀恐惧，却仍义无反顾。还有些人显露出过人的勇气，但这不是因为他们不感到害怕，而是因为他们能克服恐惧，比如普莱蒙·佩特科夫就是如此。然而在世界范围内，也有极少数人在生理上无法感受恐惧。这样的人称得上勇敢无畏吗？

贾斯丁·费恩斯坦（Justin Feinstein）是临床神经心理学家，在美国俄克拉荷马州塔尔萨大学的桂冠脑研究所（Laureate Institute for Brain Research）工作。费恩斯坦研究了3名女子，她们在神经科学的文献中鼎鼎大名，但姓名都用首字母表示，分别是SM、AM和BG。这三个人都患有皮肤黏膜类脂沉淀症（又称"乌–维氏症"，Urbach-Wiethe disease），这是一种罕见的遗传缺陷，会对身体造成多种影响，比如声带变厚，又比如引起钙质在脑部沉积。在SM身上，疾病的原因是基因在为细胞外基质蛋白1（extracellular matrix protein 1）编码时漏掉了一个字母，这种蛋白对人体有多种功用，出现其他故障时会导致乳腺癌和甲状腺癌。由于某种未知原因，在皮肤黏膜类脂沉淀症患者的脑中，字母的缺失造成了钙化，这种钙化并不影响脑的其他区域，而是专门瞄准并破坏杏仁核。当你失去了产生恐惧的基础结构，结果会怎样呢？你就会失去恐惧本身。

　　费恩斯坦认识SM已经很多年了。在病情进展之前，SM记得童年时曾被一条凶猛的杜宾犬逼到绝境，当时她也是怕的，她说那是一种"深入肺腑的恐惧"。但成年之后，她就再也没有体会过恐惧了。比如有一次，一名陌生男子用一把枪指着她的脑袋喊了一声"砰！"，有人目击了这个威胁性的场面并报了警，然而当警察赶到时，SM却很困惑，只说她很奇怪有人会这么做。

　　另一次，有个男人大概因为吸食了冰毒或快克（可卡因，crack）变得精神错乱，用刀抵住了SM的喉咙，威胁要杀她。还有一次，她被一个陌生人骗上了车，对方将把带到一片废弃农场，想强奸她。她大声喝令对方送她回家，吵闹声引来了一只狗，男子只得放弃。当震惊担忧的费恩斯坦问她害不害怕时，SM说她一点也不怕，只是愤怒而已。她完全不明白自己处于怎样的险境，事后竟又坐回了那男人车里，由他载着送回了家，她甚至给他指明了公寓的位置、暴露了自己的地址。她在许多方面是幸运的，缺乏恐惧并未给她造成更大的损失。"恐惧体验的缺乏一次次将她引回了那些她应当回避的场合。"费恩斯坦说。就是这样一个人，居然也活了五十多年了。

有一次费恩斯坦和几个同事带 SM 去了一家主题公园里著名的鬼屋。黑黢黢的通道里，她走在队伍最前面，一路上显得兴奋而好奇，始终没有表现出惊恐的迹象，也没有感到一点害怕。团队中的其他人在突然冒出的怪物面前尖叫着跳开，SM 却不为所动。她丝毫没有尖叫或是向后跳跃，连一点退缩的意思也没有。"在那座鬼屋里，我清楚地感到她正将我引向战场，"费恩斯坦说，"我害怕由她领路的话我们是活不了多久的。"

* * *

没有危险，勇气只是卖弄；没有恐惧，行动不免鲁莽。而没有恐惧，创伤也变不成教训。费恩斯坦发现，SM 虽然经历过一些创伤事件，比如遭人袭击、甚至被刀架着脖子，但她似乎并不在意。她并不回避相似的场合，回想起这些事件时也不带丝毫夸张和情绪。看来，没有了杏仁核的参与，她的记忆就失去了恐惧的维度，也无法再从恐惧中学习。费恩斯坦举出了 2008 年的一项研究，它显示在战斗中脑部受伤的越战老兵、尤其是杏仁核受到破坏的那些，并不会产生PTSD。[74] 可见在一些极端的情况下，缺少杏仁核或许是件好事。不过，从 SM 的病例以及 30 年来受 SM 启发而写出的几十篇科学论文中，神经学家和精神病学家却得到了另一种启发：如果能调节杏仁核的行为，我们或许就能开发出治疗 PTSD 及其他障碍的好方法。

PTSD 是一个严重问题。根据美国国家 PTSD 中心（US National Center for PTSD）的统计，全美有 7%～8%的人口会在人生的某个阶段经历 PTSD。它的症状包括持续的恐惧、对创伤事件的重复体验和回忆、睡眠问题、疏离感、易受惊吓等等。这种病女性比男性更容易得，每年患病的成人约有 800 万。

后来费恩斯坦想到了一个吓唬 SM 的手段：让她体验窒息。他设计了一个安全但绝对可怕的实验：他让 SM 戴上一只面罩，向她输送含有 35%二氧化碳的空气——这大约是我们正常呼吸的空气中二氧化碳浓度的 875 倍。SM 刚刚吸入这种令人窒息的混合气体就立刻大口喘息。8 秒钟后，她开始发疯似的舞动双手，14 秒后，她开始大叫："救救我！"科学家们为她解下了面罩。2 分钟后，SM 不再说话，呼吸也变得困难。她拍打着自己的喉咙喘息道："我透不过气了……"有生以来，她第一次发作了惊恐。等到实验开始后的 5 分钟，她才终于恢复过来，说自己刚才感到了真实的恐惧，那是她人生中最糟糕的体验。"在试着吓唬 SM 多年之后，我们终于找到了她的命门：二氧化碳。"

费恩斯坦后来又在 AM 和 BG 身上开展了实验，她们是一对德国的同卵双胞胎姐妹，杏仁核都受了严重破坏。实验得出了相同的结果。想想真是奇怪：故意在女性身上引发惊恐，居然也能被视为科学突破受到称赞。但是仔细一想，这类实验确有价值：在这之前，人们一直认为杏仁核是产生恐惧体验的绝对关键，但这几名女性的杏仁核都已经损坏，却为什么还能感到恐惧呢？答案或许是脑中还有其他更加原始的恐惧通路。杏仁核虽然对恐惧反应具有重要的指挥作用,但它并非不可或缺。[75] 虽然缺了杏仁核我们就感觉不到恐惧,但没有恐惧并不等于勇敢。

* * *

在研究皮肤黏膜类脂沉淀症患者之前,费恩斯坦还治疗过患PTSD 的美国老兵。他说:"我用心理疗法帮他们克服了在战争中形成的一些恐惧。"他指的是伊拉克和阿富汗的战争。治疗 PTSD 的一个方法是协助患者轻微地回想并重新体验造成创伤的刺激。这称为"延时暴露疗法"(prolonged exposure therapy),患者在安全可控的条件下讨论事发时的记忆,并重新体验它。比如费恩斯坦说起了几个在伊拉克坐车时遭到简易爆炸装置袭击的老兵。他们在事发后往往无法驾驶,甚至不敢走近轿车,因为车辆会引发他们的焦虑和惊恐。这就算不是一种足以毁灭生活的悲惨心理障碍,也意味着你从此不能拥有汽车了。"在美国,不能开车你就完了。"费恩斯坦说道,"在治疗一开始,你可以先让这些老兵在电脑屏幕上观看轿车。这个他们能够做到,但是他们一进停车场就会吓坏。也有人乘车没问题,但自己开车就会崩溃。"因此你要用几个月的时间缓慢而安全地为他们去除恐惧。"这是一种很好的疗法,因为实际上你在教他们怎么克服恐惧。这是一个按部就班的过程,就像老师给一个班级上课,你要对学生的忍耐限度有直觉上的了解。你要保证引起他们的恐惧反应是在一个安全的环境里面。要不断引出他们的反应,直到恐惧完全消失。"

你也可以使用相反的方法,让脑事先就做好抵御恐惧的准备。

这也是训练能够奏效的原因。我想到了空乘人员在失事的飞机上疏散乘客、还有消防员进入失火的楼里救人的故事。费恩斯坦指出："恐惧是可以通过训练来减轻的。"但他指的不是我想象中空乘人员接受的那种训练，他向我介绍的是精英部队接受的那种超常训练。比如在美国弗吉尼亚州弗吉尼亚海滩的小溪海军基地（Little Creek naval base），希望加入海豹突击队的士兵要接受一项极其严苛而危险的训练课程。它的基础项目水下拆除／密封（Basic Underwater Demolition/SEAL，简称 BUD/S）要持续 24 周。其中有一项有著名的活动叫"防淹术"（drown proofing），候选人必须在手足被绑的情况下游泳 100 米。还有一项训练是模拟溺水的。它的通过率很低，有 90% 的士兵会落选。这项训练非常严格且危险，有时甚至会酿成悲剧，致人死亡。"这些训练都是暴露疗法的不同形式，"费恩斯坦指出，"它们使你在重复中习惯恐惧反应。"在重复中，你甚至会对即将溺死的恐惧产生习惯。

在经过严格训练之后，士兵的行动和操作就能在"无意识间"完成了。我们许多人都体验过这样的现象：沿着熟悉的路线开车回家，到家时却不记得一路的情形。指挥这类操作的不是承担大部分决策和执行功能的大脑皮层，而是位于前脑底部的基底神经节（basal ganglia）。这个区域基本上就是我们的自动驾驶装置，它不会因为杏仁核散布的恐慌而受到干扰。

这并不是说，将儿童从失火的房子里拖出来就像是驱车驶过安静的道路。即便接受过训练，这样的举动也是令人佩服的。我的重点是勇气可以训练，胆量可以练习，就像是遵守纪律。

拜伦·斯特兰奇解释了训练是如何使人勇敢的。他表示，使用认知调节和积极应对等手段，可以有意识地减弱恐惧反应。在弗兰克·赫伯特（Frank Herbert）的科幻小说《沙丘》（*Dune*）中，主人公接受了一项恐怖而痛苦的测试。他的应对之策是反复吟诵"恐惧祷文"（the Fear Litany）："我绝对不能恐惧。恐惧扼杀思维。我要面对恐惧，让它从我身上流过，让它穿过我的身体。"我记得小时候有几次从噩梦中惊醒或是面对可怕的处境时，也曾反复吟诵这段祷文。

当我把这段经历和戴夫·亨森交流之后，我对它的认识变得清晰起来。他说他被炸伤时，脑海中自动浮现了在事故场景中需要遵循的步骤。"平时的训练无疑产生了效果，我觉得它也确实给我提供了一些指导，虽然这指导并非必需，但至少为需要应付急迫处境的人提供了一定程度的安慰。"这也分散了他对疼痛的注意。他说像他这么严重的伤势通常会导致死亡，而我们平时所受的医学训练一直在灌输时间就是生命的观念。他猜想，也许是因为他表现得镇定自若、头脑清晰（虽然他平时接受的指导未必有用），使得救援行动得以在一片平和镇定的氛围中进行。陆军版的恐惧祷文很有效果。"最初的震惊平复之后，我确实感到了一阵不可思议的平静。"亨森说道。

斯特兰奇表示，在恐怖的场景中，脑更容易提取在训练中产生的习惯和熟练行为。"有越来越多证据表明，无论恐惧还是一般的应激反应，都会抑制灵活的海马依赖记忆（hippocampus-dependent memory），而使习惯记忆（habit memory）更容易提取。"换句话说，人脑在恐惧和应激状态下偏好自动驾驶模式。

训练能改变人脑，增添勇气。其实要达到这个目的还有一种方法，但这种方法只对女性有效，它不仅要求改变脑部，还要求改变身体：那就是怀孕。

＊　＊　＊

假如有一个戴着面具的男人突然用枪指着你的脸，你能想象自己会做出什么反应吗？

2006 年 1 月，安吉·帕德伦（Angie Padron）载着 1 岁和 7 岁大的两个孩子,把车子停在了佛罗里达州海厄利亚（Hialeah）的一家"拇指汤姆"（Tom Thumb）加油站里。帕德伦当时 21 岁，她把副驾驶一侧正对油泵，自己绕过车身走到另一侧去加油。就在这时，加油站的安保摄像上显示有一个戴面具的男人靠到了她身边，并对着她的脑袋举起了一把枪。还有一个同样戴面具的男人跑到驾驶座的一侧拉开了车门。这是两个劫车犯。

"那完全是本能在起作用。"帕德伦告诉《早安美国》[76]，"我对那男人喊道：'我的孩子还在车里，你不许上车！'但对方还是上了车。"她的儿子埃文当时在后座上看见了一切。"妈妈对他喊，说：'给我下车，给我下车，给我下车，马上！'"他说。

发现喊叫无效之后，帕德伦拉开了驾驶座一侧的车门，扑到了劫车贼的身上。在一阵短暂的扭打之后，她扯下了那人的面具，并用力把他从车里拖了出来。两个男人见状都逃跑了。（他们很快被警察逮捕。）

帕德伦的故事登上了全国电视台，也受到了全世界的报道，原因很简单：一个平凡的年轻母亲，却在行动中表现了非凡的勇气，显然值得报道。我们眼看着帕德伦做成了一件我们希望自己在经受考验时也能做成的事。我们乐意有人提醒我们：虽然我们过的是平常的生活，但每个人都有英勇的一面。人人的内心都藏着一位超级英雄。因此她的勇气理所当然受到了推崇。然而，就像对普莱蒙·佩特科夫和戴夫·亨森一样，我也想知道帕德伦的内心当时发生了什么。

奥利弗·博施（Oliver Bosch）是德国雷根斯堡大学的一位神经生物学家，专门研究哺乳动物的母性本能。他向我介绍了雌性在成为母亲之后会出现的行为变化。他首先指出了一个生物学家已经非常熟悉的现象：在哺乳期间，无论是啮齿类母亲还是人类母亲，焦虑感都会下降。（在讨论啮齿类动物时，科学家们喜欢说它们做了母亲之后更少焦虑，而不是更加勇敢。那么科学家又是如何评估小鼠的焦虑水平的呢？通过衡量它们的行为变化，比如它们冒险进入开放或明亮场地的倾向。）总之，小鼠母亲减少了焦虑，就相当于人类增加了勇敢。造成这种镇定效果的是名为"催产素"（oxytocin）的激素。你或许听说过催产素能促进母亲和婴儿之间的情感联结，它也因此获得了一个昵称叫"依偎物质"（cuddle chemical），但催产素的效果远不止于此。

在孩子出生前，催产素就扮演着一个重要的角色：它能引起子宫平滑肌收缩，从而促进生产。在哺乳时，婴儿的吮吸动作又会刺激母亲分泌催产素，从而引起乳头的排乳反射。"但催产素还有一个作用：当它在脑中分泌时，就会促进母性的关爱和防御行为。"博施说。

他对啮齿类动物的研究显示，当母亲身处险境，杏仁核里就会分泌催产素："当母亲受到威胁，比如有一只危险的大鼠入侵、可能杀死她的后代时，她就会大量分泌催产素。"

男性杏仁核中的催产素会使他们更加勇敢，而博施猜想，同样的刺激物也使哺乳期的女性成为了勇敢的母亲。催产素还会改变母亲对压力的反应。当帕德伦说出"那完全是本能在起作用"时，实际情况就是当孩子身处险境，受到威胁，她脑中的杏仁核里就分泌出了催产素。这也阻断了促肾上腺皮质素释放素的产生。一种激素压倒了另一种，使她有了直面袭击者的勇气。

一旦啮齿类动物的幼崽断奶，母兽的行为就会恢复正常，母性反应也随之消失。而人类却不是这样。大鼠每8周就能产下16只幼崽，而当代女性一辈子也生不了两个孩子。再加上人类婴儿需要在更长的时间内得到大量关爱，使得人类的母性反应延长了许多。

"人类的母性需要维持很久才能保证女子正常发育。"博施说。这是我们和小鼠之间的一个巨大不同。生孩子甚至会更改母亲的脑部结构。"女性生下孩子之后，她们的母性可能就再也不会消失了吧。"

* * *

在以上对于勇气的探讨中，我明白了勇气可以呈现为许多形式。有的可以称为"习得性勇气"（learned bravery，比如海豹突击队员和空乘人员表现的那种），有的是母性、家庭性的勇气（比如保护孩子），有的是社会性的勇气（公开演讲），还有的则是利他性的勇气（挽救溺水的陌生人）。我们已经看到，这些勇气是沿着不同的路径演化出来的，但这并不意味着它们是由脑的不同部位掌管的。归根结底，一切形式的勇敢都有一个公分母：克服当下持续的恐惧，主动承担危险的行为。因此，不同形式的勇气或许在脑中有着同样的核心机理。

在以色列的雷霍沃特，魏茨曼科学研究院（Weizmann Institute of Science）的尤里·尼利（Uri Nili）和同事设计了一个实验来验证这个假说。他们招募了一群害怕蛇类的志愿者，叫他们自己选择是否要把一条活蛇移动到头部附近，并同时扫描他们的脑。扫描仪里的志愿者操纵一根传送带，它能载着活蛇向后远离他的头部，也能向前靠近他的头部。在设计了这样的选择之后，科学家就对勇敢行为下了一个定义：决定让蛇靠近头部就是勇敢。"我们将勇气定义为'克服持续恐惧的支配而行事'，言下之意是较常人更勇敢的人具有更强的克制恐惧的能力。"尼利说。

他还指出，让蛇靠近头部的行为表现了志愿者在逆境中坚强不屈的精神，而这也正是勇气的另一个特征。作为对照，研究者还用同一套传送带加蛇的装置扫描了不怕蛇类的人的脑部。他们还在传送带上只放了一只泰迪熊的条件下扫描了志愿者的脑。

他们发现（刊登在了《神经元》杂志上）[77]，克服恐惧的决定主要和脑中一个称为"膝下前扣带皮层"（subgenual anterior cingulate cortex，简称 sgACC）的区域的活动有关。扣带皮层是脑中的一个中层结构，我们感兴趣的是它的前半部分。这个区域连接许多其他脑区，包括杏仁核和下丘脑，在许多过程中发挥作用，比如知觉疼痛，比如将情绪分配给内部和外部的原因，又比如引导社会行为。sgACC 又是这个脑区最前面的一层。尼利的团队指出，蛇类扫描实验的结果说明，你必须启动 sgACC 才能产生足够的脑力克服恐惧。当你引导自己做出任何类型的勇敢行为时，你都在减弱杏仁核和下丘脑的输出，而你能做到这一点，看来应该感谢 sgACC。勇敢者的 sgACC 很活跃，他们因此能在恐惧时更好地抑制杏仁核和下丘脑的输出。

我从这里学到了关键的一课，它并不需要我们记住脑中各个区域的名称：尼利的研究显示，虽然勇气有各种形式，但是说起主宰恐惧，脑中却只有一个公分母。"无论你的恐惧是哪种类型，只要克服了它的直接源头，你的行为都可以称作勇敢，而这种行为很可能是受论文中描述的脑过程的调节。"他说。

* * *

在回顾自己处理爆炸性军械的事业时，戴夫·亨森开玩笑说傻子才会接这样的工作。他还说自己现在已经变成了一个胆小鬼。但我不相信他的说法。勇敢不只是英勇战斗，也不只是面对持枪劫匪时的一次性反应。那些事例确实是勇气在极端条件下的表现，但是在日常生活中，我们也每天都在表现勇敢。研究啮齿类的生物学家用焦虑作为衡量勇气的替代品，这很能说明问题，因为两者在脑中是互相关联的。还有一件事令人宽慰：勇气是可以训练出来的。我们或许无法表现出战争英雄那种程度的勇敢，或者跳进危险水域挽救陌生人的那种无私，但我们绝对能使自己逐渐勇敢起来。

亨森的康复过程漫长而痛苦。"我用了很长时间才意识到康复的艰难。"他说，"我在医院里哭过，因为太辛苦了。"不过他还是撑下来了，就像他撑过了在阿富汗每天的任务。和他一起入院的还有来自空降兵团的一个准下士和两个列兵，四个人是一起开始的康复训练。曾经是他的拆弹团队支持他完成任务、挺过意外，现在又有了一支临时团队支持他撑过康复。"有时某个小伙子一天过得很糟，我就出手帮他，有时我的一天很糟，他又出手帮我。我们就是这样坚持下来的。住院真是人生中一件乐事。"

亨森在炸伤后获得晋升，当了上校，自然也得到了一份文职工作。他也至少不用另学轮椅了：他以前写作残疾人参加运动的学位论文时决定去学，就学了，没想到现在阴差阳错派上了用场。他的工程学位论文写的正好是截肢者和运动。"这太神奇了。"他说。团体运动对他的康复起了重要作用，他后来装了刀片假腿（running blade），变得更有干劲了。陆军有个两年一度的健康评估，你必须在10分30秒内跑完2.4公里才算通过。亨森决定一旦通过这项评估就离开军队。2014年，他跑出了10分28秒。两年后，他又去里约热内卢参加了残疾人奥运会，并在200米跑项目中夺得了铜牌。比赛中他跑出了24.74秒的优异成绩。

亨森自认为是幸运的。但他指的不是在爆炸后幸存，而是能再次建立品格，重新确立目标。"每个人都关心别人怎么看待自己，"他说，"但别人怎么说、怎么看是他们的问题。对我来说，身为陆军上尉的一件自豪的事。我知道别人也尊重这个头衔。但是当我离开军队，我就成了一个伤残老兵，'陆军上尉'的身份也消失了。但后来我参加了永不屈服运动会（Invictus games）和残奥会，我就不再只是个伤残老兵，而是退伍军人兼残奥会奖牌得主。"他感到有事可做是一种幸运。现在的他一边运动，一边在帝国理工学院修读生化工程的博士学位。他的研究课题是为截肢者制造仿生膝关节，他希望能发明一种新型假肢，好让自己残存的那一点左侧膝盖也能发挥作用。"我仿佛一下子就重新定义了自我。"他说，"我会在帝国理工重新找到自己的位置，这下我又能为别人的生活做贡献了。"

* * *

我们的探讨是否已经包含了勇敢的所有形式？至少我觉得我对

勇气的认识已经比以前清晰多了：它是什么？是如何演化的？身体需要哪些生理和神经方面的准备才能产生它？我对勇气的蒙昧减少了，对它的威力却依然敬畏。费恩斯坦曾谈到不假思索的勇敢行为，说他总是为人们未经有意识思考的行动速度感到震惊："那似乎是出于一种原始的本能，它或许比我们认为的更加普遍。"也许人人心中都有勇敢的种子。这真是一个令人欣慰的想法。

06

歌唱

时间是个怪东西。

你一生里都未对它稍有留意，

可是猛然间，它就成了你所能意识到的一切。

——理查·施特劳斯《玫瑰骑士》（1910）

和我自己的奶水一样甜美，

也和我自己的泪水一样苦涩。

——乔治·本杰明、马丁·克林普《写在皮肤上》（2012）*

　　我正在伦敦科文特花园的皇家歌剧院观看《玫瑰骑士》。如果你和我一样之前也没听说过这部作品，那就让我稍微介绍一下：《玫瑰骑士》是理查·施特劳斯在 1910 年创作的一部歌剧，情节滑稽又忧

---

* George Benjemin（1960— ），英国作曲家；Martin Crimp（1956— ），英国剧作家。*Written on Skin* 是他们合作的歌剧。

伤。今晚的演出是 6 点开始的，现在是 9 点 30 分，剧情已进展到第三幕。我的眼睛开始模糊。别误会：演出精彩绝伦，我又占了正厅前排的好位子，管弦乐队的伴奏激动人心，完全符合我对一群世界一流音乐家的设想——但这实在是一部漫长的歌剧。我真的听累了。但接着我就内疚地训斥自己：我也好意思叫累？那台上的演员呢？

几小时前，我窜到后台去和男低音歌手马修·罗斯（Matthew Rose）打了招呼，他在剧中扮演奥克斯男爵。那时他正在化妆，脑袋上贴了一张乳胶的光头套，形状颜色都正合他的皮肤。他在光头上又戴了一顶假发，假发上再戴一顶帽子。你可以想象他的脑袋有多闷热，而这时他还没上台呢。奥克斯属于维也纳的精英阶层，他神气活现，玩世不恭，举止粗鲁。他是剧中的核心人物，在全部三幕里都有唱词。罗斯告诉我这个角色是个怪物，但他指的不是角色的性格："瓦格纳写过几个和这一样难唱的角色，但我唱过的角色大概没有比这个更难的了。这是歌剧世界的珠穆朗玛峰，是对演员的终极考验。"

我绝对不是什么歌剧专家，但我真的很喜欢歌剧，而且我也说得出喜欢的原因：除了能体验精彩的剧情、获得明确的享受之外，我还为能够目睹人类的最高歌唱水平而感到激动和荣幸。我是花了很长时间才意识到这一点的，这正是为什么在现场观看歌剧（或芭蕾舞剧）会如此动人的原因：你能近距离体会演员的艺术成就，几乎像是在与他们同台。你眼前的这些人学会了将整个身体转化为一件乐器。作为一个生物学家，也作为一个不会唱歌的人，我为这项本领深深折服。只是在遇见罗斯之前，我并不知道表演歌剧到底有多难：你必须对发出的声音有绝对的控制。就是说，你演唱时的呼吸，你喉头的形状如何对唱腔的颤音、对词语特别是元音产生影响，胸音（音区的最低端）如何与头音（音区的最高端）融合、互动，这些你都要能掌控自如。然而这些还不是歌剧的全部。

"你必须能运用各种语言演唱，你必须用一门外语学习复杂的音乐，你必须表现出这门外语的音乐性。你还必须看指挥的动作，和舞台上的其他人配合。"罗斯说道。光是想到这些，我就已经筋疲力尽了。"你要在同一时间做这么多事，还要发挥出绝高的水平，这说来的确惊人。指挥西蒙·拉特尔（Simon Rattle）说歌剧演员是世界上最难的工作。演员在台上很费力，但这是因为他们掌握的这套技能，在难度上超过了任何地方的任何工种。"

歌剧演员的工作是忠实地重现别人创作的音乐。无论那人是威尔第还是瓦格纳，他都已经决定了要用这部歌剧表达什么内容，演员的任务是传达，而非解释。在流行音乐界，歌手表达的是自身的情绪，即便失控也没有关系——实际上，流行音乐之所以感人，正是因为歌声中迸发出了歌手的情绪。但是在歌剧中，情绪却来自作曲家，演员对自己必须绝对克制。何况演唱歌剧是没有麦克风的。我虽然也喜爱流行歌手，但如果没了麦克风，他们的声音是绝对无法在歌剧院里盖过大编制管弦乐队的。歌剧是一门能力全开的艺术。严格地说，歌剧的复杂程度要超过演戏，因为歌唱比说话复杂。而且在话剧剧场里，演员可以控制时间，有自由发挥的余地，出场提示也可以调整。"但歌剧就没有这样的时间弹性了，你自始至终是和指挥一起排练，所谓的自由发挥也多半是装出来的。"皇家丹麦歌剧院的总监约翰·富尔詹姆斯（John Fulljames）说道。

我猜想，或许因为歌剧是我永远无法表演的艺术，所以在我看来，那些能够表演的人就自带了一圈光环，一种近乎魔法的能力。任何嗓音出众的人都有这种魔力。我们会说她有惊人的天赋，有神赐的才能。用科学的语言来说，我们假定优美的歌声背后有强大的遗传因素。但是当我和格莱美奖得主马修·罗斯交谈时，他却并不认可这个说法："我真心认为我的歌唱水平有90%是训练出来的，其中包括语言的技术、音乐的技术。我不认为这些是可以遗传的。"

　　毫无疑问，罗斯以及所有专业音乐家都是经过不懈努力才取得今天的成就的。虽然有人漫不经心地用"他天赋惊人"来形容才华出众的人，但也有许多人将专业技能归功于训练，比如那个流毒甚广的1万小时理论（见后文）。有没有可能这两种解释都是正确的？眼下我的目标就是探讨歌唱家是如何获得顶尖歌唱才能的。一个歌剧演员要付出多少，才能有机会在科文特花园表演？我将和一班歌唱家及歌唱教师对话，也会请教遗传学家。当我和罗斯交谈时，我渐渐理解了他对"训练胜过遗传"的坚持：他想让自己的辛苦得到认可，特别是他为塑造眼下这个角色投入的大量精力。不过他这么说，也可以认为是在对自己的才华表示谦虚，基本就是在说：这活谁都能干。呃，我是干不了的。

* * *

　　罗斯说他小时候家里并没有特别浓厚的音乐氛围。"我妈妈的歌声的确很美，现在回想起来，她也很爱音乐。"在他家里，音乐仅仅是"常伴左右"，而到了学校里音乐就只是"偶有闪现"了。不过7岁那年，他还是加入了学校的合唱团。"这对我的职业生涯产生了重大影响，另一个重大影响是我们学校有一位可爱的音乐老师。我的确一直在唱歌，但是在十几岁之前，我对它始终是不太认真的。"

最先让他认真的是游泳，接着是高尔夫球。他的理想是当一名职业高尔夫球手，但过了一阵，他就把理想转到歌唱上去了，我认为这是一次有益的转换。我们会在后面看到，让孩子尝试不同的活动是多么重要，那样他们才能体会到自己喜欢什么，又擅长什么。"感谢上帝，我没走高尔夫这条路，"他说，"不然我现在就在推销火星牌球杆之类的东西了。"

到他 17 岁左右时，学校里新来的音乐老师建议他考虑把歌唱当成工作。罗斯说的是"工作"，不是事业，更不是什么"天职"（calling）。"我声音条件很好，乐感也不错，进入大学之后，我意识到自己可以走这条路。"接着他"幸运地"在费城的柯蒂斯音乐学院拿到了一个学籍，他认为自己后来的歌唱成就有很大一部分要归功于那里的训练。"我在柯蒂斯从零开始学起，在那里接受了 5 年的优质训练。要学习这个行当的必备技能，那里是一个很好的环境。"

他说他当时并不怎么了解歌剧："刚开始上课的时候，我只能唱那么三四个音符，其他就什么都不知道了。"

要进柯蒂斯，竞争是很激烈的，学生的水平都很高超。我不知道他能进这座世界著名音乐学府，运气发挥了多少作用。钢琴家郎朗和他同一年入校，现在已举世闻名。柯蒂斯提供的是职业化的训练，或许这就是为什么罗斯会只把歌唱看成一份工作的原因。又或许是我一直在一厢情愿：我在歌唱家的身上看到了天才的光环，要不就是我在期待一个典型的首席主角，他在艺术的世界里处于更高的境界。总之，在柯蒂斯，歌手每年要表演 5 部歌剧，上课的内容也都针对演出。"那完全是职业化的训练，这在全世界都是没有先例的；"罗斯说道，"那就像是培养足球运动员，你必须到场上比赛才行，光在教室里干坐着啃书本是没用的。"

如果这还不算是协同一致、目标明确的刻意练习（deliberate practice），我就不知道什么能算了。它已经触及了关于专业技能的辩论的核心。我们下面就来看看这方面的证据，其中一些在第 1 章已经涉及。

这场辩论的一方是环境决定论者。这些人主张练习是养成专业技能的最重要因素，尤其是所谓的"刻意练习"，也就是有明确目标和进步要求的那种专注的练习。这个阵营的领袖是安德斯·埃里克森，他说过："无论遗传资质在'天才'的成就中占有多大比例，这些人的主要天赋其实是我们人人都有的——那就是人类的脑和身体的适应性，只是天才能比常人更好地运用它们而已。"[78]

作家马尔科姆·格拉德威尔（Malcolm Gladwell）阅读了埃里克森和同事在 1993 年发表的一篇论文[79]，并从中推演出了他的"1 万小时定律"：要在任何领域成为专家，你都要投入 1 万个小时的训练。埃里克森很不同意将他的理论简化成一条"定律"。[80] 他抱怨说格拉德威尔甚至没有提到关键是要开展刻意练习，而不是老式的那种练习。[81] 然而"1 万小时"的说法实在太吸引人，很快就流传开了。

辩论的另一方是天赋论者，他们认为有些人具有遗传的禀赋。他们考察了各种证据，发现解释专业技能的最佳途径是将遗传因素和环境因素相结合。他们解释专业技能的理论框架（我们不得不承认，它在流行程度上无法和"1 万小时论"竞争）称为"多因素基因–环境互动模型"（multifactorial gene-environment interaction model），简称 MGIM。[82] 简单地说，它认为单靠练习并不能解释成就，遗传和非遗传因素对于专业技能同样关键。这个模型的提出者是瑞典卡罗林医学院（Karolinska Institutet）的弗里德里克·乌伦（Fredrik Ullén）和米丽娅姆·莫辛（Miriam Mosing），以及我们在第 1 章认识的那位扎克·汉布里克。汉布里克掌管着一间专业技能实验室，专门研究造成个体专业技能差异的原因。他的团队想知道：为什么某些人能在某些事情上胜过别人这么多？他说："我们考察了训练、经验、天才和社会人口因素——其中天才就是指受遗传基因影响的能力。毫无疑问，你非得勤奋练习才能成为象棋、体育或音乐领域的专家。这些知识都不是我们生来就有的。那么在这些领域，人和人的差异又是如何产生的呢？这才是我们研究的焦点。"

他们积累了大量经验证据，并表示这些证明了练习还不足以解释水平的高低。我们来看两篇论文。在第一篇中，汉布里克的团队考察了 8 项关于音乐能力和练习的独立研究，并分析了其中的所有数据，他们发现学习者投入的练习量只在他们的水平差异中占了 30% 的比重。反过来说，也就是除去练习量之外的因素在水平差异中占到了 70%。[83] 另有一项范围更大的对音乐能力的分析（不是汉布里克做的），发现练习只占到水平差异的 36%。[84] 还有许多分析也得出了类似结果。MGIM 的信奉者们由此认为：遗传的重要性和练习相等，或许还超过练习。因此，虽然罗斯声明他的成功有 90% 是训练的成果，但科研证据仍显示，平均而言，可以用练习来解释的水平差异只有 30% 多。

*　*　*

罗斯指了指自己的喉咙说："这里的肌肉是全身最宝贵的。"接着他为我快速介绍了歌剧演员能产生如此音量的原理：你知道婴儿为什么能发出这么响的声音吗？因为他们能高效地用全身一起发声。"我们就是在努力恢复这种高效，像婴儿那样。这一切的秘诀就是动用膈膜和合适的肌肉，在恰当的位置把把声音推送出去。"他说。

发出恰当的元音是一项优势，因为这能使你更容易发出恰当的共鸣，让歌声充满歌剧院的每个角落。"为什么意大利人和威尔士人擅长歌剧？这是有原因的。"他说，"因为他们说话的方式十分接近歌剧演员发出共鸣的方式。"而法国人就没有这项优势了（法语里有大量喉音），讲一口罗斯老家英格兰南部的方言也好不到哪去。英格兰北部元音较短，比较适合歌剧——这也是为什么索尔福德大学的作曲家艾伦·威廉姆斯（Alan Williams）要专门为北部口音创作一部歌剧。[85]

奥克斯男爵这个人物出场时间很长，音域对罗斯来说也偏低。这意味着他在演出之前要充分休息：在开口表演前的一天里，他甚至会不说一句话。

"演出那天我会睡个懒觉，下午再打个盹，然后再去现场。这个角色太累人了，对身体和精神都有很高的要求。这个角色是歌剧中的马拉松，非得小心扮演才是。这和我演过的其他角色都不一样。"

这是一项耐力测试，罗斯一定得保存体力才能撑过这个晚上。年轻时他还可以靠着肾上腺素唱完全场，但现在这对他更像是一份工作，已经需要打起精神、倾尽全力才能完成了。

这虽然听起来严苛，但并不说明他不爱这个角色，只是他不能再把精力浪费在兴奋心情上罢了。2016—2017 年间，他在纽约扮演莫扎特歌剧《唐璜》中的莱波雷洛（Leporello）一角。"唐璜里的这个角色轻而易举，所以我唱得很兴奋。它的词曲并不复杂，我也已经相当熟悉。但是《玫瑰骑士》不一样，你每一秒都得集中精神，看好指挥。它唱词是德语的，还要带一点奥地利口音。这个角色再难也没有了。"

罗斯一遍遍强调说，这对他而言是一个过程。他在这个过程中学习妥善运用自己的身体，妥善地呼吸，妥善地观察指挥，而这些技能都会随着经验的积累而改善。不过话虽如此，他依然承认有些人"天生"就是歌唱家。他举了两个例子：威尔士低男中音布莱恩·特菲尔（Bryn Terfel）和法国男高音罗伯托·阿蓝尼亚（Roberto Alagna）。特菲尔 4 岁就参加了威尔士语的音乐家大会（Eisteddfod）竞赛，积累了大量练习——我很难断言他是不是真的天才，因为这又回到了练习和天赋这个老问题上。阿蓝尼亚被发掘之前是在街头卖艺，后来在歌剧院里成就斐然，但好像始终都是自学。"阿蓝尼亚从没上过一节声乐课。"罗斯说，"而大多数歌唱家都要花许多年的时间上课。帕瓦罗蒂大概是有史以来最完美的歌唱家了，就连他也要一再钻研，靠学习和训练磨出理想的声音。"

米卡埃尔·埃利亚森（Mikael Eliasen）是罗斯以前的声乐老师，也是柯蒂斯音乐学院声乐研究系的主任。他曾和几位世界一流歌唱家合作，包括已故的美国著名男中音罗伯特·梅里尔（Robert Merrill）、以色列女低音（Contralto）米拉·扎卡伊（Mira Zakai）以及瑞士女高音埃迪特·马蒂斯（Edith Mathis）。他曾任旧金山歌剧中心的音乐总监，欧洲歌剧与声乐艺术中心的艺术总监。他参与了多家机构的年轻艺术家项目，包括柯蒂斯音乐学院、皇家丹麦歌剧院和阿姆斯特丹歌剧院。他就对天赋十分强调：

"有的人天生就有一副引人倾听的好嗓子。我觉得这是没有办法的事，你要么有，要么没有。"以世界著名歌唱家勒妮·弗莱明（Renée Fleming）为例，当我们说她有天赋才能时，我们的意思是她天生就具有美妙的嗓音。她在成功之前确实经过了刻苦训练，但是埃利亚森指出，她成功的前提还是那一把天赋的好嗓子。"我们说某人是'天才歌手'就是这个意思。"他表示，如果一个人没有这种天赋却又喜爱歌唱，那他或许可以把唱歌当作爱好，也能获得巨大的满足，"但要是没有天才的话，多半是成不了职业歌唱家的。"

对听众而言，聆听歌剧能听出许多情绪，但是对于罗斯，他在表演中却感受不到这些。这一点我在和他交谈之前并不了解：一场歌剧表演，听众在情绪上大受感动，甚至被音乐提升到了一重新的境界，它给你突如其来的快乐，让你在刹那间瞥见人类的更高潜能。然而就是这样一门了不起的艺术，表演者自身却未必觉得自己攀上了更高的境界，他们只是在完成工作而已。

"我演唱时是不动感情的。"罗斯说。少数例外也有，比如舒伯特就会使他心情糟糕。"但是我在唱歌剧时却真的感受不到什么情绪。多明戈在演唱时，他的身体里一定时时充盈着情绪。他的表演是从丰富的情绪中流露出来的。我就不一样了，我知道如何按下听众的情绪开关，但我自己没有感应。我只是知道引起听众的恰当反应要怎么做。"

听他这么说，演唱似乎是有些枯燥的工作。

"这是我的工作，我也很享受把它做好。让听众动情是这份工作中最大的难题。这座歌剧院就是我的主场，是这个国家的歌剧圣殿……我很向往来到这里，并发挥出最好的工作状态。"

既然他不愿承认自己的天才，那么他的秘诀或许就是无时不在的干劲和执着了。"我做什么事都会努力做成最好。也许这就是成功者内心根深蒂固的态度。那是一股痴迷的劲头。我在做学生的时候真的是满怀痴迷，现在大概少一些了。"

他说，要想成功先得端正态度："你要具有一个修女、一个僧人那样的奉献精神。要牺牲自己把事情做对。成功就是这么难。"

罗斯不经意间说出了一条强有力的证据，它指向了音乐成就中的一个遗传成分。

* * *

米丽娅姆·莫辛是卡罗林斯卡学院神经科学系教授。她运用大量在1959—1985年间出生的双胞胎证据，梳理出了练习和基因对音乐能力的重要作用。流俗观点认为，如果你给一群孩子少量音乐训练，比如教他们唱歌或弹钢琴，那他们最初显露出来的能力差异就是天生的。而埃里克森会说，在经年累月的练习之后，这些基因差异会被孩子们学会的新技巧掩盖，这时练习就成为了决定因素。莫辛指出这是一个激进的环境决定论观点，她还指出有大量证据显示练习并不足以培养专业技能。

莫辛和同事联络了这个双胞胎数据库中的成员，并询问他们是否经常演奏乐器或是唱歌，如果是的话，又在不同的年龄阶段分别练习了多久。研究团队收到了 1211 对同卵双胞胎和 1358 对异卵双胞胎的回复。他们给这些参与者的音乐能力倾向（musical aptitude）打了分，包括音高、旋律和节奏辨别等项目。由于双胞胎的基因有一半或全部是相同的，生活环境也几乎一样，研究者因此能考察他们的某个性状（比如音乐能力），并确定其中有多少是遗传决定的、又有多少是练习产生的。

莫辛等人发现，这些双胞胎的音乐练习有 40%～70% 由遗传决定。注意，这里说的是"音乐练习"（music practice），不是音乐能力，也就是说，他们发现了双胞胎们对于练习的爱好（propensity）也可以用遗传来解释。更令人意外的是，这项研究指出了我们通常认为的"熟能生巧"未必正确。莫辛发现，在同卵双胞胎内部，练习量不同并不会造成音乐能力的差异。就像我们在"智力"一章中看到的那样：即使将双胞胎从小分开抚养，他们彼此的学业成就也会出现很强的相关，超过他们各自的学校和家庭环境的影响。莫辛将这个结果发表在了《心理科学》（*Psychological Science*）杂志上，题目是"熟不生巧：音乐练习和音乐能力无因果关系"（Practice does not make perfect: no causal effect of music practice on music ability）。[86]

莫辛的研究模仿的，是汉布里克的专业技能实验室对 850 对双胞胎的另一项研究。20 世纪 60 年代，汉布里克调查并且询问了这些双胞胎在音乐中投入的练习和取得的成就。要记住，支持 1 万小时法则的常见例子是披头士乐队在汉堡大量演出的那段时间。[87]

汉布里克和得州大学奥斯汀分校的艾略特·塔克–德罗布（Elliot Tucker-Drob）查看了为 1962 年美国优秀学生奖学金（National Merit Scholarship）测试所收集的数据。他们调查的双胞胎平均年龄 17 岁，都在测试中提供了自己的音乐练习量以及达到的音乐水平，他们有的"曾在学校／县／全国竞赛中获得良好或优秀成绩"，有的"参加过专业管弦乐队的演出"。在取得了这些同卵双胞胎和异卵双胞胎的数据之后，汉布里克和塔克-德罗布梳理出了基因和环境对于音乐练习和音乐成就的影响。

　　他们发现，人们在音乐中投入的练习量的差异，有大约1/4可以用遗传因素来解释。也就是说，练习音乐的动力有1/4是受基因影响的。他们还发现练习会放大天赋才能的作用。简言之：基因会影响你花多少力气练习，也会影响你最后取得多少成就。[88]

　　我自己从来没上过一节声乐课，唱歌也只在一个人开车时唱过。我的伴侣曾感叹我这么喜欢欣赏音乐，却没有任何音乐才能。然而在日本居住的时候，我会定期去唱卡拉OK。我常和同事在实验室聚餐或者科学会议之后去唱歌，他们老是要我唱《昨天》。"我们想听一个正宗的英国人来唱这首歌。"日本朋友们这样催促我。他们真可怜，居然要听着这首在日本依然大热的歌曲这样受我的摧残。但是几个月后，我却发现了一个奇怪的现象：我的歌声居然比以前好听了。我学会了选择那些适合我狭窄音域的歌曲，我最喜欢的是《星人》（Starman）和《点亮我的火焰》（Light My Fire），但是排除这个因素，我的水平的确变好了。即使是我，也从练习中得到了提高，虽然只是稍有提高而已。就算在卡拉OK包房里，我发出的噪声依然和歌唱高手动人心魄的嗓音形成了鲜明对比。然而汉布里克和塔克-德罗布在论文最后写的一句话，却使我怀疑在一个平行世界里，或许连我都能够成为一位流行歌星。他们写道："上述结论指出，那些从未参加过音乐培训或练习的儿童或许有着隐藏的才能，或者至少有表现才能的潜力，只是他们没有得到发掘、没有机会发挥而已。"

　　莫辛解开了一道谜题，那就是为什么许多人，包括像罗斯这样的职业歌唱家，依然相信练习的作用。"他们是对的，"她说，"如果不加练习他们就达不到今天的水平，他们必须勤奋练习。"

　　练习至关重要，这没人否认，只是单凭练习无法将你推上顶尖水平。"只要练习充分，任何人都能取得任何成就——这是一个美好的想法。"她说，"练习是一个强大的环境因素，我们可以用它来克服一切困难——这个观点十分流行。"

　　莫辛猜想，我在这本书里会见的许多人都很可能是从很小的时候就开始培养他们惊人的天赋了——要么就是他们的父母在他们很小的时候就开始培养他们了。"我们很喜欢那种独立自主的感觉，好像我们的成功都是自身努力的结果似的。然而很多时候并不是这样。预测成功的主要因素还是父母的经济社会地位。"

* * *

　　"我的乐感和歌唱才能是很自然地显露出来的。我们小时候，母亲和我们一起唱歌。我根本不是什么天才儿童，但她还是把我们的歌声都录下来了。我们还记不住单词，就已经记住了旋律，还不会开口说话就开口唱歌了。我和哥哥姐姐都是音乐家——对了，我的父母都不是。"

　　加拿大女高音芭芭拉·汉尼根（Barbara Hannigan）是当代最著名的歌剧演员之一。她兼有指挥家和歌唱家二重身份，曾和许多世界一流的管弦乐队和指挥合作，也曾在世界各大舞台上放歌。她说自己在大约 10 岁时就决定要成为一名音乐家了。看来和徘徊于游泳和高尔夫球的马修·罗斯不同，汉尼根不必在找到自己喜欢并擅长的事业之前先摸索一番。

接着我将要欣赏她在乔治·本杰明的《写在皮肤上》(*Written in Skin*) 中扮演阿涅斯（Agnès）。这是一个不同凡响的角色，是汉尼根专门为她自己创作的，她扮演的是一个备受践踏的文盲主妇，靠着和一个年轻男子偷情解放了自己，最后她吃掉了情人的心脏，以此了结恋情。这部作品被誉为"我们这个时代的一部杰作"[89]，法国《世界报》说它是"20 年来最好的歌剧"[90]。《歌剧新闻》(*Opera News*) 称赞汉尼根是"当代最惊人的音乐家之一"。荷兰《电讯报》(*De Telegraaf*) 说她"浑身都散发出音乐的韵律"。

我们在上午 10 点左右见了面，汉尼根当天晚上就要登台表演。她的脖子上裹了一条浅色围巾，我想到曾见过阿里莎·富兰克林（Aretha Franklin）在演出前包裹颈部的情景，罗斯也说过保护声带的重要性。看来为了演出是要早早做好准备的。

"我做起热身来很慢，慢慢地拉伸，慢慢地精确呼吸，慢慢地练声，都是哼唱、哼唱。"

说着她随口哼唱了一段音阶，唱得我后颈汗毛直竖——顺便说一句，这种后背酥麻的快感也会在听见耳边有人低语时产生，它叫"自发性知觉经络反应"*，有人会积极地追求这种体验。[91] 我被她的哼唱声催眠了，没听到她之后说的几句话，幸好我把对话录了音。"热身的目的是将整个乐器唤醒。演唱中用到的不仅是我的胸腔、声带、

---

* 又称"颅内高潮"，缩写为 ASMR（Autonomous Sensory Meridian Response）。

呼吸,还要调动全身的能量,包括我的全部情绪、全部感官、全部智力、全部身体,要让一切都醒过来,然后一举把它们激发出去。"

听她唱歌时,我想起了马修·罗斯形容一个婴儿是用全身发出巨响的话——我不是说汉尼根的声音听起来像婴儿号哭,我是说她虽然娇小纤细,却能发出和体格不成比例的声响。她对自己的声音有难以置信的控制力——她称之为"我的乐器"。我感觉她歌唱时犹如在演奏一部合成器,或是操纵一个调音台——她对声音的控制力就是如此强大。

我的形容还没有捕捉到一件重要的事情,那就是她在演出中散发出的魔力(charisma),我知道"魔力"这个词极不科学,但只有它能传达我的感受。汉尼根在台上有一股慑人心魄的魔力和权威,使人如中咒语。我想在保持客观的前提下找到这股魔力的来源,于是问她:你是怎么从一个普通歌手变成一位职业独唱家的?

"我对音乐向来有一股激情,音乐于我就像食物:除非快饿死了,不然我才不会吃自己不喜欢的东西。我只答应演唱那些我喜欢的音乐。我的演唱完全发自激情,这股激情产生了能量和可能性,也给了我做后空翻的体力。你要是够兴奋就能做出这样疯狂的动作,要是觉得无聊就不行,比如我在计算税金的时候就很无聊,这时我就做不出这么疯狂的动作。反过来说,当我对一件事情充满激情时,我浑身就有使不完的劲。"

汉尼根的父母总是说她有太多快乐,还总能把快乐带给周围的人。一说起她,他们就会用到"快乐"这个词。或许这就是使她与众不同的东西,是她超越其他训练有素的优秀歌唱家的特质。

"我认为的确如此。每次工作之前我都会想:老天,我怎么这么幸运，居然能和这些杰出的音乐家共事，能做这么棒的工作！"

她对自己的天赋又怎么看呢？

"我们音乐家都是很勤奋的。我以前苦练过钢琴，也在唱诗班里唱过，但我确实也有天赋，那是一股激情和冲劲，驱使着我勤奋自律。我还有一腔旺盛的好奇心。"

和罗斯一样，她也强调了自己的勤奋："有的指挥会称赞我说'你是天才'，这时我想才不是呢，我只是特别勤奋而已。我渴望勤奋地练习，这渴望来自我对歌唱事业的热爱。"

我问米丽娅姆·莫辛，她的研究揭示了哪些影响音乐成就的因素。"我们的遗传禀赋就是一个因素，"她说，"其中也包含了内驱力（drive），有了这种能力，人就能对一件事情下苦功夫。"

从不同的角度出发，莫辛和汉尼根归纳出了同一种素质，那就是宾夕法尼亚大学费城分校的心理学教授安吉拉·达克沃斯（Angela Duckworth）所说的"坚毅"（grit）。[92] 这既是一个人为了某个目标而付出的努力（他的坚持），也是他对事业的热爱（他的激情）。[93]

莫辛指出了一个重要的事实，这说起来其实是个显而易见的道理，但我们在谈论先天和后天、遗传和环境时又常常忽视它："我觉得后天培养论忽略了一个事实：培养我们的环境和我们的基因是高度相关的。我们的基因遗传自父母，父母为我们创造了环境，而这环境也受他们基因的影响。从这个角度看，我们的成长环境也和我们的基因息息相关。如果我有音乐才能，那我父母肯定也有。"

下面的例子说明汉尼根儿时的环境与她自认为与生俱来的勤奋是紧密相关的。她的母亲在短短14个月内生了3个孩子（"你能想象吗，同时照顾3个裹着尿布的婴儿？"），必须把生活安排得极有条理才行。"她在冰箱上贴了一张长长的日程表，上面写了我们三个的名字，还贴了一张执勤表，上面的任务精确到了分钟：起床，芭芭拉刷牙，莱恩练钢琴，等等。一切都在嘀嗒声中规定好了，什么时候玩耍，什么时候上床，谁能在上学前练15分钟钢琴，我们每天的每时每刻都做了安排。"

这种严格的日程成了汉尼根的习惯。现在她每天的活动也有细致的安排，而且提前几周就制定好了。"我也是这样安排工作的：某天要参加练习，这之前要做好哪些准备。我从很小的时候就懂得自律，长大了也想坚持，我也真的坚持下来了。"

正如我们所见，没有人否认练习的重要或是坚毅的必要。然而极端环境论的支持者似乎忽略了一点：就像莫辛的研究揭示的那样，练习和坚毅本身也受基因的左右。眼下的竞赛是要找出这些基因，这是一场全球参与的竞赛。

＊　＊　＊

蒙古国夹在南边的中国和北边的俄罗斯之间，是世界上人口最稀疏的国家。这个国家的大多数地区都只有单一民族。蒙古人家庭规模庞大，饮食、医疗和教育等环境因素对每个人都大同小异，这使蒙古成为了基因猎人理想的狩猎场所。

在蒙古国东方省的达什巴勒巴尔地区（Dashbalbar），每平方公里的人口约为0.37人。（相比之下，英国每平方公里人口为256人；美国虽然地广人稀，每平方公里也有35人之多。）虽然此地人口稀疏，但是韩国首尔大学基因组医学研究所的徐廷瑄（Jeong-Sun Seo）还是从当地的 75 个家庭中招募了 1008 名对象，他让这些人接受了一系列测试，以探索基因对音乐能力的影响。徐廷瑄是"GENDISCAN研究组"的成员，这个项目的全称叫"东北亚大型孤立家庭复杂性状基因发现"（Gene Discovery for Complex traits in large isolated families of Asians of the Northeast）。

徐给所有被试做了基因测序，然后测试他们的音乐能力并打分。这些人接受了"音高产生准确性测试"（pitch-production accuracy tests），他们通过耳机收听一个音调，再把它重复出来。然后徐的团队对数据展开了全基因组关联分析（genome-wide association study，简称 GWAS）。这个分析的目的是寻找特定遗传变异和特定性状之间的关联。通常研究者用它来确定遗传对疾病的影响，但在这项研究中，它的作用是梳理遗传和音乐才能的关联。比如研究团队发现了一些证据，将一个名为 UGT8 的基因和音乐能力联系了起来，此前他们就知道这个基因对脑部发育具有积极作用。[94] UGT8 位于 4 号染色体的一个区域上，之前已经有芬兰学者在研究音乐才能的遗传学时标出了这段区域。[95]

伊尔玛·耶尔韦莱 (Irma Järvelä) 来自芬兰赫尔辛基大学，专门研究音乐性状的遗传学。我们知道乐感的强弱因人而异，耶尔韦莱的团队因此建立了一个数据库，其中包含 98 份家谱，近 1000 人，并据此考察这个变异背后的遗传原理。耶尔韦莱用 3 项测试衡量被试的乐感，还让他们填写大量问卷，并提供血样供她做 DNA 分析。"我们发现，音乐测试的分数在这些多代同堂的芬兰家庭中具有继承性，其中约有 50% 可以用遗传因素解释。"她在自己的网站上写道。

耶尔韦莱还处理了 100 多项音乐和感觉遗传学研究中的数据（除

了人类，还有鸟类和其他动物），并指出了最有可能左右音乐能力的几个基因。这些基因有的负责认知，有的负责学习和记忆，还有的和神经元的功能和活动有关。[96]

这方面的研究还刚刚开始，"效力"十分有限：也就是说，这些研究发现的关联并非定论，结论也常常相左。比如耶尔韦莱最近的研究就发现了 4 号染色体上的几个基因，但其中不包含那项蒙古国研究中发现的 UGT8。

米丽娅姆·莫辛提醒我们暂时不要对这类研究过度解读，因为它们的样本都还太小。要找到某些基因和某种复杂性状相对应的强大例证是很困难的，这一点我们在"智力"一章中已经说过，到了"幸福"一章还会再说。这也是为什么在一项研究中确认的基因，到另一项研究中却又无法重复。莫辛说，几年前，遗传学家们还认为对特定性状有强烈影响的遗传变异是能够找到的，因此音乐技能方面也应该有一个专门的变异。"然而近几年的研究显示，对于大多数复杂性状，我们发现的变异顶多能解释其差异的 1%。"

就像和智力相关联的遗传变异一样，和音乐能力关联的遗传变异也可能有成百上千。这并不表示音乐基因不存在，也不表示人们会停止寻找。"到了未来，我们能仅凭几个测试就断定某人'具有特定基因，应该从事音乐'吗？我很怀疑。"莫辛说。我们或许能查看某人的完整基因组，并预测他的变异是否足够增加一点点音乐技能，但这个人最终能否走上音乐道路，却是我们无法预测的。

墨尔本大学音乐学院（Melbourne Conservatorium of Music）是澳洲最古老也最有声望的音乐教育机构，加里·麦克弗森（Gary McPherson）是那里的院长及音乐专业的弗朗西斯·奥蒙德讲席教授。

芭芭拉·汉尼根和马修·罗斯都告诉我他们比起天赋更加重视勤奋，但麦克弗森却有不同看法。在他的职业生涯中，看过、教过的学生及从业者成千上万。他说："任何领域的专业人士都要投入大量努力才能取得他们的成就，但在我看来，有些天生的能力会左右我们的发展，可能还有一些遗传因素会塑造我们的能力。我对动机很感兴趣：是什么驱使一个人练习1万多个小时达到专家水平？要解释高水平的歌唱或音乐表演能力，光看某人练习了多少小时是不够的。"

麦克弗森向我介绍了一个在过去30年中发展出来的能力模型，它的发明者弗朗索瓦·加涅（Françoys Gagné）在蒙特利尔大学研究了多年的心理学，现在已经退休。根据他的这个才能禀赋差异模型（differentiating model of talent and giftedness，简称DMTG），能力的基础是生物性的，也就是说音乐技能有着坚实的遗传学基础。下面我用一个极端的例子来解释它的意思。例子的主人公是一个名叫"LL"的盲人男童，他智商只有58，却在8岁就开始演奏钢琴了：

> 一天晚上，14岁的LL第一次听见了柴可夫斯基的第一钢琴协奏曲，那是电视上播放的一部电影的主题曲。令他的养父母吃惊的是，他只听过一遍，就在当天晚上把这首曲子从头到尾毫无瑕疵地弹了出来。从那以后，LL单凭记忆把自己的曲目扩充到了几千首。有几位职业音乐家观看了他的演奏后，说他似乎是凭着本能和天赋就掌握了"音乐的规律"。[97]

陈伊婷（Yi Ting Tan，音）是麦克弗森在墨尔本音乐学院的同事。她综述了科学文献中和音乐能力的遗传成分有关的研究，并发现了几个涉及歌唱、音乐感知、绝对音高、音乐记忆、聆听甚至是合唱参与的基因。这些基因分散在第 8、第 12、第 17 号染色体上，还有较多在第 4 号染色体上聚集。[98]

她说："我们声带的形状、长度都受遗传影响。我认为人的音色肯定也有遗传学基础。"她指出，一家人的声音往往听起来很像，"我们很有必要认识到一点：有人天生就有较好的音质，训练后更优秀。"

陈还补充说，即使是像动机和责任感这样的人格特质，也可能具有遗传学基础。[99]看来成为成功的职业歌唱家确实需要合适的基因。

* * *

我在前面说到，MGIM（多因素基因–环境互动模型）这个名称不太好记，不适合用来总结如何在某个领域成为专家的丰富科研成果。我在思考这个问题时恰好读到了德国凯泽斯劳滕大学(University of Kaiserslautern) 运动科学系的阿尔内·古利希（Arne Güllich）的一项精彩研究。古利希对世界顶级运动员的成绩做了一番分析。他比较了 83 名在奥运会和其他国际赛事中获得奖牌的运动员（其中包括 38 位奥运会冠军及世界冠军）和 83 名成绩出众却从未赢得过奖牌的职业运动员。他将这些人根据年龄、运动项目和性别做了匹配，并用问卷的方式记录下他们的练习和训练量。结果发现，和未获奖者相比，获奖者反而是较晚开始主修他们的主要运动项目的，在儿童和青少年时期，他们在这个主要项目上的训练也少于未获奖者。最重要的一点是：获奖者在其他项目上的练习和训练要超过主要项目。他们起先一直在训练其他项目，后来才转攻主项。古利希将这篇论文发表在了 2016 年的《运动科学杂志》(*Journal of Sports Sciences*) 上。[100]

你可能要问：这一章明明是谈音乐的，怎么又转到运动科学去了呢？这是因为古利希指出了同样的模式也出现在其他领域："这条'多次抽样和功能匹配'(multiple sampling and functional matching) 原则并不局限于精英运动员，它在音乐、艺术和科学领域都有体现。"不过他这么说只是出于他对这些领域同行工作的了解，而不是基于像他在运动领域那样收集的过硬数据。

这方面的一些证据来自加州大学戴维斯分校的心理学教授迪恩·凯斯·西蒙顿 (Dean Keith Simonton) 的研究。西蒙顿考察了 59 位古典作曲家创作的 911 部歌剧，从贝多芬到莫扎特，再到威尔第和瓦格纳。他发现那些最成功的作曲家都在歌剧之外创作过多种体裁。西蒙顿将这个课题写成论文，登在了《发展评论》(*Developmental Review*) 杂志上[101]："智力上的交叉训练或许具有一种有益的功能，能中和过度训练造成的负面影响。"

古利希表示，虽然产生这一效果的机制还不明确，但尝试不同的活动总是好的，这相当于是把鸡蛋分散到几个篮子里。"它使运动员更有可能找到'适合'自己的主项。这种适合既可以指运动水平，也可以指合适的教练、合适的伙伴。这样做还可以降低过度运动导致的受伤风险。当一个运动员在多个项目中训练时，他就能从各种训练模式中吸取经验，由此制定出最适合自己的训练制度。"

古利希还对安德斯·埃里克森的专业技能论提出了一些有趣的观点，指出了他 1993 年在这个问题上发表的首篇论文的一些局限。比如埃里克森和同事研究的是初级乐手，而不是一流的独奏家。他们说这些乐手在童年经历了"刻意练习"，但现在并没有记录能证明他们当年的练习达到了"刻意"的标准。"现在已经有好几项研究推翻了埃里克森那个刻意练习论的有效性，至少就精英运动员而言是如此。"古利希说。

然而在埃里克森看来，古利希的论文和汉布里克的研究都很成问题。[102] 他认为最大的问题是两位研究者没有区分刻意练习（也就是由教师指导并为个人定制的练习）和其他类型的训练、练习。[103] 这场辩论肯定会长久地继续下去，因为在这里受到质疑的其实是"我们想成为什么人就能成为什么人"的美国梦。不仅如此，我们还相信自己能成为任何领域的专家。在这一章里，我明白了我们是做不到这一点的。比如我就不可能成为一名歌剧演员，或是一名 F1 车手，或是国际象棋特级大师。我确实找到了自己能做的事，但这不是说我拥有无穷的选择，我相信自己力所能及的事业都受基因的左右。我并不觉得这是一件可怕的事。正相反，理解基因会使你充满力量，因为它能将你的资源导向正确的方向。

阿尼鲁迪·帕特尔（Aniruddh Patel）在美国马萨诸塞州梅德福的塔夫茨大学专攻音乐认知，他表示歌唱能力的一些差异确实有遗传的原因："目前理论的钟摆又摆向了原来的观点，即练习本身并不足以解释杰出才能，因为有些人在练习量上大致相当，获得的技能却天差地别。"

结合古利希的观点，扎克·汉布里克会如何建议那些想要提高孩子的成功概率，甚至要将概率增加到最大的家长呢？"不妨让孩子试试不同的活动。"他说。这就又回到了基因和环境相互关联的观点：基因会影响我们参加的活动和我们为自己创造的环境。如果我们尝试不同的活动，就会找到最适合自己的那一项。"这也会使基因和环境的相关性表现出来。"汉布里克说。

换句话说，我们要像《金发姑娘和三只熊》里的金发姑娘一样，坐坐不同的椅子，喝喝不同的粥，睡睡不同的床，直到发现最适合自己的那一款为止。

07

奔跑

在自身的限度内发挥最大的潜能：

这是长跑的核心，也是人生的隐喻。

——村上春树

"我从 6 岁起就从幼儿园跑步回家了。"迪恩·卡纳泽斯（Dean Karnazes）说道，"跑步对我意味着自由。这是一种释放，也是体验世界的一种方式。"

我一开始听他用这个理由来解释一个洛杉矶英格尔伍德的 6 岁儿童为什么喜欢跑步，总觉得这未免成熟得可疑：这么小的孩子有什么要"释放"的？在我看来，他更可能是在用成人对跑步的理解替换自己 6 岁时的动机。毕竟，长大后他也确实成了一名杰出的跑步者。但是当他告诉我他小时候性格内向、有阅读障碍时，我才意识到自己低估了年幼时的他。阅读障碍者的童年无疑是艰难而紧张的，我这下明白为什么跑步能给他自由了。我问卡纳泽斯他是否觉得自己和同班同学不一样。"我也不是觉得自己和其他孩子不同，"

他说，"只是我有着不同的爱好，仅此而已。"

即使他当年并非与众不同，现在也肯定是了。他对跑步的热情超过了任何人。下面是他的部分成就：2005 年 10 月 12 日，他在加州北部开始奔跑，直到 3 天后的 10 月 15 日才停下脚步，总共跑了350 英里。在这次长跑期间，卡纳泽斯接受了《跑步者世界》(Runner's World) 杂志记者的采访。[104] 采访记录中的几个时刻令我印象很深：周四凌晨 3:29，他说他看见了许多臭鼬，还有鹿、山猫、郊狼和负鼠。到了周六半夜 2:21，他意识到自己刚刚在跑动中睡着了。"我忽然醒来，发现自己还在跑步，最奇怪的是我觉得自己打了个盹。"到晚上9:07 时，他快要跑到 350 英里的终点线了。"跑完这样一段路程是我最接近灵魂出窍的体验。在之前的路程中，疼痛总是将我拉回身体，但是到了最后那 10 英里，我感觉自己完全从身体中抽离了。"

2006 年 9 月 17 日，他在密苏里州圣路易斯市跑了一次马拉松。这本来并没什么稀奇，可是在这之后的 49 天里，他每天都跑一次马拉松，每次穿过一个不同的州，最后在纽约到达终点。接下去的发展更加离奇：他说他想让头脑清醒清醒，于是又掉头向旧金山跑去。在额外长跑了 1300 英里、28 天之后，他终于在密苏里州停住了脚步。

他还赢得了恶水超级马拉松赛(Badwater Ultramarathon)的冠军，那号称是世界上最艰难的跑步比赛。这场逼人发狂、难比登天的赛事要求选手穿过加州的死亡谷——那又是地球最高温度纪录的保持地。这段 135 英里的赛程始于海拔以下 85 米，终于海拔以上 2548 米，沿途要穿过通向惠特尼山的小径。卡纳泽斯夺冠的那天，死亡谷的温度达到了 49 摄氏度。除此之外他还在南极洲跑过一次马拉松，当时他穿着常规跑鞋，周围的温度低至零下 25 摄氏度。说起他的名字，人们总会在前面加上"超人运动员"几个字。

"我真的相信，只要有我这样的热情、动力、精神和决心，任何人都能做到这样的事。"他说，"我认为我只是做好了自己热爱的事情，这和许多人在他们各自领域的成就没有什么不同。"

是啊，爱使人上升，爱使人旋转，爱能带你走过长路，这些我都知道。然而作为超级马拉松选手，你要具备的却不仅是爱，你还要有一副遭受残酷考验却仍驱策你前进的身体，以及一股忍受不间断训练和痛苦的精神。如果这才是"爱"，那这就是一种接近痴迷的爱，是一种瘾。我跑过的最长距离是从家里到公交车站，但是你别误会：我对那些长跑者是充满景仰的。正因为自己无法做到，我才更想了解他们是怎么做到的。

* * *

和大多数人一样，我也知道"马拉松"这个词的来历：我知道马拉松之所以长 42.2 公里，是因为那大约是从马拉松平原到雅典的距离，当年的一场战役之后，某人长跑了这个距离到雅典去报告了希腊获胜的消息。现在我又从几个超级马拉松选手那里得知，那个"某人"名叫斐迪庇第斯（Pheidippides），在传送捷报后死在了雅典。

故事到这里还没讲完：在马拉松长跑的前两天，斐迪庇第斯刚刚奉命从雅典送了一封信到斯巴达，两个城邦之间的距离约为 240 公里，他跑了两天。紧接着他就又从马拉松的战场上跑回雅典，带回了希腊战胜波斯的消息。在这样的连续长跑之后倒地身亡，故事就变得容易理解一些了。对了，这个故事发生在公元前 490 年，距今已有 2500 多年了。

但是接着我就发现，这一切全无真凭实据。斐迪庇第斯的故事很可能是用这里那里的各种逸事拼接起来，并在千百年的时间里不断扩充而成的。不过没有关系，这个故事太精彩了，理应是真的，而且它和所有精彩故事一样，在诞生后激励了千百万人。即使它不是真的，即使它传颂的壮举在历史上并不准确，但是经过上千年的口口相传，现在也已经成真。

全世界每年要举行数百场马拉松赛。长跑是千百万人的爱好。对某些人而言，马拉松是一次性的活动，一辈子总想尝试一次。对另一些人，马拉松不仅仅是爱好，而是已经成了习惯。还有一些人，单是跑马拉松已经觉得不过瘾了。对于那些想要效仿斐迪庇第斯的人，世界上还有几十项超级马拉松赛事，比如重现故事中斐迪庇第斯从雅典前往斯巴达的斯巴达超级马拉松赛（Spartathlon），全程246 公里。43 岁的司各特·尤雷克（Scott Jurek）是又一位令人敬佩的超级马拉松选手，他曾经拿下恶水赛的冠军，连续 7 次赢得了"西部州百英里耐力跑"（Western States 100-Mile Endurance Run），并赢得过一次斯巴达超级马拉松赛。然而斯巴达赛 20 小时 25 分的纪录保持者却不是他，而是超级马拉松界的传奇人物扬尼斯·库罗斯（Yiannis Kouros）。他曾 4 次跑出斯巴达赛场上的最快速度，有人称他为"斐迪庇第斯的接班人"（另一个绰号是"跑神"）。

极端耐力跑按距离或时间分为两种类型：按距离分有 100 英里公路赛、1000 公里场地赛和 1000 英里公路赛；按时间分有 12 小时公路赛和 48 小时场地赛。其中多项赛事的男子世界纪录保持者都是库罗斯，他的所有成就中最杰出的一项，也许是他创造的 24 小时公路赛纪录。

　　这样的比赛光是想一想就令人晕眩：在赛场上一圈一圈不断地奔跑，连续跑上 24 小时，目标是在这段时间里跑出尽可能长的距离。1997 年，在澳大利亚的阿德莱德，库罗斯在 24 小时内跑了 303 公里，平均每公里用时 4 分 45 秒。这个距离比 7 场马拉松赛穿在一起还要长，而且中间毫无休息，相当于每 3 小时跑完一场马拉松。这个纪录到今天为止还无人接近，库罗斯宣称它将保持几百年不被打破。真该有人去测一测这个男人的基因组。

＊　＊　＊

　　妮可儿·平托（Nicole Pinto）是加州大学旧金山分校人类表现中心（Human Performnce Center）的一位运动生理学家。她曾对迪恩·卡纳泽斯做过一系列测试，包括他的血乳酸和耗氧量。平托认为，既然卡纳泽斯的成就远超常人甚至许多超级马拉松选手，那么他或许具有一些有趣的生理特征。她先解释了人在锻炼中的肌肉变化。

　　锻炼时，人体内的葡萄糖会分解成一种名叫"三磷酸腺苷"（adenosine triphosphate，简称 ATP）的化合物，这是用来驱使肌肉收缩的燃料单元。这个过程的副产品是乳酸，乳酸进一步分解成氢离子（因失去一个电子而带正电荷的氢原子）和乳酸根（lactate）。如果周围有氧，就能使乳酸根变回葡萄糖，再次用作身体的燃料。我和大家一样，都以为肌肉疲劳的原因是乳酸的积累，但事实并非如此——导致肌肉疲劳的是氢离子的积累。你很可能见过马拉松选手耗尽体力之后身体摇摆的画面：他们双腿如此疲软，正是因为氢离子酸化了组织，妨碍了肌肉收缩。对于举重和短跑选手那样依靠爆发力和速度的运动员来说，产生过多乳酸根并无大碍，因为他们的这种全力输出的状态不会持续太久。而耐力运动员就不同了，对他们而言，最关键的是要在乳酸根的清空和生产之间找到平衡点。好的运动员能运动更长时间，因为他们更擅长代谢肌肉中积聚的乳酸根。说到底，是他们能防止氢离子酸化双腿。

平托表示："我们观察迪恩时，并没有发现任何其他超级耐力运动员身上没有的品质，但我们确实发现他在一种关键能力上效率极高。"具体地说，是他将乳酸根还原成葡萄糖的能力比普通长跑者强大得多。"迪恩超越常人的是他保持乳酸根平衡的能力。"平托说。因此他在运动时，身体不会像普通人那么紧张。

迪恩还有着高效省力的奔跑动作和稳定一致的步伐。这种稳定性或许正是他成功的关键。"他形容自己的风格是'我跑得不快，但特别远'。他特别擅长远距离奔跑，几小时几小时地跑，只要能及时补充能量储备，他就能一直跑下去。"平托说。

和前面几章一样，我也想考察这种性状有多少比例是先天的，又有多少是后天训练出来的。卡纳泽斯说了他的观点：只要有热情和动力，任何人都能取得他的成就——但热情和动力并不是说有就有的。遗传除了影响别的事，还会影响你的动力和决心。还记得我们在第 6 章得出的结论吗？一个人在音乐练习中投入多少心血，很大程度可以用遗传来解释。毫无疑问，同样的遗传因素也会影响你在身体训练中的努力程度。虽然媒体已经将卡纳泽斯的能力"解释"成了由遗传决定[105]，但是他向我证实还没有人测序过他的 DNA 并研究其中的基因构成。

乔纳森·佛兰德（Jonathan Folland）是拉夫伯勒大学（Lough-borough University）的一名教授（reader），研究人类表现和神经肌肉生理学，他表示："就遗传性状和环境的相对重要性而言，我们从几项双胞胎研究中知道了一点：遗传性状在人类身体能力的差异中至少占到 50% 的比重。"。

我们假定这个比重也对跑步有效，那么你的跑步水平就大约有一半是由基因决定的。这个猜想曾在 20 年前引起很大的兴奋，当时的研究者认为我们或许能找到一个"跑步基因"来解释相当一部分个体差异。然而就像其他复杂性状比如智力一样，这样的基因并未找到。甚至没有哪个遗传变异能解释 5%～10% 的个体差异。

"过去有许多研究想要发现某几个能解释身体机能的特定遗传变量，但现在已经没有多少人对这类研究感兴趣了。"佛兰德说。

事实上，奥运水平的耐力运动员或许是比常人多了那么几个基因，但这些基因的重要性是有限的：0.5%，1%，最多 2%。"也许他们体内有 100 到 500 个基因，每一个都贡献了百分之零点几的作用。"佛兰德说。

当我向他请教遗传和超长跑的关系时，迪恩·卡纳泽斯向我提到了那位古希腊的马拉松传奇人物："我有百分百的希腊血统，我父亲坚信我们和斐迪庇第斯来自同一个希腊山村。"但这个说法是很成问题的，我肯定他也知道这一点：即使他真的和那位半神话的古代长跑健将有亲缘关系，经过这么多年的稀释，斐迪庇第斯的基因在他的身上也已经几乎消失殆尽了。

接着他变得严肃了一些，说他虽然坚持任何人都能取得自己的成就，但他也承认其中可能有遗传的影响："有句谚语说得好：一个长跑运动员最好的练习就是选对父母。"这显然呼应了佛兰德的说法。

不仅卡纳泽斯的父亲可能来自斐迪庇第斯居住的古代山村，他母亲的家族也来自著名的伊卡里亚岛（Ikaria）。这座岛屿被称为地球的"蓝区"（Blue Zone）之一，因为遗传等原因，这里居民的平均寿命高于别处，百岁老人的比例也很高。（我们到第 8 章再来深入探讨"蓝区"。）

佛兰德指导过一些世界级运动员，他表示运动员的耐力是由 3 个重要的生理因素决定的：一是最大摄氧量（简称 VO_2 max）；二是所谓的"分数利用"（fractional utilisation），就是一个人在长时间内能维持的最大摄氧量比例；三是跑步省力因素（running economy），也就是决定你在跑步时消耗多少氧气的生物医学和生物化学因素。

"这三个因素彼此关联，在很大程度上解释了人们在耐力表现上的分别，无论你考察的是 5000 米、10000 米还是 10 英里跑。"佛兰德说，"这三个因素占到的比重大概在百分之八九十以上。"

最大摄氧量一般是指每千克体重每分钟消耗的氧气毫升数。一个普通健康男性的最大摄氧量约为 30 ～ 40 毫升 / 千克 / 分，普通女性是 27 ～ 31 毫升 / 千克 / 分。两者的差别在于普通男性的肺容量较女性大，血红蛋白含量也比女性高。简单地说，你的最大摄氧量越大，向线粒体输送的能量就越多，而线粒体正是细胞内部生产能量的单元，你也因此能跑得越快。训练无疑能提高最大摄氧量，顶尖跑步者能达到 85 毫升 / 千克 / 分（男性）和 77 毫升 / 千克 / 分（女性）。

如果遗传能解释大半的奔跑能力，而和奔跑有关的遗传变异有几十个甚至数百个，那么就很可能有人拥有其中大部分变异。甚至可能存在某些群体，其中的成员个个拥有这些性状，他们或许不是跑步天才，但绝对天生擅跑。

＊　＊　＊

　　西马德雷山脉（Sierra Madre Occidental）是一条峡谷幽深的山脉，从美国亚利桑那州一直延伸到墨西哥西海岸。地质状况和海拔高度双重条件的汇聚给这片本该干旱的土地带来了充沛的雨水，即便今天受人类采矿和农耕的压迫，这一地区仍以丰富多样的生物闻名。美洲豹和豹猫，这两种毛色深暗的美丽野生猫科动物，仍偶在山间出没。这里还有墨西哥狼，不过只在山脉南段栖息。这里的群山是塔拉乌马拉人（Tarahumara）的家乡，这些土著自称为拉拉莫里（Rarámuri），大意是"跑步送信的人"或"擅长行走的人"。

　　听起来很浪漫是吗？这样说是挺浪漫的。加上塔拉乌马拉人是一个有着奔跑文化的民族，一些成员还特别擅跑，于是一则强大的神话就诞生了。1993 年，之前默默无闻的塔拉乌马拉运动员维多利亚诺·舒罗（Victoriano Churro）在北美洲赢得了一项特别严酷的超级马拉松赛事，莱德维尔 100 英里越野赛（Leadville Trail 100）。他当时已经 52 岁，这也是塔拉乌马拉人第一次在墨西哥以外的地方参加赛跑。我要说明一下莱德维尔越野赛为什么比常规的超马赛事更加严酷：它的赛道位于美国科罗拉多州，穿越洛矶山脉，选手在 100 英里的赛程中，必须在 4800 米的海拔高度上下跋涉。这项比赛的退出率很高：大约有半数选手无法在 30 小时的完赛时限内跑到终点。一年后的 1994 年，又有一位塔拉乌马拉选手赢得了冠军。在那之后，他们两位双双消失了[106]，但是他们的传奇就此开始。

记者克里斯·麦克杜格尔（Chris McDougall）用一本《天生就会跑》（*Born to Run*）为塔拉乌马拉人招来了全世界的关注。关于他们的故事像雪球一样越滚越大，特别是在长跑圈子里。塔拉乌马拉人在跑步时喜欢穿着名叫"瓦拉奇"（huaraches）的简陋凉鞋，也就是一个平底用带子绑在脚上，他们因此启发了所谓的"自然跑法"（natural running）运动，参与者抛弃了装有缓冲垫的跑鞋，改穿瓦拉奇或 Vibram 五趾鞋（Fivefingers）。塔拉乌马拉人的鞋子十分简单，一块皮革或是车胎就算鞋底了。麦克杜格尔提出带有缓冲垫的跑鞋会造成足部着地伤（foot-strike injuries），而塔拉乌马拉人只穿简单鞋子或不穿鞋的做法更益于健康奔跑。

他的观点得到了哈佛大学演化生物学家丹尼尔·利伯曼（Daniel Lieberman）的支持。利伯曼研究的是耐力跑的生物力学，对光脚跑步特别关注。由于长跑界对这个话题的浓厚兴趣，他专门建立了一个网站比较光脚跑步和穿缓冲垫鞋跑步的优劣。[107]他表示穿鞋会完全改变人的跑步姿势："光脚跑步者用脚掌的中间或前部着地，关节几乎不受冲击，而穿鞋的跑步者用脚跟着地，受到的冲击就严重多了。现在有许多人认为光脚跑步既危险又疼痛，但其实你可以光脚在全世界最坚硬的路面上跑，丝毫不会感到不适和疼痛。它造成的伤害也可能要小于一些人穿鞋子的跑法。"

一项针对塔拉乌马拉人的研究发现，鞋子的类型确实会改变他们脚掌的着地方式。当他们穿瓦拉奇跑步时，他们前 70% 的时间用脚掌的前部和中部着地，后 30% 的时间用脚跟着地。而一旦穿上了有缓冲垫的鞋，他们前 75% 的时间就都用脚跟着地了。[108] 如果你不跑步，这一点可能不好理解：脚跟着地是一个大问题，因为它和各种重复应力及其他伤害有关，比如跟腱炎。实际上，当初正是一种足部损伤让麦克杜格尔开始了对塔拉乌马拉人的研究。

这些都是慎重而理智的研究。可惜除此之外，现在还有一种将土著文化浪漫化的倾向。据推崇者说，塔拉乌马拉人"有一套能跑过死亡和疾病的饮食和健康养生法"。[109] 一部讲述他们的纪录片宣称他们不会得癌症、糖尿病和高血压。[110] 还有报道说塔拉乌马拉人能一次跑很长的距离，在相隔遥远的村庄间送信，或仅凭双脚追踪野鹿。

别误会：有些塔拉乌马拉人确实善于长跑。在 2015 年巴西举办的第一届世界土著运动会（World Indigenous Games）上，10000 米长跑的第二、第三名都是塔拉乌马拉选手[111]。铜峡谷超级马拉松赛（Copper Canyon Ultramarathon）是一场由传奇长跑选手米迦·特鲁（Micah True）创立的 50 英里赛事，在 2016 年度的这一比赛中，塔拉乌马拉选手也包揽了前三名。是的，他们是很能跑——问题在于，他们是天生就有奔跑的才能吗？这是一个关键的问题：那些擅长跑步的人，到底有多少是基因造就的，又有多少是训练促成的呢？

迪尔克·隆德·克里斯滕森（Dirk Lund Christensen）是哥本哈根大学全球健康系的一位生理学家，曾经对塔拉乌马拉人的健康状况开展第一手研究。大约 25 年前，他在墨西哥偶然遇见了这个民族，随即对他们的奔跑文化产生了浓厚兴趣。

2011 年，克里斯滕森和同事组织了一次 78 公里长跑，希望能用科学的方法检测塔拉乌马拉人的长跑才能。他的团队从奇瓦瓦州的楚圭塔村（Choguita）招募了 10 名男子，并向他们简单介绍了任务。这些男性要在一条 26 公里的线路上跑 3 圈，起点是海拔 2400 米的瓜乔奇镇（Guachochi）的一家医院。11 月的一天，凌晨 5:55，这些长跑者出发了。除一人之外，他们全都穿着自家制作的瓦拉奇鞋，围着缠腰布。如果你相信"塔拉乌马拉人具有长跑天赋"的宣传，那你一定认为他们能轻松跑完全程——毕竟 78 公里对他们应该只是小菜一碟。

然而克里斯滕森却表示："他们大约一半人无法跑完全程，有一大段距离需要用走的。"科学家们在任务开始之前和结束之后采集了这些长跑者的血样，在接下去的几个小时和几天里又采集了几次。他们测量了长跑者的最大摄氧量、血压等参数。各位已经明白了最大摄氧量的概念，因此可能要觉得意外了：塔拉乌马拉人的平均最大摄氧量为 48 毫升 / 千克 / 分——克里斯滕森指出，这个数值对于能跑完 78 公里超长路程的选手来说并不算高。[112] 别忘了，那些西方的顶尖选手，最大摄氧量可以达到 85 毫升 / 千克 / 分。如果说塔拉乌马拉人是天生的长跑能手，他们就应该有更高的数值。由此可见，赢得比赛的那几个塔拉乌马拉人也是训练有素的运动员。

在另一项研究中，克里斯滕森和同事为 64 名成年塔拉乌马拉人测量了心肺功能。他们发现塔拉乌马拉人中并不是没有高血压和糖尿病患者。[113] 席卷全球的肥胖病也没有放过他们——这对于相信"超健康部落"神话的人是一个悲伤的消息，对他们自己更是如此。克里斯滕森表示："超过 15 年的研究表明，肥胖在塔拉乌马拉妇女中已是一个相当严重的问题，毕竟流行病学转型 * 已经在这里进行了好

---

* epidemiological transition，由于社会经济的变化，疾病类型由以急性传染病为主转变为慢性的非传染性疾病为主的过渡现象。

些时候了。"其实转型的是他们的生活方式：从以前的奔跑为主变成了现在的静坐为主。

"研究清楚地显示，身为塔拉乌马拉人未必就有超人的长跑能力。"克里斯滕森总结道。

克里斯滕森为长跑者和一些学者制造的错误印象而担忧，这个印象认为塔拉乌马拉人不会得心血管代谢疾病。"只要到塔拉乌马拉人生活的地区查查医疗病案，再看看对这个问题的科学研究，就会知道这不是事实。"他说。

威胁塔拉乌马拉人幸福的不仅仅是肥胖。2015 年的铜峡谷超马赛原本要在墨西哥塔拉乌马拉人的土地上举行，后来却因为毒品暴力的威胁而取消。[114] 他们的大部分土地都毗邻金三角（墨西哥西北部的毒品种植区），那是一个大量种植罂粟 和大麻的地区，贩毒集团一直在积极招募年轻的塔拉乌马拉男性偷运毒品。[115]

"西方世界的居民也许有一种强烈的愿望，想要赞美那些和我们祖先的生活方式有几分相像的人，"克里斯滕森说，"我们认为他们过的是'纯净'的生活，不得慢性病，还因为不坐机动车而获得了超强耐力。"

利伯曼的研究或许就是在无意间利用了这种渴望。作为演化生物学家，他的观点是我们在历史上的绝大部分时间里都不穿带缓冲垫的跑鞋，因此古人的脚跟损伤也很可能比现在少见得多。或许穿着瓦拉奇鞋的塔拉乌马拉人脚跟受伤的情况确实较少，但是我们已经看到，他们对于其他现代疾病并不免疫。

塔拉乌马拉人中确实有杰出运动员，这一点是显而易见的。但是要说这个民族具有某种遗传性状因而天生善跑，这就比较可疑了，他们要跑得远，肯定也得训练。克里斯滕森还没有验证这个假说，但他已经有了计划。"我们假定在这个群体中，跑步的天赋接近正态分布，那么比较可能的情况是，那些具有长跑天赋的人同时也很好动，他们在运动中将自己超长跑的天赋发挥到了极致。"他说。

我在刚刚读到塔拉乌马拉人时，也和许多人一样被这个浪漫的神话深深吸引了。接着我又稍微认真地研究了一下他们，因为我想了解顶尖人才是怎么取得顶尖成就的。这时我发现塔拉乌马拉人并不像神话中描述的那样奔跑如飞，他们也只是经常跑步而已。在那个文化中成长所面临的强大心理影响（专业人士称之为"社会助长"[social facilitation]）很大程度上解释了为什么超长距离跑会成为他们的社会常态——至少曾经是常态。可惜，他们的文化也在瓦解，并逐渐为现代病（久坐的生活带来的糖尿病、高血压和肥胖）所取代。

总结一下我们关于跑步的遗传学知道了些什么：无论对于普通人还是运动员，都已有明确证据显示遗传在人的训练表现中发挥着决定性作用，这一点是没有争议的。比较可疑的是用同样的方式来描述一个个群体。

自从东非国家在20世纪90年代统治长跑项目以来，就一直有人尝试将他们的成功归于遗传，换句话说，他们觉得东非选手在整体上具有更好的长跑基因。问题是，科学家并未发现有哪些群体共有的基因能解释优秀的长跑成绩。

更合理的解释是：这些东非选手生活的地区海拔很高——肯尼亚首都内罗毕和埃塞俄比亚首都亚的斯亚贝巴分别位于海平面以上1800米和2300米，这增加了运动员的红细胞总数，使他们在低海拔地区赛跑时成绩大大提高。此外，许多东非运动员身材轻盈修长，这同样对提高耐力跑的效率很有帮助。佛兰德指出："目前的生理学证据表明，东非选手具有更好的跑步省力因素，他们的跑姿更高效。这部分是他们的体格造成的——他们都很苗条，这点很关键，因为这能减少他们四肢的惯性。"就是说，他们奔跑时手臂前后挥动消耗的能量较少。佛兰德还表示，一些顶尖水平的东非运动员或许还有其他"结构"优势，比如较长的跟腱。跟腱越长，跑步者的腓肠肌就离膝盖越近，这能降低腿部的惯性，使他们跑起来更省力。"较长的跟腱可能也更适于储存能量。"佛兰德说。和塔拉乌马拉人一样，社会助长也是一个重要因素。"许多农村孩子每天跑步上下学，这相当于有大量好动的儿童在从事竞技体育之前就在接受训练了。"在塔拉乌马拉和东非，跑步还有着强大的社会动力。这些都是贫困国家，赢得比赛能赚到奖金，大大改善一个村庄的生活。这和我们在第 4 章看到的动机对于专注的作用是一样的。

　　"耐力持久显然是塔拉乌马拉人的一个性状，但是除了身体上的耐力，它也源于精神上的意志力。"克里斯滕森说道。这样一来我们就回到了心理层面：意志力到底能使人走多远？

＊＊＊

　　在伦敦的一家跑步用品商店，我 正等着和佩特拉·卡斯帕罗娃（Petra Kasperova）面谈。这粗看只是一家普通的跑步用品商店，货架上整齐地摆放着跑鞋、跑步衣和能量饮料，它的特别之处在于店堂的墙壁上还挂着几张照片，里面是印度精神领袖钦莫伊·库马尔·高斯（Chinmoy Kumar Ghose）和几位体育界传奇人物的合影。其中包括有卡尔·刘易斯、穆罕默德·阿里和保拉·拉德克利夫；还有一位不太著名的人物，托尼·史密斯（Tony Smith），正是他在 20 世纪 80 年代创立了这家名叫"驰成"（Run and Become）的商店。"室利"钦莫伊（2007 年逝世，常被尊称为"室利"）生于印度的东孟加拉（现为孟加拉国），20 世纪 60 年代移居美国纽约，他在那里开办了一家冥想中心，将冥想修炼和运动发展结合在了一起。他教导说，如果只关注内心生活而忽视外壳，那你再怎么修炼也是没用的。我很喜欢"外壳"这个说法，它使我想起了石蛾幼虫住在石头巢穴里的画面，这层石头外壳是石蛾凭基因中的本能设计，并用环境中找到的材料建成的。它也使我想起了理查德·道金斯对于生物的描述：我们不过是一群受到基因操纵的笨重机器人。

根据室利钦莫伊的教诲，跑步是一个机会，让你能质疑对自身能力的认识。它也是一种手段，能扩大人类潜能的局限。他组建了一支马拉松队伍和一个长跑俱乐部，将自己的精神传播出去。目前美国和全世界已经有了数百项室利钦莫伊赛。我来到此地也是这个原因：我想在这家由室利钦莫伊的弟子开的店里，和一个认真履行他教诲的人谈谈。

和这里的所有店员一样，27 岁的卡斯帕罗娃也穿着一身跑步装。她在人群中并不显眼，看上去只是个普通的年轻女子。但就在和我见面的前几周，她刚刚完成了世界体坛上最艰苦的挑战赛之一：一场为期 6 天的超级马拉松赛。室利钦莫伊六日赛及十日赛每年在纽约市皇后区的法拉盛草地公园（Flushing Meadows）举行。作为美国网球公开赛的举办地和纽约大都会棒球队的主场，法拉盛草地公园已经是体育荣耀和体育激情达到顶点的一处胜地，但鲜为人知的是，公园里还有一条长 1 英里的环形跑道。这条跑道表面平坦,风景如画。这项长跑赛事规则简单,但极其严酷:十日赛从周一中午开始,4 天后开始六日赛。两个项目都在下周四的中午结束。跑出最长距离的人就是获胜者。2017 年 4 月,卡斯帕罗娃参加了钦莫伊六日赛,这是她的第一场多日长跑。她第一天就跑了 64 英里,接下去几天分别跑了 62、52、48、45 英里,最后一天是 48 英里。她说在最后 3 天她受到伤痛的阻碍,不得不走了一些路程。不过总计 319 英里的成绩还是让她获得了女子组第四名。换一种算法,就是她在 6 天里跑完了 12 场马拉松还多。

　　看见她,我才意识到自己一直将超级马拉松看成了一项男子气概的运动。我赞叹过扬尼斯·库罗斯的纪录,采访过传奇人物迪恩·卡纳泽斯。我看过的一些照片也影响了我,里面都是大大汗淋漓、面容扭曲的肌肉男,他们光着上身跑上山脉,或穿行于沙漠和冰原之间。简言之,我对超级马拉松的理解已经被一群充满睾丸酮的钢铁男子淹没了。但实际上,马拉松运动员并不魁梧,反而都很纤细。

* * *

　　卡斯帕罗娃说,她在捷克共和国的布拉格度过童年时,一直是个好动的孩子。她从小喜欢户外运动,现在依然如此。她喜欢和自然沟通,喜欢置身于蓝天之下,体味空气的清新质感。但随着年龄的增长,她的朋友们都放慢了脚步:"在我十几岁的时候,周围似乎都是一群悲苦的人,于是我也隐藏了一些自己的本性。"她变得有些内向了,不再直面自己,还变得不自信起来。在她 19 岁时,父母离了婚，而她正在为大学的期末考做准备。"那时我完全迷失了，睡不着觉，头痛得厉害，感觉无法再参加期末考。我心里有许多疑问。忽然我有了个想法：我要让内心安静下来。"

她在网上搜索布拉格的免费冥想课程，结果找到了室利钦莫伊的修行法。"我发现的这个课程改变了我的人生，有什么东西'咔嗒'一声，在我心中久久回荡。我一下子觉得，自己不必和班上的那些人一样。"

听从钦莫伊的教诲，她开始跑步。那是六七年前，也就是2010年左右的事。她循序渐进，从短距离跑开始练习，先是5公里和10公里，然后是人生中的第一次半程马拉松。她很快就进展到了全程马拉松，然后是超级马拉松。在我看来这已经是非常杰出的成就了，但是接下来，她又在伦敦南部的图庭参加了为期24小时的自我超越长跑赛（Self-Transcendence race）。这项赛事邀请了45位长跑者，要他们在图庭贝克赛道（Tooting Bec athletics track）上跑出尽可能多的圈数，赛事的组织者是托尼·史密斯的女儿尚卡拉（Shankara）。"有人说，最纯粹的超马赛都是在跑道上的。"卡斯帕罗娃说。她指的是在环形跑道上举行的长跑比赛，选手们一圈圈地奔跑，无休无止——至少你在参赛时有种永无休止的感觉。这样的比赛，选手三无处躲藏的。"比赛里只有你，你的对手就是你内心的魔鬼和你为自己设置的限度。如果是在艰难的地形上比赛，你还能对抗对抗群山，但是在跑道上，你只有自己可以对抗。"

在那之后，卡斯帕罗娃又参加了为期6天的法拉盛草地公园赛。参赛者在公园里搭起一顶顶帐篷，组成了一个村落。其中有理疗帐、食品帐和睡眠帐，还有一些是巨大的公共帐篷，可供多人一起住宿。

但是卡斯帕罗娃搭了自己的帐篷。她想拥有一片专属空间，想有一个能在 18 个小时的艰苦奔跑之后钻进去大哭一场的地方。无论她今天是几点结束的奔跑，管它是半夜还是凌晨两点，第二天的闹钟都在清晨 5:45 响起，催促她再次起身开跑。

"人总想知道自己有多少潜力，"她说，"想知道自己身为人类到底能做到什么。我们的体内蕴藏着巨大的能量。长跑时，你会对自己有很多了解。当你明白这些东西对你的生活有多大改变时，你就会向往更多。你发挥得越多，想要知道的也越多。"

我得承认，和卡斯帕罗娃交谈时，我自己也激动得差点难以自持。她还这么年轻，就已经有了宗师般的平和宁静。我平时不练长跑，但听了她的话也觉得心痒了。她说她跑完一场比赛之后会觉得身体轻盈，仿佛变成一个不同的人；她的本性发生了变化，变得更优秀，她同时体会到了一种美好的幸福。我知道，她的这些话会引得不练长跑的人嗤之以鼻——我自己就这么做过。但是看着眼前的她，我的刻薄完全消失了，面对一个完成了这些壮举的人，我甚至还产生了一股自卑感。（但这种感觉十分轻微，更合适的说法也许是钦佩——你可以钦佩某人却不感到自卑。）除了为自己之外，她也为那些无法奔跑的人奔跑。她的一个朋友不久前因癌症去世。"她如果还活着一定乐意自己参赛。虽然 6 天的赛程很痛苦，但我还是想为无法亲自奔跑的人上场。不断坚持、永不放弃，这就是比赛的精神。"

卡斯帕罗娃说，参加这些极限比赛，选手会有一些变化："那是神奇的变化。你跑得越多，就越想多跑，因为你想要体验那种绝对幸福、绝对平和的感受，那都是你在平常的世界里体验不到的。奔跑时，这些感受会充盈你的内心，这在日复一日的生活中很难得到。"

我看过一些选手参加六日赛和十日赛的录像。片子里当然不会收录选手流泪忍受痛苦的画面，只有他们在一圈圈的奔跑中绽放的微笑和快乐天性。卡斯帕罗娃说她在跑动时感觉能量流遍全身。"我晚上只睡两个小时，白天要跑 60 英里。我觉得那不是我自己的能耐，而是某个更高的存在驱使着我。"

谁能想到，这条法拉盛草地公园的跑道，夹在 678 号州际公路和拉瓜迪亚机场之间，周围充斥着车流的轰鸣和飞机的啸叫，居然会产生如此超凡脱俗的快乐？谁又能想到，这些跑圈的选手之间，也在打着一场场心理战役，这些战役和附近的网球场、棒球场上那些显眼的战役相比，也一样激烈、一样动人？

卡斯帕罗娃的脚步并没有随着六日赛的结束而停止，她觉得自己还能从比赛中学会许多东西，今后还想参加十日赛："有一天，我还要参加终极比赛。"

这项"终极比赛"是室利钦莫伊最后的发明。要描述这项赛事，你很难不得出他是一个邪恶天才的结论：因为在创造这些超长比赛时，钦莫伊的膝盖已经受了枪击，无法再亲自参赛，但他却创造出了距离越来越长的赛事，让追随者们参加。他自己开始练习举重，取得了优异的成绩，同时设计出了一个比一个残酷的长跑比赛。尚卡拉·史密斯说，钦莫伊的全部目的就是挑战那些世人认为不可能的事物，解放那些我们自以为无法企及的潜能。再说也没有人强迫这些选手去参加那些荒谬的赛事。所谓的"终极比赛"就是"3100英里自我超越赛"。它的举办场地同样是皇后区的一条赛道，但那不是围绕法拉盛草地公园的跑道，而是围绕一个街区跑 5649 圈。尚卡拉·史密斯说，长跑是自己和自己的战斗："你的对手是自我怀疑，赛程越长，比赛的重点就越偏向挑战你眼中的不可能，而不关乎身体健康方面。"

参与比赛的选手有 52 天的时间跑完全程，换算下来每天要跑 59 英里还多。目前的纪录保持者是芬兰人阿施普里汉纳尔·阿尔托（Ashprihanal Aalto），他在 2015 年 7 月完成了 3100 英里的赛程，共耗时 40 天 9 小时 6 分 21 秒。这无疑是惊人的，但是据我所知，在佛教徒发起的赛事中，还有比这更严酷的。那就是在日本京都附近的比叡山举行的"千日峰回行"，参赛者要绕着山道长奔，其中最极端的一项赛事要求在 1000 天的时间里跑 1000 场马拉松。这项壮举很少有人完成。

我在前面提到了室利钦莫伊的建议：修行者要照顾好"外壳"，也就是自己的身体。但是他也知道，修行不仅仅是照顾外壳。如果你将外壳推向极限，它就会对内心产生反作用并改变内心，这也是为什么超长距离跑会引发超越性体验的原因。然而没有哪个修行者认为前方有一条界线，只要跨过了就能体验超越。超越是一个逐步发生的过程，这就是为什么你总想再跑几步、再努力一把。藤波源信（Genshin Fujinami）是少数几个完成千日峰回行的僧人之一，但他说对他而言，探寻还未结束："完成 1000 天的比赛并非终点，挑战还在继续。享受生活、学习新知，这个过程不会终止。"[116]

我在前面说过，卡斯帕罗娃看起来只是一名普通的年轻女子。你要是问她，她会说自己确实是个普通女性。她的观点就是这样：任何人都能做到她做到的事。"我认为大多数人都能完成这个 24 小时的比赛，"她坚定地说，不过也做了一点重要补充，"如果他们有足够的毅力的话。"

* * *

迪恩·卡纳泽斯告诉了我他小时候是怎么跑步回家的，从他的话里，我感受到了那个 6 岁孩子的激情。在本章开头，我列举了他近年来的一些壮举。但奇怪的是，像他这样一个已经成为了长跑象征、这样一个将长跑置于人生中心的人，在 20 岁到 30 岁的十年间，却完全不曾跑过。当时的他是个年轻人，有一份工作，也有社交生活，社交的内容以酒精为主。他就是这样一个平凡的人，但就在 30 岁生日那天，在和朋友们喝龙舌兰酒的时候，他却产生了顿悟。

"我感觉自己在遵循一张社会开具的幸福处方行事——接受了良好的教育、找到了一份好工作，也有了一个舒适安全的未来，可我总觉得还缺了什么。"他说，"我并不感到幸福，反而觉得空虚，好像背叛了自己。30 岁生日的那天晚上，当我醉醺醺地走出一间酒吧时，一切都爆发了。我当即决定要跑 30 英里，以庆祝我在这颗行星上存在的第三十个年头。"

在这之前，卡纳泽斯已经十多年没跑过步了。

"那天晚上我跑了一夜，完全没有休息。接下去的几天很不好过，但那没有关系。我完成了自己设定的目标，不管是水泡擦伤还是肌肉痉挛都无所谓了。我已经看清了自己的命运。那个夜晚永远改变了我的人生轨迹。"

听起来真像是一个超级英雄的起源故事，对吧？实际上，卡纳泽斯还真的在斯坦·李 (Stan Lee) 主持的电视节目《超能人类大搜索》(Superhumans) 里出了镜，他也是因此才到妮可儿·平托的实验室里接受测试的。我想他重新开始跑步应该是很幸福的，至少比在酒吧里灌龙舌兰要幸福。有个跑过 13 次马拉松的朋友告诉我说，长跑使她变得乐观，也使她感觉更有活力、更健康了。长跑还帮她解决了人生中的其他问题。[117] 她说："每当我积极地奔跑，尤其是跑过一个美丽的地方时，我都会感到一阵强烈的快乐，我的其他所有情绪也都增强了。"这一定是值得一试的活动。

第三部

生　存

08

长寿

因为年老也是机会，

它如同年轻，只是换了一身装束。

当傍晚的暮色消退，

天空将布满白天隐匿的群星。

——亨利·华兹华斯·朗费罗

70 还是孩子，80 是姑娘小伙。

如果 90 岁有人请你上天堂，告诉他：

"且走开，到我 100 岁再来。"

——日本冲绳县喜如嘉村（Kijōka）附近，

刻在一块面海石头上的谚语

写下这段文句话时，我已经活了 16931 天。我的预期寿命是 30736 天。仔细一算，大约还有 13805 天好活。

换成比较传统的计寿法，我今年 46 岁，预计活到 84 岁，还有

38 年好活。不过用天来计算寿命更加刺激。你也可以试试，算算自己已经活了多少天。如果你和我一样，你就会感觉时间正如沙粒一般从指缝间溜走。你很可能会想：天啊！我真该好好利用我的日子。别担心，这种感想会过去的，你会继续像往常一样生活。这世上没几个人能天天紧张兮兮地及时行乐，时刻"把握当下"（carpe diem）是很累人的。我们喜欢的、也向往了数千年的目标是获得无穷寿数，那样就可以想浪费就浪费，但想利用也可以利用。我的要求不高，连永生也不奢望，只求能超过我预期的 30736 天就行了。我还希望那些都是健康的日子。[118]

伊丽莎白·洛夫（Elizabeth Love）已经活了 37164 天。她今年101 岁，是我认识的人中最年长的一位。不过百岁老人正变得越来越普遍。在 2000 年时，全世界估计有 18 万百岁老人，而据联合国估计，到 2050 年时这个数字将达到 320 万。[119]人类的预期寿命过去几十年中一直在增长。因此我女儿的预期寿命比我长，估计比 95 岁还多一点。而当我写下这段文字时，她只活了 1546 天，剩下的日子估计还有 33180 天。日本的预期寿命更高：今天的日本儿童，有超过 50%的概率活到 107 岁。

对于下一代，这应该是个好消息吧。但是长寿这东西，我们不想等到将来。我们想马上拥有青春和活力，并一直这样活到老年。许多科学家和研究机构正在朝这个方向努力。比如美国弗吉尼亚州斯普林菲尔德的马土撒拉基金会（Methuselah Foundation）*就明确表示要减缓人的衰老时钟。基金会表示，到 2030 年，实际年龄 90 岁

---

* 马土撒拉，《圣经》中的长寿老人，享年 969 岁。

的人将在新技术的帮助下获得 50 岁的外表和感受。越来越多的科学家认为衰老是一种疾病，是所有人都深受其害的遗传病。衰老是死亡的头号原因，因为导致我们死亡的所有疾病，无论是癌症、心血管病还是糖尿病，共同病因都是衰老。而衰老是一种可以治愈的疾病。

你可能不在乎勇气，不在乎歌唱才能，甚至不在乎智力，但你肯定在乎自己能活多久。在这一章里，我们将考察人类的寿命是如何增加的，以及我们对它背后的因素又了解多少。我们会遇到一些十分年长的人，并看看能从他们身上学到什么。做这件事的人远不止我一个——全世界的科学家都在研究百岁老人，希望能揭开他们的秘密，为其他人也送去长寿。但是和他们会面时我会牢记一点，市面上有成百上千的书籍文章宣称已经解开了百岁老人的秘密，或是教你如何饮食能长命百岁，但那些作者都没有提到这样一个事实：那些百岁老人很少（或没有）是努力活到 100 岁的。他们只是自自然然地活到了 100 岁，他们既不吃药，也不控制热量，他们从不研究这类玩意，只是胡乱应付罢了。让我们看看能不能找到他们的秘诀。

＊　＊　＊

伊丽莎白·洛夫生于 1915 年，一辈子经历过两次世界大战，但是用《魔戒》里甘道夫对比尔博的话来说，作为一个 101 岁 269 天的人，她保养得真是格外地好。

当我问起长寿，她立即说那肯定和她的优秀基因有关。她的家人普遍长寿。她的外祖母死时 93 岁。"我的母亲是三姐妹中最年轻的，"她告诉我，"她去世的时候 84 岁，她的二姐活了 93 岁，大姐活了101岁。我的表弟,也就是那位二姐的儿子,最近刚刚去世,96岁。我们有着共同的基因,那里面肯定有什么好东西。"

她说得一点儿没错。我们只要了解自己的家族史,就会感觉长寿在一定程度上是遗传的。但是要把这个感觉转化为知识却并不容易。我们关于寿命遗传性的大部分知识都来自丹麦的一项旷日持久、影响巨大的双胞胎实验。我们在前面几章已经看到,双胞胎研究对于想要厘清遗传性状和非遗传性状的生物学家弥足珍贵。同卵双胞胎具有完全相同的基因,异卵双胞胎也有一半相同的基因,再加上所有双胞胎的生活环境几乎相同,我们因此可以在他们身上考察像寿命这样的性状,并确定它们有多少是由基因、多少又是由其他因素决定的。在这个问题上,第一篇重要论文发表于1996年,作者考察了1870—1900年间出生的2872对双胞胎,并对他们追踪研究到了20世纪90年代中期,这时他们几乎已经全部去世。分析显示,遗传在男性寿命的差异中起到26%的作用,在女性中是23%。换句话说,遗传的比重并不大。[120]

这个结果暂时关上了长寿基因研究的大门。看来遗传并不是长寿的主要原因,生活方式和环境似乎重要得多。这个观点在我请教的一些老年医学研究者中依然存在。确实,也没有人会否认这些非遗传因素的重要影响。但是在之前的那项研究之后10年,南丹麦大学公共卫生研究所的卡雷·克里斯滕森(Kaare Christensen)又和同事详细考察了超高龄老人的情况,他们发现了一些有趣的现象。

之前的丹麦双胞胎数据也稍有扩大,将直到1910年才出生的双胞胎也包括了进来。于是研究者有了20502名研究对象。这时克里斯滕森的团队发现,遗传的作用比之前认为的重要得多,它能显著决定你能否活到 90 岁以上。他们在《人类遗传学》(*Human Genetics*) 杂志中写道："这些发现支持我们寻找影响人类长寿、尤其是在老年时影响人类长寿的基因。"[121]

于是探寻重新开始。叫它"淘金热"或许有点夸张，但事实也相去不远。千万年来，人类始终渴望延长寿命。印度神话里提到了使人长生不老的"仙露"(amrita)，中国古人认为长生不老药里含有水银（喝下它们的帝王真惨），欧洲中世纪的人则认为哲人石能带来永恒的生命。现代人迷恋和研究的对象有了新的名字，像是"载脂蛋白"(ApoE)、雷帕霉素（rapamycin）、FOXO3a 等等，我们后面会一一介绍。现代人寻找和寿命相关的种种因素，和古人对传说中长寿仙药的寻访是一脉相承的。

* * *

洛夫太太住在伦敦西北约 25 英里的比肯斯菲尔德，当我到达她那套宽敞而暖和的公寓时，时间是下午 2 点。她女儿告诉我说，母亲在年初跌了一跤，摔坏了股骨。我以为自己会遇见一个虚脱的老人，没想到伊丽莎白·洛夫居然站起来和我打招呼，看起来竟然比实际年龄小至少 20 岁。

她事先关照我等她吃过午饭后再去。去了以后我发现，她的意思是她喝完每天一杯的雪莉酒。"我每天都是先喝一杯雪莉再吃午饭。每天晚饭前还要喝一杯琴酒马丁尼。这个习惯已经好几年了。"她的语气里透出一些叛逆。（我想我应该在她吃午饭前来的。）除了喝酒，她还有别的恶习。

"我吸了一辈子烟,烟瘾不大,但吸了很久。大约 10 年前才戒掉。"

并不是医生建议她戒烟,她只是想戒,于是就戒了,就这么简单。

"我过去一天吸十来支,并不多,但确实是吸的;而我喝酒一直喝到现在。"

在 70 年的大部分时间里每天吸 10 支烟,这在我看来已经相当多了。任何一个医生都会告诫你说:对绝大多数人,这样吸烟会在你活到老年之前就送你上路。不过,我们也偶尔听说有个把烟民逃过了这个命运。洛夫太太看来就是这样的人。另一位是让娜·卡尔芒(Jeanne Calment),她是衰老研究界最著名的对象,也是史上寿命最长的人。她一生吸烟 96 年。[122] 周围的人都表示她每天只吸一两根而已,也没见过她把烟吸进肺里。[123] 然而,即便轻度吸烟也是有害健康的,因此她一定是受到了特别的保护,逃过了早死的命运。

卡尔芒一辈子生活在法国南部的阿尔勒,1997 年去世,享年 122 岁。她的饮食富含橄榄油和巧克力,据说每周都要吃掉 1 千克巧克力。我们很喜欢这样的逸事,还会用它们来为自己的坏习惯辩护。我曾在家里随口提到洛夫太太每天午餐前喝一杯雪莉酒的习惯,我的伴侣立刻制止了我,说我不能把洛夫太太当作喝酒的借口。

说着说着,洛夫太太就自然和我谈起了第二次世界大战。她原先住在伦敦的肯辛顿教堂街,直到她的公寓在闪电战中被炸毁。"爆炸把窗户都震碎了,"她说,"我连家都回不去,真是讨厌。"她丈夫是南非人,参加了海军,后来分配到海军部工作,比她年轻 3 岁,于 2004 年去世。

"我们是 1941 年结的婚,当时他正好放假回家。"她说。他们原来计划 9 月结婚,可是 7 月时,未婚夫却接到命令要调到海外驻扎。

两人别无选择，只能在下一个周六匆匆把婚结了。第二天丈夫就跟着海军去了国外，一待就是 18 个月。"我和我先生通过航空信件交流。那时候 3 个礼拜能收一封信就算运气了。整整 18 个月里，这是我们唯一的交流方式。"

洛夫太太加入了妇女志愿服务队（Women's Voluntary Service）。她在战前就学会了开车，于是给派去为那些在空袭中失去家园的人送生活用品。"我们去了考文垂，那时考文垂已经差不多给炸平了，我开的是一辆陆军卡车。闪电战时我们在利物浦，为人们送去吃的，我当时开一辆送水车。"

战争结束后，她和丈夫搬回了伦敦居住。"胜利那天，我们也在白金汉宫外面庆祝的人群里，"她说，"我们看见女王一家出来了！"

现在的她已经没有真正的朋友了。"刚搬来那会儿，我还和公寓里的人打打桥牌，但后来他们一个一个都走了。"说到这里她纠正了自己，"坦白说吧：他们都死了。大家都死了，我也不打桥牌了。"

这时她的女儿在一旁插话："你从来就没锻炼过吧，妈妈？"洛夫太太欣然承认：她从来没在那些事情上费过力气。这是一个违背直觉的事实，我们在后面还会讨论：平均来说，百岁老人参加的锻炼并不比普通人更多或更少。他们不是个个都有健康的生活方式，也不是个个都为长寿而努力过。纽约市阿尔伯特爱因斯坦医学院的斯瓦普尼尔·拉吉帕塔克（Swapnil Rajpathak）和同事调查了 477 名特别长寿的老人（平均年龄 97 岁），并将他们和普通人群中选出的一群年轻人做了对比。所有对象都报告了自己的生活方式。拉吉帕塔克发现，超长寿组和人群中的年轻成员一样容易超重甚至肥胖，也有着相似的酒精消耗和体育运动（或不运动）模式，并有相同的可能摄入（或不摄入）低热量饮食。[124] 处在什么环境，做了什么事或不做什么事，吃什么食物，这些都不是百岁老人的长寿因素。

我问洛夫太太是否感到寂寞，她说并不，但是因为她的女儿就坐在旁边，这个答案并不完全使人信服。她说她不担心自己会寂寞。她每天都做《每日电讯报》上的填字游戏，和照看她的人出去散步，并在路上和人聊天。商店里的人都认识她。她的一个女儿差不多每天来看她。"我有 8 个孙辈，10 个曾孙辈，第十一个就快出生了，我们家是一个大家庭。孩子们使我年轻，他们激励我向前看，对生活保持兴趣，我喜欢听家里不同年龄、不同辈分的人的故事，这使我顺顺当当地活了下来，让我对生活充满了兴趣。"

她还不得不放宽心胸。"我必须接受自己不赞成的事。"她说。我等着她说出一些可怕而过时的观念。但她说的只是："现在的男孩子还没结婚就和女朋友住在一起，我不赞成这种婚前同居的行为。"也不怎么可怕嘛。"有一点是毫无疑问的，"她说，"因为有一个大家庭，我的脑子才始终活跃着。"

* * *

让娜·卡尔芒的长寿纪录至今无人打破。最接近她的是美国人莎拉·克瑙斯（Sarah Knauss），她 1999 年逝世，享年 119 岁。过去 200 年来人类的预期寿命显著增加，而克瑙斯和卡尔芒就代表着这股浪潮的波峰。浪潮还激发了人们对它能走多远的狂热乐观情绪。

如果你生在 19 世纪，那么你的预期寿命在 30 ~ 40 岁。当然了，人的实际寿命要比这长，但因为儿童普遍早逝，拉低了大众的平均预期寿命。不过在富裕国家，在过去的 200 年里，每过一年，人的预期寿命就增加 3 个月。与此同时，人们生育的孩子也越来越少。世界上大部分地区的出生率都已急剧下降，老年人对年轻人的比例正不断升高。

人类社会的形态和组成正以前所未有的速度变化着。人口统计数字的巨变将会产生深远的影响，而政府才刚刚醒悟到这一点。这也引出了另一个问题：人的寿命会一直增加下去吗？

纽约爱因斯坦医学院遗传学系的扬·维诃（Jan Vijg）认为不会。2016 年，他和同事在《自然》杂志上撰文指出，我们已经达到了人类寿命的自然上限。[125] 他承认，我们的预期寿命确实在过去一路飙升，但现在升幅已经趋于平缓。证明线虫或实验用小鼠的寿命可以延长是一回事，但将这个结果外推到人类身上就是另一回事了。预期寿命曲线的那个陡峭的上升趋势欺骗了我们。维诃的团队分析了全世界寿命数据库中的出生和死亡数据，并发现在整个 20 世纪中，最年长者的死亡年龄始终在稳步上升，但到了 90 年代，这个趋势却在一番振荡之后停止了。他们发现，好像没有人能在 115 岁之后再活许多年。经历增长之后，人类寿命迎来的这个平台期证明了人类和我们知道的其他动物一样，都有一个寿命的上限。寿命有一层生物学天花板，而我们已经触到它了。

然而这个结论很快遭到了驳斥。詹姆斯·沃佩尔（James Vaupel）在德国罗斯托克的马克斯普朗克人口研究所任所长，他指出人类寿命的纪录在过去常常被打破，他还强烈批评了维诃团队的分析质量，说"他们把数据一股脑塞给电脑，就像你把饲料塞给奶牛。"2017 年，《自然》杂志又刊登了一篇对维诃的反驳文章，作者是斯图尔特·里奇（我们在第 1 章已经认识他了）和其他几位科学家，他们批评了维诃在论文中运用的统计方法，否定了他的结论。[126]

　　总之，让娜·卡尔芒是否已经达到了我们这个物种寿命的自然上限，还有待观察。从某个方面说，许多研究者并不关心这个问题。这群充满乐观精神的人正在努力设法延长我们的健康寿命，无论那个潜在的"自然"上限是多少年。"想要干预一般的衰老进程肯定会遇到各种复杂因素的阻碍，但这不是我们放弃努力的借口。"研究人类衰老的先锋杰伊·奥利尚斯基（Jay Olshansky）说道，他在伊利诺伊大学芝加哥分校的公共健康学院工作。

　　寿命是一个极其复杂的性状，想把它推到超高水平，就需要特别的干预措施。我们知道一些特殊的人，比如伊丽莎白·洛夫，她们在活到超高年龄的同时并没有因为疾病而衰弱。这些人似乎是受到了某种庇护。我们知道自己不可能仅仅靠健康饮食就将寿命上限不断推高。我们还需要找到百岁老人的更多共性。幸运的是，如果你看看全世界的人口统计数据，就会发现百岁老人往往集中在某些特定的区域。这些都是长寿的热点地区，研究者称之为"蓝区"。

* * *

　　车辆沿着 58 号公路行驶，这是冲绳县主岛西部的一条滨海公路，而冲绳处于日本列岛的西南边陲，车子正朝北边的丛林驶去。你的左边是一片亚热带海洋，海水里栖息着珊瑚礁和斑斓的岩礁鱼类，甚至还有几头儒艮，那是一种古怪的海洋哺乳动物，别名"海牛"。主岛北部的山原（Yanbaru）是一片茂盛的丛林，里面的生物丰富多样。每到傍晚，你都能看见巨大的果蝠出来觅食，运气好的话还能看见冲绳秧鸡（Okinawa rail），那是一种罕见的鸟类，不会飞行（我在那一带好像瞥见过一只）。丛林里还生活着一种名叫"波布"（habu）的著名毒蛇，我作为昆虫生物学家在那里工作时也确实看见了几条，虽然它们盘绕的身影更多出现在当地的泡盛酒瓶里，而不是你面前的路上。当地人相信用酒腌蛇能让酒变得更加爽口。

在这里你会见到许多活力四射的八旬老人，尤其是在喜如嘉村。这已然很了不起，但他们在当地百岁老人的眼里却还只是小青年。我见到了他们中的几个，但是彼此难以沟通，因为他们说的是冲绳方言，而我说的是标准日语。不过看见八十多岁的人在这儿被一本正经地叫作"年轻人"，我还是觉得相当奇妙。最近有一位名叫 Nabi Kinjo 的 105 岁老妇成了名人：她在自家的门廊上发现了一条波布蛇，随即用苍蝇拍打死了它。

日本已经在世界长寿榜上蝉联了多年冠军。有一件事对该国的寿命统计很有帮助：日本的每个城镇和村庄都有户籍记录，登记了每个居民的出生、死亡及婚姻信息，一直可以追溯到 19 世纪 70 年代。这些户籍数据证明了一个观点：在日本，长寿并不是一个近来才有的现象。的确，世界各国的平均寿命都在像日本一样增加，但日本却有着独特的优势。

当然了，在日本也不是人人都能活到高寿。这里面存在个体差异，还有一些热点地区的居民活得特别长。在日本国内，寿命最长的是冲绳岛的居民，在冲绳岛上，寿命最长的是喜如嘉村的居民。这些居住在冲绳西侧的村民是全世界最长寿的人群。

这里的人已经因为他们的超长寿命得到了详细的研究。研究者认为，他们的饮食（大量豆腐、鲜菜、鲜鱼）、社会结构（关系亲密、互相扶持）和生活方式（当地人纺织传统的芭蕉布，老年人有事可做，应该也维持了认知健康）都是长寿因素。当地人还遵从"腹八分目"，这是儒家提倡的一种饮食习惯，即每餐只吃八分饱。

研究者还在这里开展了几项遗传学研究，就像他们对其他百岁老人群体所做的一样。他们毫无悬念地宣布冲绳为蓝区。

除了冲绳之外，我还有幸去过其他几处蓝区，比如意大利地中海沿岸的撒丁岛和哥斯达黎加的尼科亚半岛，我能够理解为什么它们的环境有益长寿：这些地方无不温暖舒适，食物健康丰足。另一个长寿之乡我们在第 7 章已经看到，就是希腊的伊卡里亚岛，它是超级长跑运动员迪恩·卡纳泽斯母亲的家乡。说来意外的是，在美国大陆这个快餐的中心、肥胖的渊薮，居然也有一片蓝区，那就是加州的罗马琳达市（Loma Linda）。

罗马琳达被丹·比特纳（Dan Buettner）列为了美国唯一的一片蓝区。比特纳是一位探索者和作家，正是他在研究了全世界的长寿热点地区后提出了"蓝区"概念。住在罗马琳达的男性预期寿命达到 88 岁，女性比男性还多 1 岁。这比美国人的平均预期寿命高出了8~10 年，原因很简单：这个城市的许多居民都是基督复临安息日会（Seventh Day Adventist Church）的成员。这些教徒不喝酒，不吸烟（整个城市都是禁烟的），大多数人连肉都不吃。这个教派十分鼓励锻炼和健康的生活方式，教友们定期参加社区服务和社会活动。据参与新英格兰百岁老人研究（New England Centenarian Study）的科学家的说法，罗马琳达的居民代表了所有人的寿命基线：只要我们注意饮食，好好照顾自己，最关键的是维持社会关系，那么所有人都能活到这个岁数。

令人意外的是，伦敦中部也有一片小小的蓝区。它在1682年建成，据工作人员说，在那里生活你能增加10年寿命。它就是为英国陆军士兵开办的养老院：切尔西皇家医院（Royal Hospital Chelsea）。

* * *

这家养老院的建筑和庭院由克里斯多夫·雷恩（Christopher Wren）设计，看上去富丽堂皇，一派贵气，仿佛是牛津大学里的一座学院。它的公共餐厅是《哈利·波特》中霍格沃兹的风格，隔壁的医疗设施却十分现代。进去之后，我在它的咖啡厅里喝了杯咖啡。周围坐的全是老兵，他们有的身穿著名的深红色制服，上面缀着闪亮的铜纽扣和勋章，还有的穿着比较休闲的羊毛外套，但同样别着切尔西皇家医院的纹章。虽然这座养老院开在一级和二级保护建筑内部，虽然它位于一座物价奇高的城市里最昂贵的地段，但它却是为普通士兵开办的。在这里生活你不必是富人，只要当过兵就可以。如果你申请入住并获批准，你就把自己的军队退休金转到这里，其他费用全由国防部补贴。就是这么简单。一旦入住，你的一切需求都会有人照顾。正是这种安全感——也许不仅如此，还要加上一个温暖的社区，使这里的居民格外长寿。我猜想这不是饮食的原因：这里可没有冲绳的海带和富含味噌的健康食品。当我2017年拜访时，我在菜单上看见的是黑血肠、炸猪肝、加了辣酱的火烤羊羔肾还有奶盖粗麦粉布丁。仿佛是一份战时菜单。

身处此地仿佛时光倒流。我遇见了约翰·汉弗莱斯（John Humphreys），他今年 98 岁，握手的力道却比实际年龄小 70 岁。他的人生，毫不夸张地说，就是一部好莱坞动作片。我不确定他愿不愿意把战争时期的那些不快记忆再翻出来，但他毫不在乎地说了自己的故事，那些故事无疑也反映了他的性格。老年医学研究者发现，人的性格确实会影响寿命，比如洛夫太太的那种干脆直接的态度就使我印象深刻。我和约翰坐在他的房间里，窗外是延伸到河边的美丽花园，在这里，他向我述说了 1942 年在北非被德军俘虏的故事。那年他 20岁，在战斗中受伤昏了过去，醒来时发现有两个魁梧的敌军士兵站在眼前。"英国大兵，你的战争结束了。"其中一个说道。

他被关进了意大利的一座战俘营。"我可不想在什么战俘营里坐牢，于是决定逃出来。"他等了 9 个月才等到出逃的机会。他利用这段时间学习了意大利语，还找到了一件和意大利军服很像的希腊陆军制服，然后就靠这两样东西混了出去。那天他押着两名狱友来到营地大门，用意大利语对看守说要把这两个人转到别处去，看守挥手让他通过。就这样离开战俘营后，约翰和那两个朋友向南行走了好几天，一路上寻找食物活了下来。他回忆起了一个令人心跳停止的时刻，当时他们扮成了意大利农民的样子走在路上，一支德国车队恰好经过。最后一辆轿车停了下来，车上走下来一个党卫军官。约翰心想：这下完了，骗过一个百无聊赖的意大利监狱看守是一回事，而唬住一个可怕的党卫军官就完全是另一回事了。那个纳粹军官叫他过去，用蹩脚的意大利语问他最近的河流在哪里。约翰费力解释了一番，德国人上车开走了。约翰和两个朋友接着来到一座英军占领的村庄，并得到了 6 周的探亲假。

1944 年，他又参加了皇家工程兵伞兵中队（Parachute Squadron

Royal Engineer），空投到荷兰的阿纳姆（Arnhem）去参加二战末期的一场重大战役。他再次被俘，但没过多久就又逃了出来。有的战俘士气低落，不想和他一起出逃，但他还是找到了 3 名同伴。这次逃跑依然像是经典战争电影的情节：他一点点刮掉了囚窗铁栏杆旁的水泥，再用炉灰填上，这样守卫就不知道他在搞什么名堂了。最后他刮掉了足够多的水泥，拆掉栏杆顺利逃走。四个人偷了一条船，沿着莱茵河行驶到奈梅亨。直到今天，他的卧室墙上还挂着一张当年和 3 名同伴坐在船上的照片。无论从哪方面看，汉弗莱斯都是一位永不屈服的战斗英雄。他的卧室里还有一张上了色的战争时代照片，照中人是他已经故去的太太。

"我总是对生活保持乐观的看法。"他说。他认为有的人天生如此，但他也不确定自己的父母是否也这般豁达。

"我跟我父母并不是太熟。"他这么一说，我一下子意识到了将我们分成两边的代沟，"我母亲把所有的爱和关怀都给了我哥哥。我只是'半个'儿子。"

半个？

"约翰，去'办个'这个；约翰，去'办个'那个。"*

看来他的成长环境并不理想。尽管如此，他却似乎始终保持着良好的精神和体格状态。"我当时在伞兵中队服役，身体非得健康才行。我的左侧膝盖骨摔碎过。"

约翰形容了他在膝盖受伤后是怎么靠一辆自行车给自己做理疗的。6 个月后，他就在兵团运动会上赢得了 100 米和 200 米跑的冠军。

---

* 原文为 I was the gopher ... go for this, go for that。gopher 意为"地鼠"，与 go for 同音。

"既然当了伞兵，你就不可能再过平静的生活。我摔断过两侧锁骨、肩胛骨、两侧腕骨和右侧腿骨，但都很快恢复了。它们没给我惹过麻烦。"

他显然是一个意志坚定、目标明确的男人。

"我的长寿建议是保持积极的心态，做力所能及的事，并把它们做到最好。如果遇到挫折，一定要耐心接受。常在玫瑰园走，哪会不扎刺。"

＊　＊　＊

尼米·胡特尼克（Nimmi Hutnik）是伦敦南岸大学的一位心理学家，专门研究诸如抑郁、焦虑、低自尊和 PTSD 之类的精神卫生课题。我知道她是通过她和同事对英国百岁老人做所的一项优秀调查。胡特尼克的课题之一是心理承受力（mental resilience，我们到下一章再来详细探讨），并对这种素质在百岁老人身上的表达产生了兴趣。她的团队到全国走访了 16 名百岁老人，包括 5 名男性和 11 名女性。这些研究者的方法简单而有效：他们先让这些受访者讲述自己的经历，然后根据他们的讲述追问一些问题，比如：能告诉我们是哪些事情塑造了你的人生吗？活到一百多岁是什么感觉？积极衰老（positive ageing）的秘诀又是什么？

这些百岁老人都是主动入选的。他们回应了招募，表示愿意接受访问，因此这项研究可能存在偏差，尽管如此，这个课题还是很吸引人。胡特尼克表示，这些百岁老人能活出超长的寿命，看来并不是因为他们的人生过得轻松安逸，而是因为他们在面临压力时能够高效应对。他们自己的说法是"接受生活带来的任何东西""不为过去的事烦心""平静接受每一天"以及"尽力把事做好，然后把事忘掉"。他们还描述了如何接受无法改变的事情。[127]

就拿菲莉丝（Phyllis）来说，她在接受采访时已经102岁了。她的人生中发生过许多变故，她回忆说："我经历了许多事情，先是死了父亲，后来丈夫上了战场，再后来弟弟又死了，都是这类坏事。但是就算家里只剩下你一个人，你也要好好生活。除此以外没有别的办法，对吧？我恐怕就是那种承受力很强的人吧。"

还有一位受访者阿尔伯特（Albert），当时也102岁了。他说："如果你不能改变现状，就不要再担心它。"阿尔伯特14岁就当了矿工，煤灰弄坏了他的肺，但他还是一有机会就出去跳舞。同样102岁的妮塔（Nita）说："只要你还能坚持、不感到痛苦，你就要努力把忧愁推开，不能把自己弄得可怜兮兮的。"

我们多半都听过年长的亲戚回忆自己年轻时的经历。他们的言下之意（有时更像一种指责）是这一代人太优柔、太娇气。他们说得或许不错，但是大多数年轻人毕竟都能活到高龄，说明我们也没有那么娇气。也许老年人就是喜欢说这样的话，也许我们自己到了老年也会这么说的。

我第一次和洛夫太太交谈时，她提到她在二战时生过一个孩子，后来死了。起先我没有追问这个话题，我不愿强迫她回忆这段不幸的经历，即便事情已经过去了75年。但后来我在问起她积极生活的秘方时，她主动提起了这件事。我说，每个人的生活都起起落落，长寿的人更是如此，那么对于如何熬过人生的低谷，她有什么建议吗？"再痛苦也要坚持下去。"她说，"我是在我们的孩子死后明白这个道理的。他死的时候才1岁，那时我痛苦极了。"这最后几个字伴随着一阵长吁、一声叹息，"但是我对自己说：'你一定要坚持下去。'"她知道必须振作起来，再生一个孩子，"那个年代可没有心理咨询，你必须自己用积极的心态振作。别人为你做得再多也不管用。"

她说，二战期间，这种心态曾经相当普遍，但她认为这不是每个人天生就具备的素质。这种积极的态度使我想起了埃伦·麦克阿瑟和佩特拉·卡斯帕罗娃，想起了戴夫·亨森和芭芭拉·汉尼根。实际上，它使我想起写作本书时遇见的几乎每个人。"要想克服困难，你一定要有这种心态。"洛夫太太说道。她自己到现在还有。她女儿告诉我，她在夏天摔坏了股骨之后仍在坚持锻炼，就连理疗师也被她努力康复的决心打动了。"我现在还每天出去呢，"洛夫太太说，"我是铁了心要打败它的，我不能就这样认输。"

* * *

洛夫太太的这一番话让我感觉既谦卑又鼓舞，也使我想起了我读过的一则让娜·卡尔芒的逸事。依照一位传记作者的说法，她从生理上就对压力免疫。她说过一句名言："改变不了的事就不要操心它。"她还把自己的长寿归结为了能够平静（calm）地对待压力，她曾对动物学家和作家德斯蒙德·莫里斯（Desmond Morris）说："也许这就是叫我卡尔芒（Calment）的原因吧。"[128]

第一次读到卡尔芒的这则逸事时，我立刻想起了一句常用的日语："しょうがない"（shō ga nai），意思是"没办法"。它还有一个变体"仕方がない"（shikata ga nai），也表示相近的意思："事情就是

这样"。当我遇见洛夫太太，并读到受调查的百岁老人对胡特尼克说的话后，我又想起了这两句话。

我在日本的时候就注意到，日本人似乎不像我这么容易对事情发火。有时我看见别人不会发火，自己倒发起火来。我觉得这世上总有值得你激情勃发的事情。"しょうがない"里包含的对命运逆来顺受的消极态度有时真叫我火大。但是后来，我渐渐学会了欣赏它。这种态度无疑有助于营造一个适宜生活的祥和社会，也很可能有助于你降低血压。至于它能否解释日本人的长寿就是另一回事了。你是不能用意志让自己增加寿命的。我们确实知道，压力对身体有各种严重的不良作用。但是单单在生活中保持平静、积极甚至不认输的决心都是不够的：我们还想知道和长寿有确切关系的因素，为此我们必须到基因组里去探索一番。

* * *

约翰·汉弗莱斯和伊丽莎白·洛夫都没有接受过基因测序，但是我敢打赌，他们的某个特定的基因肯定都有某个特定的变异。这个基因在过去 25 年里得到了大量研究，那就是位于 19 号染色体上的 ApoE，它会生产一种名叫"载脂蛋白 E"（apolipoprotein E）的蛋白。在蛋白数据库里查看载脂蛋白的图片，你会看见一个如同卷毛巨兽一般的蛋白，由 299 个氨基酸构成。它的工作是输送胆固醇，它有好几种形态。

1994 年，研究者首次将 ApoE 和极端长寿联系在了一起，[129] 此后它催生了数百篇研究论文。从研究它的大量人力和投入它的大量财力判断，你或许会认为 ApoE 是整个基因组里最激动人心的一个基因。但是和所有性状一样，这又是一个复杂的问题。ApoE 的一个版本 E4 已经和阿兹海默症及心血管疾病联系在了一起，被认为和过早死亡有关，但是一项针对 2776 名百岁老人和年轻对照组的分析却显示，如果你携带 ApoE 的另外两个版本，即 E2 或 E3 中的一个，你就更有可能活到极端高龄。[130] 也就是说，拥有 E2 对长寿尤其有益，携带 E4 则有害。[131]

卡雷·克里斯滕森在丹麦开展的那项基因影响衰老的重大研究追踪了出生在 1895、1905、1910 和 1915 年的人群。他发现在每一个年龄更大的组群中，"有害的"ApoE4 变异出现的频率都更低：在 50 岁组中的比例约为 20%，到 100 岁组中就只有 10%。[132] "当你观察百岁老人，你会发现他们的 ApoE4 是比较少的。携带这个基因显然不是好事，但也不是说有了这个基因你就一定会被淘汰。"他说。

作为公共卫生领域的一名医师，克里斯滕森说他听过有人这样批评他的长寿研究：现在连弱者也能勉强活到高龄，因此造成了现代社会的衰退。这个观点称为"败于成功论"（failure of success）：我们的寿命更长了，这是成功；但长寿的我们状态也更差了，这是失败。

在 2017 年的一项研究中，克里斯滕森检验了这个观点。[133] "我们追踪了 1905 年组，想看看他们到 100 岁时行动能力是否变弱，结果他们没有。"他接着又考察了 1915 年组，这一组不仅有更多人活到了 90、100 岁，而且他们的身体和精神状况都超过了上一组在这个年龄的水平。"这是一个振奋人心的结果，"克里斯滕森说，"它使我们相信在三四十年甚至 50 年后，我们会带着更好的认知能力迎接高龄。"整个 20 世纪，人类的智商始终稳步上升，这个现象因其发现者詹姆斯·弗林（James Flynn）而称为"弗林效应"。"当我们到达高龄时，这个效应似乎依然有效。"克里斯滕森说道。我想起了洛夫太太每天都玩的填字游戏。

人活到 80 岁上下，大多数差异都是环境影响造成的，比如你这辈子吃了什么东西，你从家人和朋友那里得到了多少支持，又享受了怎样的医疗服务等等。环境影响还包括行为因素，比如你是否吸烟，喝多少酒，做什么运动。但是对年事更高的人来说，作用更大的就是遗传了。"原因之一是基因需要较长的时间才能对你产生或好或坏的影响。"克里斯滕森说道。

然而，虽然有很强的证据显示 ApoE 促进长寿，但这一作用也只在你分析了大量基因组之后才会显现。在个人层面上，即使 ApoE 这样的基因也只有很小的作用。"哦，很小的，小得不值一提。"克里斯滕森说。在个人身上，它对寿命的影响甚微，就像任何关乎智力的遗传变异也只有微乎其微的影响一样。"影响寿命的遗传因素有几千个，每一个都只起到极小的作用，这一点没有多少疑问。"

对有些人来说，这意味着我们不必追求用基因"解决"长寿问题。而对另一些人，这只意味着这个问题比我们认为的更难，但这绝不是放弃研究的借口。

* * *

波士顿大学医学院的托马斯·珀尔斯（Thomas Perls）是新英格兰百岁老人研究项目（NECS）的负责人。这项研究于 1995 年启动，追踪在波士顿地区生活的百岁老人，主要是为了调查他们的痴呆情况。项目启动时招募了 1600 多名百岁老人，现在它的数据库里已经有了约 150 名超高龄百岁老人，也就是年龄达到或超过 110 岁的人。这是全世界同类样本中最大的一个，其中还收录了有史以来第二长寿的老人、享年 119 岁的莎拉·克瑙斯，正好她也善于应对压力。据她女儿说，老人从不为任何事烦心。1998 年，当克瑙斯得知自己是全世界最长寿的人时，只短短回了一句："有什么了不起？"

有什么了不起？了不起的是她活了这么大年纪，却没有重大疾病或认知减退。珀尔斯说："超高龄百岁老人是百岁老人中的精英，他们不仅度过了漫长的一生，还将生命最后那段生病的时间压缩到了最短。"

"压缩"（compression）是你经常能在长寿研究者嘴里听到的词。"压缩发病率"（compressed morbidity）指的是那些高龄老人往往能将身体和精神的健康状态保持到生命终点。比如我们在本章遇到的两位老人就是如此。[134] 这段身体和认知功能保持健康的时间称为人的"健康寿命"（healthspan），这也正是克里斯滕森发现他研究的丹麦人群持续增长的一种寿命。在不远的将来，我们最有可能看见的就是健康寿命、而不是寿命本身的延长。

NECS 团队将数据库中的对象分成 3 组：逃脱者（escapers）、推迟者（delayers）和存活者（survivors）。第一组占对象总数的 15% 左右，顾名思义，他们精彩地逃过了所有严重疾病。还有大约 43% 的对象是推迟者，他们将严重的衰老相关疾病的发病时间推迟到了至少 80 岁。伊丽莎白·洛夫和约翰·汉弗莱斯都是典型的逃脱者（约翰真是在各种意义上成功"逃脱"）。最后一组存活者，在对象中占 42%

左右，他们在 80 岁之前就患上了严重疾病，但后来战胜了病魔。

"这些老人能活到高龄，大概有 75%的能力是基因赋予的，"珀尔斯说道，"因此，我们如果想找到和长寿有关的基因，找到减缓衰老、预防衰老相关疾病的生物学机制，可能关键就在他们身上。"

这种基因成分有几种方法可以测量，其中常见的一种我们已经在前面看到，即全基因组关联分析（GWAS）。这种方法就是扫描许多个体的基因组，从中找出和特定疾病或特定身体状况有关的遗传变异——在目前的研究中，这种身体状况指的就是长寿。它主要考察基因组中的单核苷酸多态性（SNPs）变异。我们每个人体内都有数千个这样的变异，而全基因组关联分析就是要在其中找出和需要研究的性状有关的那些。

珀尔斯的团队将这种方法运用到了 801 名百岁老人身上，另有914 人作为对照组。现在有人指出，全基因组关联分析并不是一件有用的工具，因为某个身体状况会有数千个 SNP 与之相关。我们已经看到，就智力之类的复杂性状而言，情况确实如此。你需要有巨大的样本才能确认自己的发现，而 801 名百岁老人并不算多。这意味着你不能揪出某个 SNP 说"这就是活到一百岁的必需品"。不过这毕竟是一个良好的开端，因为 GWAS 让你能在一个巨大的基因池里公正地筛选。珀尔斯团队已经发现了 281 个 SNP，他们把这些 SNP 称为超长寿命的标签(signature)。[135] 后来又有人对 2700 名长寿者——他们属于 1900 年出生的美国人中最长寿的那 1%——开展了后续研究，研究发现了更多和长寿有关的变异。[136]

珀尔斯团队写道，这证明了超长寿命受大量 SNP 共同作用的影响。而卡雷·克里斯滕森和同事在 2014 年开展的一项研究却并未发现这些 SNP 能延长寿命的证据。[137] 但珀尔斯指出，这是因为那项丹麦研究只考察了九十多岁的对象，而忽略了超高龄老人。克里斯滕森等人则又指出，要开展全基因组关联分析，需要的样本规模将会大得极为不切实际——世界上根本没有那么多百岁老人。

这一切都给了我们一个关键的教训：无论你怎么注意饮食（或节食）、长期服药，如果缺少了必要的基因，都活不到 100 岁。或者借用爱因斯坦医学院衰老研究所所长尼尔·巴尔齐莱（Nir Barzilai）对我说的一句话："环境或许能帮你活过 80 岁，但离 100 岁还远着呢。"

这似乎也彻底否定了"蓝区"的概念。至少，这否定了我们只要搬到那些地区或者仿当地饮食就能收获益处的可能。我们从克里斯滕森的研究中得知，环境似乎并不影响你能否活到 100 岁。巴尔齐莱和同事还用一种更加聪明的方法展示了，无论是蓝区还是什么区，环境都没有我们认为的那么重要。爱因斯坦医学院开展了一个"长寿基因"（LonGenity）项目来长期研究长寿因素，研究对象都是从美国东北部招募的阿什肯纳齐犹太人，这意味着他们具有相似的遗传背景，从中更容易发现具有影响的遗传因素。

这些研究对象的年龄在 64 ~ 95 岁之间，被分成了两组：一组是超长寿父母后代组，双亲中至少一位活到了 95 岁及以上；另一组是普通存活父母组，双亲中无一人活到 95 岁。巴尔齐莱的团队测量了对象的一系列身体参数，如平衡性、握力和机动性。他们发现超长寿父母组成员的平均表现优于普通父母组：如果你的父母寿命超长，那么你的身体应该也会衰退得较慢。[138]

巴尔齐莱团队还更进一步，考察了研究对象的病历和生活史，包括他们的饮食习惯。他们发现超长寿父母组和普通父母组在热量摄入方面并没有差别，在摄入的食物种类方面也没有差别——都是同样比例的水果蔬菜、谷物、肉类。也就是说，两组的"营养环境"是相同的。然而超长寿父母组患高血压的概率却比普通父母组低29%，中风的概率低65%，患心血管疾病的概率低35%。[139]

"我认为蓝区主要是遗传孤岛，而非环境孤岛，"巴尔齐莱说，"我认为人不可能只靠环境就活到100多岁。"

对遗传标记（genetic markers）的筛选还在继续。在托马斯·珀尔斯和同事开展的另一项研究中，他们对一男一女两位超高龄老人做了完整的基因组测序。这两位老人是研究者特地从 NECS 数据库中挑选出来的，他们都已经超过了 114 岁，却还没有因任何疾病失去行动能力。换句话说，就像我们看到的那样，这两位逃脱者的寿命和他们的健康寿命已经很接近了。但是当珀尔斯团队考察两人的完整基因组序列时，却发现两人并不携带大多数已知的长寿变异。正相反，他们倒是携带了好几种和疾病有关的变异。数量和普通的非百岁样本接近。[140]

这说明了什么呢？首先，这说明那些已知的长寿变异并不是全部，还有许多变异有待发现。有一个事实可以支持这个观点：这次研究在两位超高龄百岁老人的体内发现了许多此前未知的遗传变异，而它们在基因组中的位置接近之前的研究中发现的长寿 SNP。

其次，这说明你可以和"疾病基因"共存。当珀尔斯在两位老人的基因组中测出疾病相关的遗传变异时，他起初很是惊讶。科学家们向来认为百岁老人的基因组应该干净健康，但这两位却不是。不过这也表明他们从基因组中别的地方得到了保护。这种保护作用十分强大，以至于缓和了吸烟喝酒或是不良饮食造成的破坏。别忘了，让娜·卡尔芒有 96 年的吸烟史，伊丽莎白·洛夫也吸了 70 年。总之，人体内有数百个基因、数千个变异在影响长寿。这也意味着我们不能靠修改它们来延长寿命，因为它们实在太多了。这和我们在智力中看到的情况是一样的。也许更好的办法是用药物模拟它们的作用。

＊　＊　＊

现在我们要简短地回顾一下对于永生的尝试了。

"老年医学可以定义为直接消除各种老年疾病的尝试，"奥布里·德格雷（Aubrey de Grey）说，"但这个尝试已经以惨败告终。"德格雷是个大胡子精酿啤酒迷，也是寿命延长运动的一位核心人物。这位长寿研究者和别人共同建立了 SENS 基金会，一个设在加州的老年医学研究机构。SENS 代表"细微老化工程策略"（Strategies for Engineered Negligible Senescence）。他指出，老年医学之所以没有效果，是因为衰老引起的疾病和感染绝不相同。"它们其实不该被称作'疾病'，因为除了叫法和衰老不同之外，它们和衰老本身是不可分割的。它们是活着的副作用，是无法治愈的。"

他的这些话正在成为长寿研究者和公共卫生官员的主流意见。在这些束缚我们、杀死我们的疾病中，衰老是一个共同因素。即使我们现在攻克癌症，未来 50 年的老年人口也只会增加 0.8%，因为其他疾病，比如心血管疾病、糖尿病和中风会取代癌症的位置。而推迟衰老本身却能使老年人口增长 7%，并带来显著的经济效益。达娜·戈德曼（Dana Goldman）是洛杉矶南加州大学的公共政策和制药经济学教授，照她的估算，推迟衰老会在未来 50 年中创造 7.1 万亿美元的财富。[141] 伊利诺伊大学的杰伊·奥利尚斯基称之为"长寿红利"（longevity dividend）。现代人有了医疗保健，这意味着我们的寿命延长了，但大多数人到最后都要忍受病痛。看病很费钱，更不用说还会影响临终的生活质量。而如果能将衰老本身当作一种疾病来对待，我们就能延长健康寿命，节省开支，并为老年人增添活力。

和这种思路相比，德格雷的观点仍有独特之处：他宣称第一个能活到 1000 岁的人已经出生。

为了延长寿命，人类会使用几乎任何手段。一百多年前，法裔美国生理学家夏尔-爱德华·布朗-塞加尔（Charles-Édouard Brown-Séquard）宣布，将豚鼠和狗的睾丸碾碎后注入人体，能使人恢复青春、延长寿命。他当时 72 岁。他还声称自从吃了猴子睾丸的提取物后，他就有了更强的性能力。[142] 虽然那个时代（19 世纪 90 年代）的巴黎对于奇谈怪论相当宽容，他的观点还是遭到了科学同行的蔑视——不过我也怀疑，同行们也是心怀忌妒，生怕那是真的吧。

布朗-塞加尔固然是个怪人，但也并非一无是处。比如他是第一批指出血液中的物质会影响身体器官的学者——这些物质今天叫"激素"。他的回春药对他没发挥什么作用，他只活了 76 岁就死了，但他在精神上却有了许多徒子徒孙：那些人为求长寿不择手段，甚至有人用儿童给自己输血。

2011 年，斯坦福大学的索尔·比列达（Saul Villeda）团队发现，将年轻小鼠的血液输入老年小鼠的体内，就能促进后者的脑细胞生长。[143] 接着哈佛大学的艾米·韦戈斯（Amy Wagers）和同事也开展了一项实验，他们将一只老年小鼠的身体和一只年轻小鼠相连，并打通两者的血液循环。那只老年小鼠 23 个月大，患有心脏肥大，也就是心肌增厚、心腔缩小。与它相连的是一只健康的幼崽，出生才 2 个月，没有心脏疾病。4 周之后，研究者发现老年小鼠的心脏缩到了几乎和年幼小鼠相同的大小。[144]

比列达小心翼翼地声明他的目标只是延长健康寿命。要宣称他想通过年轻的血液求得永生，那是有点夸张了。他希望的是压缩发病率，延后痴呆开始的年龄。韦戈斯和其他研究者的实验室正尝试分离出年轻小鼠血液中造成返老还童的那些因子。其中有一种名叫 GDF11 的蛋白，它在年轻小鼠体内的含量要远高于年老小鼠。韦戈斯将 GDF11 注入心脏肥厚的年老小鼠体内，经过 30 天的治疗之后，她发现它们的心脏同样缩小了。2015 年，现任职于加州大学旧金山分校的韦戈斯又在老年小鼠的脑中发现了一种"反青春剂"。那是一种称为"β2-微球蛋白"（beta2-microglobulin）的化合物，它在免疫系统中发挥作用，负责区分自身细胞和入侵细胞，在脑的发育中也很活跃。[145]

你能想象，有些人听说这项研究后会做什么样的噩梦。如果不能，那就来听听黛博拉·普赖斯（Deborah Price）的说法，她是曼彻斯特大学的社会老年医学教授，也是英国老年医学会的主席："有一种极端的可能：婴儿养殖场。会有地下诊所把婴儿缝在老人身上。"

基因疗法是另一个选项。2016 年，美国女商人伊丽莎白·帕里什（Elizabeth Parrish）宣布她一年前到哥伦比亚接受了两项基因疗法，目的是延长寿命。帕里什是西雅图生物科技公司 BioViva 的老板，这家公司的业务是开发疗法，减缓衰老过程。帕里什在接受治疗时 44 岁。[146] 这种治疗针对的是我们染色体两端的帽子，称为"端粒"（telomeres）。这些帽子由 6 个遗传字母，即 TTAGGG，重复约

1500 次后形成。每次染色体分裂，这些帽子就缩短一半，直到最后染色体再也无法分裂为止。到这个时候，细胞也走到了生命的尽头。百岁老人都有较长的端粒，研究者认为这能帮助他们免受老年疾病和认知衰退的困扰。[147] 一个诱人的想法认为，如果能增加端粒的长度，就能预防衰老过程。这一点已经在 2012 年由一组西班牙研究者在小鼠身上证明，[148] 虽然它在人类身上的效果还是未知数。

因为 BioViva 没有开展人体研究所需的临床前安全研究，美国食品和药品监督局（FDA）并未批准帕里什的实验——为此她才去了哥伦比亚一间不知名的实验室。她宣称这次治疗使她的细胞年龄逆转了 20 岁，但即便这是真的，其他科学家依然对她的说法和治疗效果充满怀疑。这很像是 120 年前巴黎发生的那一幕。

还有人想靠饥饿来延长寿命，迈克尔·雷（Michael Rae）就是其中之一。他在 SENS 基金会和奥布里·德格雷一起工作。成年男性每天建议摄入的热量是 2500 千卡，而 46 岁的雷在过去 15 年多的时间里每天只摄入 1900 千卡。像他这样的人还有许多。比如英国布拉克内尔的戴夫·费希尔（Dave Fisher），此人今年 59 岁，在过去 25 年多的时间里，他始终每天只摄入苛刻的 1600 千卡。[149]

激进的节食的确在各种实验室动物的身上延长了寿命，从线虫到苍蝇、小鼠都是如此，最高可以延长 50%。这种方法之所以有效，是因为在饮食受限时，抵抗压力的基因就会打开，而这些基因的作用又保护身体免于衰老。饮食受限的小鼠能抵抗癌症和心脏病之类常见的衰老相关疾病。然而对于那些想用这个法子增寿的人却有一个令人担忧的问题：限制热量似乎对灵长类动物无效。在一项为期 25 年的研究中，美国衰老研究所的科学家发现食量比正常减少 1/3

的猕猴并没有活得更久 [150]，虽然猕猴在热量受限时，健康寿命可能要长一些。[151]

这样为难自己值得吗？对于那些为了增寿而半饥半饱的人（主要是男性）来说，答案显然是肯定的。他们声称自己如此热爱生命，一定要将它延长到常人分配的年限之外；可惜他们无法好好享受生与死之间的这段时间。德格雷表示限制热量在短期内确实很有希望，但时间一长就不行了，然而"许多研究衰老的专家还在这么做，他们真该感到脸红"。德格雷倾向的方案是修复衰老引起的分子和细胞损伤，使它们不再造成妨碍。

德格雷不但提出将综合性损伤修复（comprehensive damage repair）作为延长寿命的机理，还创造了"长寿逃逸速度"（longevity escape velocity）一说：也就是到了某个时刻，每过去一年，预期寿命的增长就超过一年。这意味着我们恢复青春的速度超过了我们衰老的速度，我们跑到了死神的前面。在有些长寿圈子里，这个传说的时刻就是成员们向往的目标；而在另一些圈子里，人们却把它看作令人恼火的科学幻想。关于我们什么时候会实现这个目标，德格雷现在是这么想的："我认为我们有 50% 的概率会在未来的 20 年内到达这个时刻，不过前提是对于现在这些初步研究的资助能很快增加。不然的话就可能再增加 10 年。"

亚历克斯·扎沃龙科夫（Alex Zhavoronkov）是位于马里兰州巴尔的摩的 InSilico 医药公司（InSilico Medicine）的首席执行官，他的态度比德格雷更加乐观："毫无疑问，我们已经达到逃逸速度了。许多领域都在过去 5 年中取得了长足进步，像是深度学习、强化学习、数字医学、癌症免疫学、基因疗法和再生医学等等，这些都使我充满信心。"扎沃龙科夫指出，研究这个领域的科学家数量十分庞大，他还介绍了这个领域取得的进步，尤其是在韩国和中国。我们在前面看到，健康寿命的延长能为世界经济带来可观的收入。我提到扎沃龙科夫是想说明：虽然学术机构中的许多长寿研究者都在呼吁谨慎和节制，但是在这个诱人奖杯的激励下，还是有数十名研究者仍在向前冲锋。扎沃龙科夫是一位乐观主义者、未来学家和商人。他最大的恐惧是研究的进度还不够快："在主要发达国家将量产化的长寿作为新的经济增长源头之前，我们可能会先看到全球经济的崩溃。"

* * *

我如此热衷于谈论扎沃龙科夫，还因为他在过去曾实验过抗衰老药物，尤其是因为他测试过雷帕霉素。这种药物能模拟节食期间打开的那些基因产生的效果，提供挨饿的好处，却不造成挨饿的痛苦。

艾伦·格林（Alan Green）住在纽约市皇后区的"小颈"（Little Neck），靠近495号州际公路，几英里外就是法拉盛草地公园、那个佩特拉·卡斯帕罗娃赢得室利钦莫伊赛的地方。

格林告诉我："我72岁时，腰围有38英寸（约97厘米），在公园遛狗时，我每走上一座小丘就会犯心绞痛和气喘。"他是一名内科医生，在纽约州立大学的南部州立医学中心接受训练，1967年获得医学博士学位。心绞痛迫使他接受了自己已经衰老退化的事实。他开始查阅关于衰老的研究成果，并在无意间读到了米哈伊尔·布拉戈斯克洛尼（Mikhail Blagosklonny）的研究，当时布拉戈斯克洛尼正在纽约罗斯威尔帕克癌症研究所（Roswell Park）担任肿瘤学教授。

布拉戈斯克洛尼的兴趣焦点也是雷帕霉素，它的作用是在肾脏移植时抑制免疫系统，但也能延长小鼠寿命。其作用途径是 mTOR，即"哺乳动物雷帕霉素靶蛋白"（mammalian Target Of Rapamycin），这种蛋白在多种老年疾病中都起关键作用，比如痴呆和癌症。布拉戈斯克洛尼坦言自己曾在实验中用过雷帕霉素[152]，格林也决定在自己身上试一试，至于剂量的控制，他说他靠的是常识。

"我今年 74 岁了。今年春天我开始骑自行车，5 月份骑了 1000 公里，6 月份又骑了 1000 英里，还准备在 7 月和 8 月各骑 1000 英里。我之所以骑车，是因为在吃尽衰老的苦头之后，我又一次感到了健康的喜悦。"

现在他的腰围降到了 31 英寸。"我的心脏也变好了。"他说。

听起来真是诱人。格林对雷帕霉素充满感激，对它的效力有着福音派教徒一般的信仰，然而这种药物的抗衰老效力还从未在人身上验证过。巴尔齐莱表示："目前雷帕霉素对人类还不安全。"这也是他为什么想让 FDA 批准临床试验的原因。他已经筹备了一个项目，专门验证糖尿病药物二甲双胍（metformin）的抗衰老属性——试验称为 TAME：用二甲双胍针对衰老（Targeting Aging with Metformin）。二甲双胍已经在 II 型糖尿病患者身上使用了好几年，因此我们知道它是安全的，但现在巴尔齐莱还想把它用在癌症、心脏病和认知衰退患者身上，看它能否减轻症状、延长生命。"我们需要的是临床试验。"他说。

* * *

那么，衰老本身是个错误吗？

FDA 和同类政府机构都很谨慎，不愿承认衰老是一个种独立的疾病。有人会说，将衰老视为疾病会否定我们生命中的一个基本面向，正是这个面向为生命赋予了意义。也有人根本不在乎这个说法。治愈衰老是一项大事业，一座大奖杯，一些实力最强的硅谷大亨都参与了进来。比如谷歌就在 2013 年创立了 Calico，即加州生命公司（California Life Company），来解决衰老这个"问题"。2014 年，克雷格·文特尔（Craig Venter）又设立了人类长寿股份有限公司（Human Longevity Inc.）以记录 100 万人的基因组序列。公司的目标是攻克老年疾病，延长人类健康寿命。还有前面提到的，马土撒拉基金会也计划到 2030 年发明新的技术，让九旬老人像 50 岁一样健康，奥布里·德格雷的 SENS 基金会就是这个计划的分支。无论是对是错，数百万美元的资金和数百万小时的研究正在投入这项"解决"衰老的事业当中。

在我看来，有关治愈一种自然进程的伦理讨论都无关紧要。要求大家科学地看待这个问题并不算冷酷无情。我们正在尝试治愈癌症、心脏病和其他老年相关疾病，这样做时并不觉得有什么道德两难。但是从科学、技术、社会和经济方面来说，对付这些疾病的更好方法看来还是延缓衰老本身。我当然也有担忧：我怕研究成果只有富人才用得起。

我在本章一开头说，我希望自己能拥有无限的寿命。但实际上，我并不知道自己到了老年会向往什么。我们的大女儿出生的时候，

我们给她取了她 93 岁的曾祖母的名字：莫莉（Molly）。近几年，老
莫莉已经失去了行动能力，基本上只能待在她的家里，却还在那里
独自生活着。我记得她说过，她已经接受了自己必死的命运。准备
好接受死亡，这真是一种了不起的境界。但与此同时，它又是一种
可以理解的态度：你的许多朋友都死了（可能全死光了），你的家人
过着和你迥然不同的生活。再想到许多老年人健康不佳，你就能够
理解为什么有人会接受死亡了。拒绝长寿不该是种禁忌。

09

坚韧

在人生中，你认为的那些在灾难其实并不是灾难。几乎任何事情里都有转机，每一条沟壑里都有一条出路，只要你能发现。

——希拉里·曼特尔《提堂》

我在写作本书、收集资料时，有好些次都因所遇之人的成就自惭形秽。这也是理所当然的事——要是我不被这些人的能力折服，这就算不上是一本关于超凡人类的书了。但是在我的所有采访对象中，有一个人还是尤为突出，那就是卡门·塔尔顿（Carmen Tarleton）。她的故事乍一听会使人深感震惊和难过，但是你一定要听我说下去，因为卡门的遭遇虽然格外残酷，但是她的反应、她的坚韧，却更加不同寻常。

2007年6月10日，在美国东北部佛蒙特州一个名叫塞特福德的小镇，38岁的卡门正和年幼的女儿们待在家里。这时他分居的丈夫突然冲进了屋子。丈夫名叫赫伯特·罗杰斯（Herbert Rogers），他认定了妻子正和另一个男人约会，于是闯进来找这个男人。他没有找到男人，于是开始袭击卡门。"我当时完全丧失了理智。"他后来对警察说。他用棒球棒猛击卡门，打断了她的手臂和眼眶，又在她身上倾倒了工业碱液（一种清洗用的氢氧化钠溶液）。卡门的一只耳朵、两侧眼睑和大半张脸都烧坏了，全身也有80%的面积烧伤。

我在波士顿的布莱根妇女医院（Brigham and Women's Hospital）见到了她的外科医生之一博赫丹·波莫哈奇（Bohdan Pomohac）。"在他人造成的伤害中，这无疑是我见过的最严重的病例之一，残酷程度更是见所未见。"他对我说。

卡门先是给送到了新罕布什尔州黎巴嫩市的达特茅斯-希区柯克医学中心（Dartmouth-Hitchcock Medical Center），她自己就是这家医院的注册护士。中心又用飞机把她转送到了布莱根，为了挽救她的生命，那里的医生用药物使她陷入了昏迷。她的面部几乎完全毁容，家人通过牙齿才认出了她。

当有人遭受严重的头部损伤时，医生可以用巴比妥酸盐使他昏迷，停止他的脑部功能。这样能预防脑在没有充足血液供应的情况下继续运行，进一步损害自身。

在卡门连续昏迷的3个月里，波莫哈奇和他的团队给她做了38台独立手术。她全身盖满了一块块移植的皮肤，这些再加上她几个月里接受的输血，意味着她的免疫系统对至少98%的人产生了抗体。她眼睛瞎了，面部严重毁容，丧失了许多正常的面部功能。她经历了巨大的痛苦，但活了下来，而且在她体内的某个地方，某些东西的萌芽保存了下来。

"即便是我刚刚从昏迷中苏醒的时候，我也知道自己出了大事，奇怪的是，我觉得这对我还有别的意义。"她说，"我觉得我能帮助许多人了。"

卡门开始举办励志演讲。"我的样子很可怕，别人看了都觉得我可怜，但我想告诉大家：我的外表并不重要。"她用行动一举证明了人重要的是内在。她在那段时间的照片令人震惊，我简直想不出她是怎么活下来的，更不要说正常生活了。在我看来，最令旁观者痛心的是她的那对眼睛，因为虽然移植了许多皮肤，她却没有一副像样的眼睑，只在面皮上开了两个圆形小洞，眼球就从里面向往张望。她装了合成角膜，不能眨眼，眼球周围的皮肤是充血的红色。

"我告诉你罗恩，这段经历迫使我从宏观上审视了生命的真谛。那正是我必须前进的方向，因为这次可怕的事件，我发现了一条道路。这不是因为我有什么特别，而是因为事情注定是这样，我要告诉大家：即使遇到这样可怕的事情，你依然可以宽恕对方，可以继续生活。我就已经做到了。"

她说她已经宽恕了前夫的作为。（前夫承认自己犯了伤害罪，由此换来了 30 ～ 70 年徒刑。法官给他定了 70 年的最高徒刑而不是终身监禁，因为终身监禁会自动引发上诉，而包括她前夫本人在内，没有人想再上诉。）"我从来不信宗教，"她告诉我，"我对自己的生命负责。我的遭遇和他的行为都不是我造成的，但那天之后，我肯定要为自己负责。"

即使离开了医院，卡门依然要承受巨大的痛苦。她皮肤上的伤口和多处植皮在愈合的时候变得紧绷，这引起了各种次生问题，影响了她颈部和脊椎的运动，使她无法在没有疼痛的情况下自由运动。为应付这个问题，她服用大量麻醉剂。但她仍坚强地生活着。

2013 年的情人节，卡门的生活又迎来了转机。她成为了第七个接受完整面部移植的美国人。手术主刀者正是博赫丹·波莫哈奇。

波莫哈奇说，在很长一段时间里，她始终没有把卡门当作面部移植术的合适候选人，因为她的免疫系统压力太大了。大量的植皮和输血使她的身体十分紧张，会对几乎任何捐赠的组织发动攻击。但是有几个原因让她迫切需要一张新脸。疼痛和麻醉剂肯定是其中的两个；除此之外，她眼球上的口子也越来越大，已经威胁到人工角膜的完整性。另外她还不停流口水，说话和进食都很困难。

手术在技术上相当成功，但接下来还要对付她的免疫系统。她的身体对新面孔产生了强烈的排异，虽然医生在术后的 4 周里给她注射了大量的免疫抑制剂，但这张新脸依旧受到排斥，现在只剩下一种药物可用了。施用全剂量可以抑制她的排异反应，却也会彻底关闭她的免疫系统，到时候任何轻微的感染都会要她的命。最后在卡门的同意下，他们给她用了一点那种最终药物，转机发生了：这点剂量刚好驯服了她的免疫系统，她一天天好了起来。卡门说，她感觉自己选中的是一条生路。

"患者确实可能靠心理力量挺过治疗，但我的正式观点一定是她本来就有治愈的可能。"波莫哈奇说，"有时候，患者的坚韧真的会出乎你的意料。"

卡门把这张新面孔称作"爱的礼物"："我几乎每天都会想到捐献者谢丽尔（Cheryl）。我收藏了她的几张相片，还在衣柜的把手上挂了一条她的围巾。"

在大多数面部移植术中，接受者的骨骼结构都和捐献者有很大的不同，因此当新面孔长好之后，接受者并不会长成现捐献者的模样。但卡门的情况并非如此。她当然不是和捐献者长得一模一样，但是两人又绝对有相似的地方。当我问她戴着别人的面孔是什么感觉时，她第一次在对话中结巴了。

"这是我人生中的一件大事，我很感激她的……她的面孔带给我，呃，舒适，"她说，"是件难能可贵的礼物。"

4 年后的 2 月 14 日，也就是在她接受移植的纪念日上，她计划出门和男友共进晚餐；而往年这个时候，她会做些稍有不同的安排："有几次我去见了捐献人的女儿，和她一起过了情人节。"

卡门和马琳达·赖特（Marinda Righter）成了朋友，后者的母亲就是谢丽尔，捐给卡门这张脸的人。当年谢丽尔因大面积中风而脑死亡，马琳达向医生首肯，允许他们使用母亲的面孔。居住在波士顿的她描述了面部移植术后，她第一次见到卡门时的情景。医生之前提醒她说卡门的相貌不会像她的母亲，但是在她看来，卡门真像。两人见面拥抱，马琳达抚摩着卡门的脸。"我当时就爱上了卡门。"她说，"我从来没感觉和妈妈这么近过。"

* * *

卡门的身体受到的伤害能轻易置她于死地。她能活下来，本身就很了不起，而更不可思议的是，她的精神不仅挺了过来，还发展出了一些新的东西，在她看来，这新的东西还比她原来的自己更好。使我感兴趣的，正是波莫哈奇有理由不愿谈论的那股"心理力量"。

卡门告诉我，她不会回到过去改变已经发生的事情：她已经成长了太多，再也不是原来的自己了。这种感想，我在本章研究的许多人身上都见过，我们到了第 11 章还会对此再做一番考察：人在遭遇极度创伤之后，反而找到了一条新的出路。

他们是怎么做到的？有人在身体创伤之后存活，这一点并不神秘——正像波莫哈奇所说的那样，从概率上说，有些人本来就能治愈。当他们真的治好了，我们会惊讶以至痴迷，甚至称之为奇迹。我们会牢牢记住这些了不起的幸存者，比如嘉贝丽·吉福斯（Gabrielle Giffords），我们不会耸一耸肩、轻描淡写地说头部中枪也不是一定活不下来。除了概率，如果还有优秀的医疗护理，幸存者的身体就会表现出惊人的修复力，它的效果也许会超出我们的预期。（译注：嘉贝丽·吉福斯，美国众议员，2011 年在会见选民时头部遭到枪击，后被救活。）

然而更令人折服的是他们在精神上的坚韧。卡门对我说，大家都在负面情绪里陷得太深了。她说人要把握自己的人生、选择自己的道路。"我的内心生活和普通人很不一样，"她说，"我有一套不同的信念在支持我的行动。"

有些人可以安然度过创伤，甚至充满活力，而有些人则始终受到恐惧和生理应激的困扰——这两样都是 PTSD 的标志。我在布莱根妇女医院拜访过一位精神科医生，和他探讨过这个问题。这位大卫·乌尔夫（David Wolfe）在名字引人遐想的"转化医学大楼"（Building of Transformative Medicine）工作，是那里的门诊部主任。他对我说了个有趣的现象：那些经受创伤却变得更好的人并不会成为研究对象。病人如果反应很好，就直接被送回家里。精神科医生照看的都是走不出来的人。他说，也许受创伤困扰的人并没有我们想的那么多。

"精神病学和普通人都有这个偏见：我们假定如果某人遇到了坏事，他就一定会出现心理问题。"

　　我们都没有反过来看待这个问题。比如，许多人也许都在童年时受过虐待，但他们大多数都健康地长大了。乌尔夫指出，人的本性就是喜欢预测、假定可怕的事件一定会导致坏的结果。"比如当我们在医院里看见重病患者时就会想：'他们一定很抑郁吧——换了你难道不会吗？'但实际上那些人并不抑郁。"

　　这当然不是说人在遭遇创伤后不会痛苦也无须治疗。根据美国创伤后应激障碍国家中心（United States National Center for PTSD）的统计，每百人中就有七八个在一生中的某个时段出现 PTSD（女性多于男性）。目前美国大约有 2400 万人有相应的症状。乌尔夫想说的是，我们不能假定创伤事件对每个人都有相同的影响。在大部分情况下，人们都能摆脱创伤，这从演化的角度看也是合理的：具有潜在的坚韧力量是一项演化优势。"努力闯过逆境的能力应该是写在我们的 DNA 里的。"乌尔夫说道，"从演化的角度看，为什么有的人闯不过去，这才是令人困惑的地方。"

＊　＊　＊

　　在和亚历克斯·刘易斯（Alex Lewis）闲聊几分钟后，我已经注意不到他的嘴唇其实是肩部取下的一块椭圆形皮肤了。我的脸就像辛普森一家里的爸爸霍默，他说。他嘴上的这层皮肤比脸的其他部位更快堆积脂肪，所以他很容易知道自己有没有长胖：只要看嘴唇有没有变丰满就行了。这确实是一副与众不同的容貌，更不用说他的双手和双足都截了肢，但是我在和他对话的时候注意到了一件事：当我看着他的双眼，我的大脑就自动给他的下半张脸补充了两片正常的嘴唇——这时我假定他是有正常嘴唇的。而当我特意将目光集中到他的嘴上，那张辛普森式的脸就又跳了出来。但是在交谈的大部分时间里，我都注意不到他的嘴唇。我注意不到是因为他是如此友善正常的一个人，和他在厨房里喝茶聊天时我感到非常自然。他喝茶时用的是吸管。

2013 年，33 岁的亚历克斯和他的伴侣露西·汤森（Lucy Townsend）及他们年幼的儿子山姆（Sam）一起生活在汉普郡，经营一间酒馆。对于一个喜欢喝一杯的随和男人来说，这其实并不是个理想处境。

"早上 10 点，我在酒馆里打扫卫生，试喝全部啤酒。接着再干什么呢？接着就有人来看你，于是我们一起喝一杯。下午 2 点又有人来串门，3 点又有人来，这样一直到凌晨 3 点关门。每天都是如此。这已经成了习惯。但其实我不该这样继续下去的。"

他自己没觉得这有什么不好，虽然露西对他整天醉醺醺的样子很不满意。现在回想起来，他觉得自己当时像发了情一样，只不过对象是酒精。"我随便喝下 12 到 14 品脱啤酒和 2 瓶葡萄酒，等睡醒后再喝这么一轮。我当时还没意识到自己已经失控了。"

那年 11 月，他觉得身体不舒服，起初他以为是感冒或咽喉痛。后来他出现了类似流感的症状，并且尿里有血，浑身还长满了紫色的皮疹。他的手指开始有了奇怪的感觉，没法扣上衬衫的扣子。他回忆说，11 月 17 日早晨，露西到酒馆来用力敲门——门锁了，他在里面拿着钥匙。就在下楼梯去应门时，他瘫倒在了地上。"我失去了所有机能，所有认知能力。"

就在他躺在地上不省人事的时候，露西和她的父亲撬开大门并叫来了救护车。幸好救护车离他们不远，才5分钟就到了。他被匆匆送进了温彻斯特医院。

那天，当医务人员努力稳定他的情况时，他的头脑一时清醒一时糊涂。他得了败血症，那是一种由感染引发的免疫系统疾病，导致病人的身体攻击自身的器官。可最初的病因是什么呢？有一个医生认为是钩端螺旋体病(Weil's disease，又名"威尔氏病")。当晚10点，他终于得到了正确的诊断，诊断他的医生以前见过这种疾病。

他的所谓"流感"其实是一种链球菌感染。这种细菌我们都有，它们生活在我们的皮肤表面和身体内部。当它们失控，就会引起咽喉痛和肺炎，但是在某些罕见的情况下，它们也会发展成一种叫作"坏死性筋膜炎"(necrotising fasciitis)的严重感染。这是个医学味极重的术语，一般人不好理解，所以它又常常被称为"食肉菌感染"(flesh-eating disease)。

亚历克斯得的就是这种病。他在送进医院时已经肾脏衰竭，濒临死亡了。重症监护团队对露西和亚历克斯的母亲说，如果亚历克斯到第二天早晨还没有恢复，他们就唤醒他和亲人做最后的告别，然后撤掉他的生命支持系统。他在那天晚上的医生是麻醉主任杰夫·沃森（Geoff Watson），他本来估计亚历克斯只有3%的生存率，但后来他连夜试了一种非常规的疗法，保住了他的性命。（沃森始终没有告诉亚历克斯在他身上做了什么，也许因为那毕竟不是正规的疗法。）

治疗才刚刚开始，接下去的一切发生得很快。亚历克斯被转到了索尔兹伯里区医院（Salisbury District Hospital），那里有精通截肢和整形外科的专科医生。链球菌已经深入肌体，特别是亚历克斯的左臂。外科主任亚历山德拉·克里克（Alexandra Crick）过来看他。亚历克斯跟她打了招呼。他说自己非常礼貌地向她问了好，但对方却告诉他："唔，你左边的胳膊要截肢了，双脚也可能保不住了。"然后就转身走了。

"我躺在那里心想：'这他妈的算什么态度？'"但是他很快他就明白了克里克为什么会对他如此冷漠：病到他这个地步的人，许多都会死掉，因此医生必须对病人保持一定程度的疏离。他们不是不关心病人，而是在用恰当的方式关心。"何况你也不能美化病情，"亚历克斯说，"你要告诉病人精确的信息，不能让他们有非分之想。"他渐渐开始尊重克里克的专业态度，到今天，他说克里克大夫已经成了他最欣赏的人。他在接下来的 3 年里接受了 100 个小时的手术。克里克说她在亚历克斯的余生里都会和他保持医患关系。

克里克最初的那句冷酷评估是正确的。亚历克斯的确失去了左臂，两条腿也都在膝盖上方截断了。"这一切发生得真快。"他回忆说。手术后，他开始了漫长的恢复过程，这时他的悠闲个性开始发挥作用。

"我当时头脑很清醒，目标也很明确：我要好起来，我不是要找回以前的人生，而是要不被悲伤和怨恨吞没，不整天埋怨'为什么是我'之类的。"

他的态度和卡门·塔尔顿的"对自己的生命负责"十分相似，这种态度帮了他大忙。"我向来是个很随和的人。就算喝了很多酒，别人也总说他们根本看不出我喝醉了。我的情绪从来不会大起大落。我总能保持沉着，不太会有压力。"曾经使他的生活一成不变的东西，那种随遇而安的自得态度，现在又使他在失去手足的逆境中保持了内心的完整。他在内心发现了一股积极的力量，那是他之前根本不知道的东西。

亚历克斯在得病之前并没有表现出坚韧的迹象。他小时候不是一个特别顽强的孩子，在感染链球菌之前也没有表现出内心多么坚强。他不记得自己有过这种时候。"你只有栽进了深渊，才知道自己的内心有什么。"这样的话卡门也说过。她以前是一名注册护士，一个普通的母亲，她说在事情发生之前，她从来没有想过人生的大问题，而在事情发生之后，"我也不打算坐在那里哭着抱怨"。

对亚历克斯来说，在被链球菌击倒之后，他的人生轨迹显然就再一路上升了。其中最严重的一个"波动"是又失去了右臂。起初外科医生为他重建了这条胳膊，他向我展示了那次开创性手术的照片：他的右臂从手腕到肩膀整个被切开摊平，感染了细菌的病肉统统挖走，然后再用他肩膀的肌肉填充并且缝合。但是几个月后，就在他躺在床上翻身时，那条手臂咔嚓一声折断了。"我从床上坐起来，右手软软地垂了下来。"

链球菌已经深入骨骼，那条手臂只能截掉。

故事接下来的走向令人难以置信：虽然经历了这些磨难，他大体上却对自己的遭遇心怀感激之情。他觉得自己的生活在朝好的方向发展。你可能会怀疑他的说法，并坚称这是因为他没有别的选择。不过我相信他。他在治疗和康复中遇见的其他人都没有这样达观的反应。像亚历克斯和卡门这样的人真会使你惊讶。

亚历克斯说他和露西从一开始就说好了：露西不会当他的保姆。他们现在的生活并不完全围绕他的残疾打转。露西经营着一间酒馆，酒馆在斯托克布里奇，名叫"测试灰狗"（The Greyhound on the Test），不是亚历克斯病倒的那一家；亚历克斯则经营着一家室内设计公司，两人还创办了亚历克斯·刘易斯基金会（Alex Lewis Trust），专门为亚历克斯的看护和假肢宣传集资，也为其他截肢者慈善团体筹钱。依靠基金会的帮助，亚历克斯在威尔特郡跳了伞，还在格陵兰的北极光下划了皮艇。"我现在的生活是在最奇怪的情况下产生的，"他说，"但我对它出奇地满意。"

他说自己现在的这种积极态度以前是埋藏起来的。"我以前不知道自己有这个能耐。但是当我离开医院，我一下子就变得积极、释然了。"他现在的态度是，接受眼前的一切机会，因为那可能是他会享受的事，或者是儿子山姆可能在未来向往的。"我们到这个国家的各个地方旅游，还到国外旅游，我们是因为转变了态度才成就了今天的自己。现在我对一切都有了新的看法。"

他坚信，总的来说，他的际遇还是正面的。"我认为这是好事。如果当时继续原来的生活，我可能就失去家人——失去露西变成单亲老爸，或者见不到儿子山姆。一想到那个，我比什么都害怕。我认为是链球菌帮助了我，它们给了我一点喘息的机会，让我的头脑变得清醒，戒掉了原来的恶习。"

* * *

没有人能独自走出这样的磨难。我指的不是为卡门和亚历克斯重建生活的外科医生及医护人员，尽管他们很了不起，我指的是守护在患者身边的朋友和家人。你的社会网络是你应对创伤的关键。"对创伤应对良好的人一般都在生活中有着积极的人际关系，而这种关系又会转化成和治疗团队的积极关系。"大卫·乌尔夫说。

亚历克斯得病的消息传开后，人们纷纷到酒馆来询问他的情况。（多喝酒还是有好处的。）"大家一下子就留了 500 英镑的小费。显然我有一张巨大的支持网络，他们都是我做这一行时在酒馆认识的。"

为了有组织地利用收到的大笔捐款，亚历克斯·刘易斯基金会诞生了。

亚历克斯有露西，有家人，还有一班朋友。他最好的朋友克里斯（Chris）会定期放下滑雪教练的工作，从法国的库尔舍维勒飞过来帮他。他帮了很大的忙。就在亚历克斯即将出院回家时，克里斯也开始为他以后的生活担忧了。在医院里有人照看他，在他需要上厕所的时候，有 4 名护工一起帮他上下轮椅。但到了家里怎么办？他那张重建的嘴巴当时还只能塞下一便士的硬币，他的住宅要怎么改造才能让他在家里生活吃喝？像杯子和餐叉这样的简单物品都不能再用了。克里斯表示亚历克斯出院后的前 6 个月他会搬来和他一起住（我们要停下来称赞一下克里斯的伟大友谊）。"如果没有他在，我是不会恢复得这么快的。"亚历克斯说，"他帮助我一点点适应，我们始终在进步。"

卡门的情况也类似：她还没有从昏迷中苏醒，她的一个姐姐就搬来了波士顿，好在她恢复的时候每天都来看她。从卡门出院到接受面部移植的这几年里，这位姐姐一直来探望她。卡门在遇袭后去看了心理治疗师，但她说自己的遭遇实在太特殊，没有人知道该怎么安慰她。"我对母亲和姐姐哭诉了一阵，发了发牢骚，但是一年半之后，我心想这样对我没有好处，就不再牢骚了。"

不出所料，在创伤之后应对良好的人身上，乐观是一种共同的品质。"乐观的反面是无助，那是抑郁的特征。"乌尔夫说道，"心态积极，直面困难，担起责任，主动恢复，这些态度都是大有帮助的。"

乌尔夫还说，当你问这些人是怎么坚持下来的，他们的第一个答案都是家人和孩子。这些坚韧的勇者总在展望未来——当我们考察长寿者，以及在"专注"一章访问埃伦·麦克阿瑟时，发现他们都具有这个特质。成功者设定目标，并朝着目标努力。这又使我想到了卡门，她就有一个清晰的目标："我要在这个困境中找到一条出路，因为除此没有别的办法。我还在养育孩子，还有别的事情想做。我最大的动力是想成为女儿的榜样。"

到现在为止，我们一直在讨论坚韧者表现出的性状，他们的个性、态度及他们对生活的展望。现在我们再深入探讨一下生物学，来看看在坚韧的遗传学原理方面已经有了哪些知识。

* * *

杰森·博布（Jason Bobe）指着办公室墙上的一张海报。我们正在纽约西奈山医院伊坎（Icahn）医学院的遗传学和基因组学系。高楼下方的莱克星顿大道上传来阵阵警笛。

"在基因组学系工作，你很容易认为每一种疾病的原因和治疗方案都在基因里。"博布说。他指的那张海报，上面是一幅巨大详尽的扇形统计图，题为"疾病的决定因素"，其中就反映了这种思考倾向。图上大约1/3的一块都由遗传因素占据。不过也有更大的一块是行为因素，约占40%。其他一些大大小小的区块代表医疗、环境和社会环境，每一块里还分了小块，上面用释文标出了各种风险因素，比如肥胖、压力、营养和已知的遗传因素等。这是一幅详细复杂的统计图。其中透露的信息是：遗传、生物因素是决定健康的主要因素，但除了这两样，还有许多别的原因可以解释人为什么生病。

"你可以把这幅图的标题改成'坚韧的决定因素'。"博布说。他解释道，我们保护自身健康不受侵害的能力可以归结为生物因素、医疗、环境、行为及社会环境："我就是想把手头的项目放到这样的宏观背景里去。"

博布参与的项目，其目的是找出对某些疾病具有保护基因的人。"研究疾病的通常做法是考察那些得了病的人。但这样做其实漏掉了一整个群体——那就是带有严重患病风险，却没有得病，或只是表现出轻微症状的人。"他说。

这个"坚韧项目"（Resilience Project）要找的正是这些人。博布称这些人为"遗传超级英雄"，如果能找到他们，研究他们，或许就能研究出新的疗法，或者预防疾病的新手段。

这方面有几个著名的例子。他们的故事难免使人心酸，甚至使人悲痛，因为他们往往在一群病人中出现，周围的人都死了，只留下他们独自活着。

斯蒂夫·克罗恩（Steve Crohn）是纽约人，身为一名男同性恋，他完整地经历了20世纪七八十年代艾滋病初现时的恐怖景象。在病毒确认的前几年，他就已经眼看着身边的人一个个地死去。在病毒确认之后，他满以为自己也得了这种绝症，因为他肯定已经无数次接触了病原体。他到处拜访医生请教这个问题，终于在洛克菲勒大学艾伦戴蒙德艾滋研究中心（Aaron Diamond AIDS Research Centre）的一间实验室里找到了一位年轻的病毒学家。那年是1994年。

那位病毒学家是比尔·帕克斯顿（Bill Paxton），现在英国利物浦大学工作，当时的他正在招募可能对艾滋病免疫的同性恋男子。他很快发现克罗恩的细胞对 HIV 病毒免疫。他将克罗恩的细胞放进超出常规致病剂量 3000 倍的 HIV 病毒中间，但这些细胞显得坚不可入，这个说法不仅仅是比喻——HIV 会侵入一类名叫 CD4 的特化白细胞，途径是这种细胞表面的一种名叫 CCR5 的分子。而克罗恩有一种突变，他的白细胞上没有 CCR5，因此 HIV 病毒根本进不去。他的这个变异（现在称为"δ32 突变"）使研究者开发出了马拉维若（maraviroc）——一种阻断 CCR5 受体的药物。了解克罗恩这个变异的功能还有助于制定艾滋病的治疗策略。然而克罗恩本人却在 2013 年自杀身亡。[153]《洛杉矶时报》写道，他虽然对 HIV 免疫，却不能免于它带来的悲剧。

另一个例子是来自华盛顿州奥查德港的道格·惠特尼（Doug Whitney）。道格的母亲在 50 岁那年得了早老性阿兹海默症，这是由单个遗传变异造成的疾病。和许多患者一样，她也在不久后不幸去世。这种疾病使道格母亲的九个兄弟姊妹先后死去，也使他的一个哥哥在 58 岁那年身亡。道格自然也为这一天做好了准备。然而他始终没有发病。现在他已经 68 岁，早就过了这种痴呆症的一般表现年龄，却依然没有发病的迹象。

道格认为自己已经躲过了基因子弹，于是在几年前去做了基因测序，但是他发现自己确实遗传了阿兹海默症的基因。这只能说明他的生活或是基因组里有什么因素保护他逃过了一劫。

博布将这些例子称作"膨胀的安全气囊"（inflated airbags）。它们的反面是所谓"冒烟的枪"（smoking gun）——如果你想侦破一桩罪案，那么找到这样一件武器就等于找到了子弹发射的证据。在遗传医学中，冒烟的枪表示发现了你有某种重大疾病的基因。但是在对坚韧的研究中，研究者寻找的却是膨胀的安全气囊，即使你免患某种疾病的保护性因素。在斯蒂夫·克罗恩的例子里，这个安全气囊就是δ32突变。

惠特尼也有一只安全气囊，只是我们还没有找到它。这里头藏着一道科学难题。要知道为什么，我们来看看博布在2016年发表的一篇论文，他的合著者有30人左右，都是来自世界各地的科学家。[154]

这篇刊登在《自然·生物科技分册》（*Nature Biotechnology*）上的论文分析了50多万人的遗传数据。这种多人合作的方式使科学家们得以分享来自12项研究的遗传学数据。这一点相当重要，因为科学家们利用了589306名健康人的样本，而健康人通常是不会出现在遗传学研究中的。

然后他们梳理数据，将目光集中在了基因组中的188个区域上，它们都是已知的致病突变点。他们对所谓的"孟德尔病"（Mendelian diseases）很感兴趣，也就是由单个基因损坏引起的疾病，比如囊胞性纤维症（cystic fibrosis）。研究团队发现了15597名突变携带者。别忘了：这些可都是来自健康人的样本。这就像是帕克斯顿招募对HIV免疫的人，区别在于这次动用了更强大的基因组学分析能力。

接着他们又对这近16000人做了更加严格的评估，以确保他们的遗传数据是可靠的、他们确实携带了致病基因，也确实没有表现出症状。经过这轮削减，对象的数字只剩下了13人。这是13位出人意料的英雄，他们拥有一种隐秘的超能力，能在严重的遗传疾病面前保护自己。

这13人的身上都携带危险的突变，它们有的会导致囊胞性纤维症，有的会导致引起学习障碍的史–莱–奥综合征（Smith-Lemli-Opitz syndrome），还有的会导致一种称为"斐弗综合征"（Pfeiffer syndrome）的障碍。这最后一种疾病会使婴儿的颅骨过早闭合，头颅内的脑组织还会生长，颅骨却无法随之一起扩大。（我见过一个得了这种可怕疾病的婴儿，也参观了为他减轻颅压的手术。你可能想到了：它需要在病人的颅骨上锯出开口。主刀医生告诉我，那个可怜的孩子颅内压实在太高，把他的眼球都从眼眶里顶出来了。[155]）这些都是残酷的疾病，常常致人死亡，但是这 13 个人除了有致病基因之外，他们的另外几千个基因里还有什么东西保护着他们。

　　我们常把基因想象成一根线上的一串珠子——至少我是这么想象的。但这个意象这大大低估了基因的复杂性和这根"线"的长度。基因其实更像是一条铁轨上的一列列火车。要用博布的方法找到保护性基因，也就是找到那些"安全气囊"，研究者需要有更大的数据集，这也是为什么他们采用了我提到的合作式研究法。有了更大的样本，他们才能寻找更多意料之外的英雄，并发现他们自我保护的原理。这确实也是他们正在做的事：由西奈山医院和华盛顿州西雅图的"智者生物网络"（Sage Bionetworks）合作开展的坚韧项目，正准备从 100 万名健康者的身上获得序列信息。他们接着还会梳理海量数据，从中找出可能对特定个人形成保护的微小变化。

　　除此之外还有一条研究途径：你不必像博布那样在数字庞大的多样人群中寻找罕见的基因，而是可以在基因相似的小型人群中寻找。

　　你应该知道这样一些地方，那里人人都彼此熟识，外人一旦进入就像回到了古代。请想象这样一个地方，并想象它在时间和空间上更加遥远。比如克里特岛上的一个孤立山村，或是美国宾夕法尼亚州的一群过着旧式生活的阿米什人、又或是纽芬兰的一个因纽特人渔村。这些地方一般没有多少外来基因。这意味着那些群体中的遗传多样性较低，罕见基因的出现频率高于通常情况，因此更容易找到。这也是为什么我们在第6章中见到的音乐基因猎人要去蒙古的原因。

这正是埃莱夫塞里娅·泽吉尼（Eleftheria Zeggini）采用的方法。她来自英国剑桥城外的维康基金会桑格研究所（Wellcome Trust Sanger Institute），研究的正是克里特岛、宾州和纽芬兰的孤立人群。

泽吉尼指出："克里特岛上的村民早中晚三餐都吃羊肉。"他们食谱中的动物脂肪高得出奇，自然，岛上的肥胖症和Ⅱ型糖尿病的发病率也和希腊平均水平一样高。然而这些村民并不患有通常伴随肥胖出现的并发症，反而以健康长寿闻名。泽吉尼猜想是他们体内有保护性的遗传因素在起作用——用博布的话说，就是有膨胀的安全气囊。于是她搬到这些村子里，收集尽可能多的村民信息，为他们量血压，测出血样中的脂肪含量，还用问卷调查他们的饮食习惯，并采集他们的DNA样本。

泽吉尼的团队轻松测定了1500多位村民的全部DNA，这有力地显示了从人类基因组的第一次艰难而昂贵的测序之后，基因组学已经在15年间取得了怎样迅速的发展——要记住，最初的人类基因组计划耗费了10年时间、30亿美元才终告完成，而在桑格研究所，他们用30分钟左右就能处理一套完整的基因组了。

在分析了全部信息之后，泽吉尼发现这些村民拥有3个罕见的遗传变异，它们要么不在普通希腊人或欧洲人体内出现，要么出现的频率低得多。这3个变异和心脏保护有关：它们的携带者能比常人更加高效地处理脂肪。"这很有趣：我们知道他们的饮食习惯不好，但他们的死亡率却没有我们想的那么高。"泽吉尼说。

同样有趣（而且有益）的是，在泽吉尼研究的阿米什人群中也出现了这样的一个变异。而他们的饮食中动物脂肪占比同样很高。她当初要是在五方杂处的英国人中开展这项研究，就会受到遗传多样性的巨大干扰，她可能要对 7 万人开展测序，才能达到发现这几个变异所需的统计功效。

* * *

在寻找引起和预防疾病的因素方面，博布和泽吉尼这样的科学家处于前沿。注意我说的是"因素"，而不仅仅是基因。就像博布在办公室里对我说的那样，人会生病有许多原因。就算找到了和疾病相关的基因，我们也很少能得出"你有这个基因，就会得这种病"的结论。固然有些疾病是上面提到的孟德尔病，例如家族式阿兹海默症或囊胞性纤维症，只要有了那些基因就一定得病，但是大多数疾病，连同绝大多数性状，都比这复杂得多，都受到许多基因的共同作用。坚韧就是这样一种复杂的性状。

"我们怎么才能让自己和家人在疾病面前更加坚韧呢？这就是我现在的课题。"博布说，"我们正尝试开展系统的研究。"

有些坚韧的素质是可以传授的。安·马斯滕（Ann Masten）是明尼苏达大学明尼阿波利斯分校神经行为发展中心的一位心理学家，她把坚韧的力量称为一种"日常魔法"（ordinary magic）。[156] 这种魔法任何人都可以使用。我们在上一章认识的战斗英雄约翰·汉弗莱斯说过，他认为自己的积极性格是天生的，但这样的说法可能使其他人感到不适。从这个说法再前进一小步，我们就会去指责那些人生观并不总是积极的人。但这个说法是完全错误的。伦敦南岸大学尼米·胡特尼克的团队表示，坚韧虽然是生物、心理和环境等因素的复杂结合，但或许还是可以教授的。未来我们或许能用药物干预延长健康寿命，在那之前有必要指出，使精神坚韧的锻炼方法是可以学会的，并可以用来增进我们的健康和幸福感。

　　或许，就连普通人体内也蕴含着超强的坚韧精神，但是我们需要别人的引导和支持才能唤醒它，这个别人可以是心理治疗师，也可以是我们的朋友。我们需要帮助来变得乐观，需要鼓励来获得自控，需要助力来承担责任。我们还需要一定的自爱。稍稍有点自恋是好事！我们要为自己争取，这样才不会在工作和人际交往中受到亏待。我们要保持自信又不能贬低他人，要有积极的自我形象又不至于狂妄自大。这些人格特质的结合会促使你不断前进。它们中的一些是可以塑造的，只要你天生具备这个潜能就行。

10

睡眠

我躺下准备入睡，却看见一幅幅未知的图形。

有符号在眼皮背后自行勾勒，

犹如勾在黑暗墙壁之上。

在清醒和沉睡之间的缝隙，

有一个大写字母想挤进来，却不太成功。

——托马斯·特兰斯特罗默《夜曲》

那将忧虑的乱丝编结起来的睡眠，

那平常生活中的死亡，酸臭劳工的沐浴，

受伤心灵的香膏，大自然的主菜佳肴，

生命盛筵上的主要营养……

——威廉·莎士比亚《麦克白》*

---

* 特兰斯特罗默（Tomas Tranströmer，1931—2015），瑞典诗人。
《麦克白》参照朱生豪译文，略有改动。

　　我的头部被测量并分成了 4 个象限，头皮上也用红色铅笔做了记号：我就像一头牛的剖面，各个部位都被屠夫做了标记。这些标记的位置待会儿都要贴上电极，并在夜间记录我的脑部活动。博士生大卫·摩根（David Morgan）将在走廊里的一间控制室监控我的睡眠，现在他正用一只蘸了摩擦胶的耳塞擦拭我头皮上的各个位置，这是为了去除死皮并使皮肤软化，一会儿好贴上电极。"耳朵后面要擦仔细点，"他的导师亚克·塔米宁吩咐，"那里有很多细菌。"他接着又对我说："你别介意：因为大多数人都不洗耳朵后面，所以我要关照一声。"

　　他们给我戴上了一张电极网，用来记录我额叶、颞叶和顶叶的信号。我的眼睛边上也贴了电极，以测量我在 REM（快速眼动睡眠——见下文）期间的眼球运动；我的下巴上也贴了几个，用来测量我的肌张力。在 REM 睡眠期间身体是麻痹的，这是为了防止你将梦中的内容表演出来。最后一枚电极贴在我的眉心，弄得我像一个印度教徒。据我所知，那正是我"天眼"的"脉轮"（查克拉）所在。这些电线在我的脑后收成了一条马尾辫，使我仿佛一个"半机器人"，它们接入墙上的一个装置，信号将在那里接收放大，而这信号就是我的脑电波。

　　我们会将忽然产生的想法比喻成"来了一阵脑波"，但脑波也是真实存在的东西，它们大小各异，就像海洋里的水波。它们是脑中神经元的电活动，在我们入睡之后，它们就会充分同步，形成可以识别的模式。眼下，在伦敦大学皇家霍洛威学院（RHUL）心理学系的这间睡眠实验室里，我正在寻找我自己的模式。

　　这本书写到睡眠这个主题，有点反常。在我探讨的所有性状中，它也许是人们了解最少的一个，对它的科学研究只有很短的历史。睡眠到底有什么用？我们知道，细胞会在睡眠时修理、保养自身，这就是睡眠的修复功能之一。睡眠还在记忆存储中发挥作用。但它究竟是怎么做到的呢？

还有一个原因使它在这本书里显得奇怪：乍一看，我们并不清楚"良好睡眠者"到底是什么意思，更别说"超凡睡眠者"了。它是指某人每晚只睡 5 小时却依然精力充沛吗？还是指某人睡眠超过 10 小时，但事业如日中天？这两个类型的例子我们都要考察一番。我们还会遇到一个人，她根据自己的情况调整了睡眠规律，她将睡眠分成小块，分散在 24 个小时的时段内。我们还会遇到一些异人，他们能控制睡眠中最显著的现象：做梦。我在将睡眠选作一个主题时有过犹豫：第一，睡眠是一种普遍现象，不仅人会睡眠，我们知道的一切生命形式都会；第二，良好的睡眠并非超能力，而是每个人不可或缺的活动。幸好，和别的性状不同，睡眠是我们都可以精通的技能。

当塔米宁确认贴在我头皮上的电极正在如实记录之后，他就和摩根向我道了晚安，消失在了控制室里。现在大约是晚上 11 点，他们通过对讲机告诉我会在第二天早晨 7 点将我唤醒。然后，他们用我恳求女儿的口气对我说，请睡觉吧。

* * *

有时，生活中的意外会将你领上一条奇怪而意想不到的路。1892 年，德意志帝国骑兵部队的见习士兵汉斯·贝格（Hans Berger）

从马背上跌落，倒在了一辆拖着加农炮的马车前面。你可以想象那种心脏骤停的感觉：就仿佛死亡逼近的时候，时间也慢了下来。在这件事里，死神的形象就是几匹拖着大炮踏步前进的马。然而死亡并未降临——炮车及时停止，贝格也活了下来。这里还有一个奇怪的巧合：在遥远的某处，他的姐姐产生了一种强烈的感觉：弟弟汉斯有危险了。姐姐恳求父亲给汉斯发一条电报，确认他是否安全。当汉斯接到电报时，他自然是震惊：姐姐怎么知道的？他对这件事着了迷，一定要弄清楚自己的脑是如何向姐姐发送信号的。

贝格成了一位精神病学家。他在职业生涯中始终受到一股渴望的驱使，那就是理解人脑中的能量。1924 年，他记录到了第一幅人类的脑电图（EEG）。现在 EEG 和 fMRI 相比已有些黯然失色，因为后者能清晰地显示脑的深处发生了什么；但 EEG 也有它的优势（除了成本远低于 MRI 之外）：它能让研究者观察脑部每毫秒的变化，这点是目前的 MRI 无法做到的。另外戴着 EEG 电极入睡也比较轻松，比一动不动地躺在棺材似的 MRI 仪器内部听着它的咆哮容易多了。

果然，我在这间睡眠实验室里睡得很好。贴满头皮和面皮的电极并不碍事，反倒是外面喝醉的学生发出的哭号和那个陌生的枕头打搅了我的睡眠。我做了几个怪梦，在半夜被几个开歌会的学生吵醒之后，我想起了它们。我本来并不觉得在睡觉时被人监控有什么困扰，但是第二天早晨，我在电脑上观察自己昨晚的睡眠记录时，才意识到这些科学家对我的了解深入到了什么程度。"你睡着得很快，"塔米宁说边在屏幕上滚动我脑部活动的 EEG 图像，"你是在这里睡着的。在这里有了一些扰动，但只是翻了翻身，原因还不知道。"这个男人我昨天才刚认识，现在他却已经掌握了我的睡眠情况。

睡眠分成 5 个阶段，编号从 1 到 4，第五个是 REM。每天晚上，我们都会依次经过这五个阶段，然后回到第一阶段重新开始。我们在每个阶段停留的时间比例会发生变化，变化的原因有很多种，比如我们的年龄有多大，我们是否喝醉了，是否吃了药，又是否在为什么事情感到不安等等。第一阶段是浅睡眠，它也是清醒到睡眠之间的过渡阶段。平时我很快就会经过这个阶段，但那天在睡眠实验室里我却辗转了很久，因为外面总有噪声把我拖到意识的表层。塔米宁向我展示了这个振荡过程的一条长尾。之后的事就更有意思了。他要找的是一段纺锤形的波。这枚纺锤是我进入第二阶段的标志。

在 EEG 的记录中，你除了看见构成一晚睡眠的大量跳跃和振荡之外，还会看见一些持续半秒左右的爆发性活动，频率都在 12 ~ 14 赫兹之间。这些就是"纺锤"，它们源自脑部深处的丘脑发出的痉挛。这些纺锤可能和脑部对新信息的整合有关，因为它们似乎能让脑变得更有弹性，也就是更乐意接收新的信息。

塔米宁解释说，我们在白天学习新的信息，它们会很快被海马编码。这是一种短期记忆储存，到夜间还需要巩固。于是它们被传送到新皮层，那是脑中一片庞大而重要的区域，负责语言习得和感官知觉。当我们思考时，这片区域就会变得十分活跃，那些纺锤或许就是这片区域的守门人。有人提出，纺锤出现得更慢更长的人有更高的智力，[157] 所以当塔米宁说我的纺锤不太好时，我就有些沮丧。

我们继续翻看我的脑在无意识状态下的电输出。我觉得塔米宁真了不起：在我眼中仿佛是钉子和划痕的波形，他竟然能从中看出不一样的意思。我们发现了一枚形状较好的纺锤。他说我的脑波正在变慢。δ 波出现了，它们最先出现在睡眠的第三阶段。我们继续翻到第四阶段，波形变得更加显著。这里已经是慢波睡眠，而第三和第四阶段又统称为"深睡眠"（deep sleep）。波形轻柔地滚动，就连我这个没受过训练的人也能看出它的起伏了。这种波形下的我对周围的一切已经毫无知觉。人一旦进入深睡眠就很难醒来，如果你硬是把他叫醒，他常常会迷迷糊糊的，就好像刚从奇异国土回来似的（看着眼前的脑电图，或许说"奇异海洋"比较合适）。他之所以迷糊是因为操作系统正在重启，要过一会儿才能再度上线。

我们继续翻看，在我昨晚的脑波里划桨前行。EEG 很快又变了，塔米宁说我进入了 REM。贴在我眼睛上的电极开始出现波峰和波谷，说明我的眼球正在眼皮下转动。我向来有个疑问：在睡眠的这个阶段，眼球是在不受控制地乱动，还是在观看梦中见到的东西？正确答案多半是前者，因为我们已经知道，人在非 REM 阶段也会做梦，而我们在 REM 阶段转动眼球时，也未必就是在做梦。连接我下巴的 EEG 始终是一条直线，说明我的身体处在麻痹状态。

深睡眠容易出现在上半夜，到了下半夜，REM 睡眠的时间会变长。睡眠者常会在几轮 REM 后短暂苏醒。塔米宁，这间睡眠实验室里的梦神，在我的 EEG 中指出了一阵突然爆发的活动。

"你在这里醒了一下，"他看着时间标记说，"大概是早上 5 点，你记得吗？"

我真记得。我确实醒了，我听见乌鸫在窗外歌唱，心想或许到了起床时间。我之前梦见自己坐上了一条去利物浦的渡船，还在海边的皇家利物大厦上看见了城市象征"利物鸟"。很快我就又睡着了。

随着夜晚即将结束，我的脑波之海也汹涌了起来。"现在你变得躁动了。"塔米宁说，"你很快就要醒了。"

* * *

在睡眠实验室里度过一夜之后，我回到了家里，望着窗外。我看见一只狐狸在花园的草地上蜷着身子，正在阳光下打盹。附近的某条街上传来轿车关门的"砰砰"声，狐狸的耳朵抽动了几下；当邻家的花园传来孩子们的叫喊，它又抬头望了望。它是永远进入不了深睡眠的吧？永远没法彻底休息。过了一会儿我又朝外望了望，狐狸还在睡觉，但它已经从苹果树下挪动了位置，好避开树荫，追踪阳光的温暖。

狐狸会在一天的 24 小时里抓紧小段时间睡觉：它们的睡眠是多相的（polyphasic），不是我们的这种单相睡眠（monophasic sleep）。许多哺乳动物都像狐狸这样睡眠，尤其是那些体型较小的动物，因为它们即使睡着时也在迅速地燃烧能量，需要经常醒来觅食。狗和猫都是这种情况。因为这些动物的示范，加上常常要坐飞机，而且要做的事情又实在太多，使得美国发明家和建筑师巴克敏斯特·富勒（Buckminster Fuller）也采取了多相睡眠的模式。

1983 年，富勒在 87 岁上去世。他是个始终跟着内心的鼓点前进的人。三十多岁时，富勒曾将一天划分成 4 个 6 小时的模块，他在每个模块中工作、吃饭、生活（但主要是工作），并在每两个模块之间小睡 30 分钟。他将这种地狱般的作息称为"最高效睡眠法"（Dymaxion sleep），并将这个习惯保持了两年。但是就算他在和常人一样睡眠时，他也以不知疲倦、充满干劲和富有成效著名。毫无疑问，富勒的一生成就斐然：他出版了 30 多本著作，也发明了许多东西，其中最有名的或许就是网格穹顶（geodesic dome）了。当一位睡眠研究者对我提到他的名字时，我第一个想到的就是由 60 个碳分子组成的足球形状的"富勒烯"——叫这个名字就是因为这种物质的结构很像富勒的网格穹顶。除了发明之外，富勒还充满了灵感和远见，他创造了"地球号太空船"（Spaceship Earth）的说法，以此表达地球是我们共同的家园，我们必须以可再生的方式使用地球上的能量和资源。

富勒无疑是一位堪称超凡人类的睡眠者。我们很少人能像他一样对人类做出这么大的贡献。他是怎么做到的？是用强大的意志迫使自己遵循那个睡眠规律？还是有什么内在的力量在驱使他工作，并在睡眠不足的情况下为他输送能量？又或者是有一股内在的能源在阻止他长久睡眠？

我们的目标虽然比较平凡，但我们也想为社会、自己、朋友和家人多做些贡献。我们想拥有富勒那股不知疲倦的劲头，想和他一样拥有多余的时间。他的例子启发了一批睡眠黑客，他们坚信每晚 8小时的休息标准是不自然的，甚至在阻碍我们进步——至少他们认为那不适合他们。

富勒本人早已沉入了永恒的睡眠，但是几位多相睡眠的当代先驱已经接过了他的火炬。玛丽·斯塔韦尔（Marie Staver）是波士顿的一名项目经理，她在学生时代自创了"超人睡眠体系"（Uberman system），用来应付写作及修改课业文章和时时出现的疲倦。她当时还受失眠的困扰。受到富勒的鼓舞，她认定常规的单相睡眠并不适合自己。如果你认为 Uberman 这个词和希特勒鼓吹的 Übermensch 有些相似，那是因为后者正是斯塔韦尔和一个朋友最初起的名字。也许他们是想把这个词从希特勒那里夺回来吧，但最终他们还是选了稍稍不那么具有尼采意味的 Uberman。这套体系主张一天小睡 6次，每次 20 分钟，两次小睡相隔 4 小时。这样你就只要在一天 24小时内睡 2 个小时，并能像超人般地保持 22 个小时的清醒了。斯塔韦尔表示，人在刚开始调整到这个激进的作息规律时会很痛苦，会出现包括流感、头痛和阵发性的焦虑及抑郁症状。不过一旦适应了它，两周之后，你就会得到回报，你的产量会大大提高，精神也会更好。"这种作息需要一些努力才能维持，但是考虑到它的益处，这是绝对值得的。"你需要设定闹钟，在 20 分钟的小睡之后将自己唤醒，但是斯塔韦尔表示，她曾在睡到 19 分钟时刚好醒来。

现在斯塔韦尔早就不当超人了——她只坚持了 6 个月就被她所谓的"社会因素"打断了。不过在过去 9 年里，她又采取了另外一套多相睡眠体系，称为"常人 3"（Everyman 3，简写为 E3）。在这套体系下，你每天夜里可以一次性睡足 3 个小时，然后在白天小睡3 次，每次 20 分钟。这样每过 24 小时，你就能比我们其他人多出 4小时的清醒时间。

斯塔韦尔表示，要判断"常人"是否比"超人"简单是很难的。也许这就像是问一名超级马拉松选手，一场 24 小时赛道赛和一场100 英里山地赛哪个更简单一样。"对大多人来说，E3 最容易和他们的常规作息对接，不需要剧烈地改变生活方式（和超人相比）。"她还表示，在 E3 模式下，你可以做一份朝九晚五的工作，只要在午休时能小睡一会儿就行了。因为有 3 个小时的核心睡眠，所以它一开始只有比较轻微的睡眠剥夺，但是要适应整个体系还是要多花点时间的。"对我来说，目前是 E3 比较容易，因为我的生活在其他方面无法支持最高效睡眠法，但是我还在努力，一旦调整好了，我就切换到超人模式。"她说，"和单相睡眠相比，我还是更喜欢 E3。我现在每天都能多出 4 个小时，精神也更好了。"

不过我也理解她为什么觉得 E3 是一种作弊。"我最喜欢的还是纯粹的多相睡眠，"她坦白说，"那是更有挑战的模式，但常人 3 也是好东西，对吧？"

和我在这本书里遇到的许多人一样，我感觉自己和斯塔韦尔的能力相差甚远。我是一个乏味的老单相睡眠者。我常听别人谈论"开夜车"，但我记得这种事我只做过一次，是在写博士论文的时候。那天我在实验室里干了一夜，第二天早晨在系里常规的咖啡休息时间见了几个朋友，身上还穿着昨天的衣服。接着我就跌跌撞撞地回了家，倒在床上睡了几个小时。我无法想象维持多相睡眠的习惯需要付出多大的努力。但斯塔韦尔却说，维持单相睡眠才辛苦。

她可以很容易地在一些奇怪的地方睡着，像是轿车里、空沙发甚至大街上。当她刚开始适应新的睡眠习惯时，真的有过头一碰枕头就睡着的经历，但是她说一旦调整完毕，她会在躺下后 5 分钟左右睡着。这段 5 分钟的入睡时间（sleep latency）是健康正常的，但是对于 20 分钟的小睡来说，5 分钟又实在是很大的浪费。采取这样的作息，她真的能感到清醒警觉吗？"我每次醒来时精神都很好，在下一次小睡之前基本不会感到疲倦。我完全不觉得和单相睡眠时相比我需要更多的睡眠次数，实际上我的睡眠次数反而比以前少了。"我很难对她说的这些开展独立验证，因为我们并没有见面，只是通过电邮交谈而已。

我问她寂不寂寞。她说："这确实要花点时间适应：在你清醒的许多时间里，别人都在睡觉。但那些都是富有成效的时间，如果我真的需要和别人交流，也很容易在深夜找些事情和别人一起做。"

　　她把这些多出的时间称为"无人时间"（non-people hours），她说她主要用这些时间来写作和练太极。太极是中国道家的冥想训练，也是武术拳种太极拳的基础。"太极"的大致意思是"极致的极致"或者"伟大的根本"，指的是一种潜能无限的状态。也许是我想太多了，不过我总觉得这听起来和尼采的"超人"概念有些相似。

　　斯塔韦尔称得上是多相睡眠的布道者。她当然不主张人人都适合多相睡眠，但她也不认为人人都适合单相睡眠。互联网上有一大群多相睡眠的铁杆拥护者。还有许多人明显有长期缺乏睡眠的经历。美国在 2004—2007 年间调查了 66000 名平民工作者的睡眠情况，其中有 30% 自称每晚只睡 6 个小时或更少。在高级管理者中间，这个比例是 40%。斯塔韦尔觉得，随着社会施加给个人的工作压力越来越大，我们要做的不是呼吁人们别把智能手机带进卧室，或者教育大家每天至少不受干扰地睡满 7 个小时的必要性及好处，而是应该探索别的方法来破解原来的睡眠体系："长期睡眠不足或是日夜颠倒，对健康非常不利，我们都知道这一点。但是整个社会在这方面做得很少，几乎毫无作为，我们没有鼓励人们获得优质放松的睡眠，也没有在他们无法'失去意识达 8 个多小时'的情况下给他们别的选择。"

　　单相睡眠几乎成了一种霸权，强迫大多数人接受 8 个小时的睡眠单位。实际上有许多人需要比 8 小时更多的睡眠，但我们却给彼此施加越来越大的压力，强迫大家时刻保持清醒高效。

　　斯塔韦尔说睡眠不足有害健康，她当然是对的。我们也肯定需要更多睡眠。但是我对多相睡眠最大的担心是它的健康风险。它对你有不利的影响吗，我问她。

"适应多相睡眠的过程确实对人的身体有不利影响，我也肯定不建议体弱多病的人优化睡眠习惯；"斯塔韦尔说，"可是一旦你适应了多相睡眠，就我看到的情况，我认为它绝不会有任何危害。巴克·富勒和我都在切换到多相睡眠之后定期看医生，我们的身体都很健康。"

多相睡眠已经得到了专业研究。美国航空航天局（NASA）知道宇航员常常每晚只能睡 6 个小时，[158] 而实验显示，小睡能增强工作记忆。身为帆船选手的埃伦·麦克阿瑟在环球航行时也不得不采取了多相睡眠的模式。她还为此征求了神经科学家克劳迪奥·斯坦皮（Claudio Stampi）的意见。斯坦皮是马萨诸塞州牛顿市生物钟学研究所（Chronobiology Research Institute）的负责人，专门帮助单独航行的水手应付睡眠问题。

但是在关键的一点上，麦克阿瑟在航行期间的睡眠却不同于斯塔韦尔体系的精准计时：麦克阿瑟一有机会就抓紧睡觉，但也常常需要跳起来检查情况。她告诉我："影响你睡眠的最大因素是体内涌动的肾上腺素。"在那次打破纪录的航行中，她的许多篇航海日志都提到了她的血管是如何注满了肾上腺素，使她无法入眠，她的身体已经疲劳到极点，但头脑还在飞速转动。"除了少数几个安全的时刻，在环球航行中你随时可能倾覆，因此睡觉的时候也要手握缆绳。你每次睡觉都只有 5 分钟、9 分钟长，偶尔能睡个 20 分钟；睡一小时的情况太少见了。"她说。

和我面谈时，她明确指出了独自环球航行中最艰难的事："不是说身体不辛苦，但最辛苦的还是睡不好觉。有时候根本睡不着。那太危险了。"

在执行宇航任务、开战斗机甚至是独自环球航行时来一阵多相睡眠，这是一回事。而在平日里长期保持多相睡眠，那就完全是另一回事了。我们不知道长此以往会有什么后果，因为我们对睡眠的功能还了解得不够。我应该再去拜访几位睡眠科学家。

* * *

要找到盖伊医院（Guy's Hospital）的睡眠障碍中心，你就得在伦敦的博罗市场对面拐进一条不起眼的小巷子。我听过有人把这里说成是《哈利·波特》中的对角巷。我在那里遇到了盖伊·莱施齐纳（Guy Leschziner），他是中心的神经科主任和临床项目负责人。在场的还有迈尔·克里格（Meir Kryger），他是研究睡眠的传奇科学家，来自耶鲁大学医学院，我拜访盖伊医院时他正好也在那里工作。克里格是第一个在北美诊断出睡眠呼吸暂停（sleep apnoea）的人，关于睡眠已经发表了几本著作和数百篇论文。除了这两位我还见到了阿德里安·威廉姆斯（Adrian Williams），他是盖伊医院的睡眠内科主任，也是英国睡眠基金会（British Sleep Foundation）的创始人之一。"如果你想明白睡眠的功能，"他用歌唱般的声音说道，"你就剥夺动物的睡眠。"

20世纪初，俄国人曾用狗来做这样的实验。结果不出3天狗就死了；而如果剥夺饮水，它们还能坚持八九天的时间。"这说明说睡眠比水还重要。"威廉姆斯说。他说出这个重要判断的时候一副轻描淡写的口气，就像在说"雨是从云里掉下来的"一般。

他还向我介绍了美国睡眠研究的先驱、芝加哥大学的艾伦·莱希茨沙芬（Allan Rechtschaffen）在20世纪80年代开展的几项经典

实验。[159] 莱希茨沙芬发现，如果完全剥夺大鼠的睡眠，它们会在约
2 周后死去。如果只剥夺它们的 REM 睡眠，它们会在 4 周后死去。
随着睡眠剥夺的进行，大鼠的行为也会发生变化。雄鼠变得性欲高涨，
"开始和石头性交"，威廉姆斯用沙子一样干巴巴的声音说道。

　　我想起了兰迪·加德纳（Randy Gardner）的例子。1964 年，还
是美国圣地亚哥一名青少年的他心血来潮，决定在尽可能长的时间
里保持清醒。他真的坚持了很长时间，总计 264 个小时，相当于 11
天再多一点。他至今保持着不使用药物的情况下、主动保持清醒最
长时间的世界纪录。

　　有人说兰迪在不睡觉的这段时间里没有什么变化，但也有些目
击者说他的短期记忆受到了损坏，出现了幻觉，变得激动而偏执。
在创造纪录的这段时间里，他受到了美国海军精神病学家约翰·罗
斯(John Ross)的监督。[160] 下面是罗斯在第十一天时对加德纳的报告：

> 　　他面无表情，口齿含混，声音没有起伏，要别人鼓励才肯开口
> 对话。他的注意力只能维持很短时间，心智能力也变得很弱。
>
> 　　我对他连续开展了 7 次测试，要他从 100 开始做减法，每次减 7，
> 加德纳只减到 65（也就是 5 次减法）就停止了。我问他为什么停下，
> 他说他不记得自己该做什么了。

　　不过他在恢复睡眠后状态很好，也没有出现任何长期健康问题。
　　我们都知道缺乏睡眠会使人情绪多变。埃伦·麦克阿瑟在环球
航行途中，她的支援团队就常常发现这一点。出现这种情况是因为
脑中负责决策的前额叶皮层和那对神秘而可怕的杏仁核已经无法沟

通，而杏仁核管理的正是人的恐惧和情绪。不过那些被剥夺了睡眠的大鼠并非死于多变的情绪。

"那些完全被剥夺睡眠的大鼠是在一种极坏的状态中死去的。"威廉姆斯说道，"它们体温下跌，胃口变大，但体重却越来越轻。它们的毛发脱落，肠道也崩解了。"

听到这里，我有点不知该怎么应答，克里格帮我接上了话："它们死得很惨，那看来是一种代谢死亡。这些可怜的啮齿类动物经受了极大的压力。"

一旦你忽略了这些实验的恐怖之处（关押大鼠的笼子有旋转地板，会在它们睡着时把它们扔进水里），你就会注意到一个有趣的事实：单单剥夺这些大鼠的 REM 睡眠也会导致它们死亡，虽然速度可能慢一些。那么，我们从中可以看出睡眠的什么功能呢？

有些假说认为，睡眠和复杂动作行为的练习有关；我们已经知道睡眠对记忆的巩固而言不可或缺[161]，并且它还有恢复细胞功能的作用。[162]

这也许就是为什么婴儿的 REM 睡眠较多的原因：他们在学习控制自己的动作。

"婴儿的一天有 12 个小时在 REM 睡眠中度过。"克里格说，"但我们不知道他们会不会做梦，如果会的话又是什么梦。"

成人在 REM 睡眠中度过的时间也因人而异。

"我们见过一些吃抗抑郁药的病人，这种药物会显著减少 REM 睡眠，在有的情况下还会使它完全消失。我们不知道 REM 睡眠在成年后有多重要的功能。也许它只对婴幼儿具有重要作用，在成年后就变得不那么重要了。"莱施齐纳说。

它的作用或许是处理在日间体验到的情绪。这里还有一些基本的谜团，比如我们还不知道不同睡眠阶段的功能是否会在一生中发生变化。"也许我们的身体设计成了 40 岁就要死去，因此从演化的角度看，40 岁以后 REM 睡眠就不承担重要功能了。"

我们或许不知道 REM 睡眠的功能，但我们都知道它最著名的一个结果。

＊　＊　＊

读读下面这段文字："Scrambled eggs — oh my darling how I love your legs。"你有没有自动在里面插入了一段旋律？没有？再试试这段："Yesterday — all my troubles seemed so far away。" *

这首有史以来录音最多的歌曲，它的旋律是 1964 年保罗·麦卡特尼在一个酒店房间里睡觉时梦到的。醒来后，麦卡特尼知道自己梦见了不得了的东西，他匆匆记下了进入头脑的前几句歌词，以免忘记。当乔治·马丁第一次听见歌曲小样时，它的标题还叫"炒鸡蛋"。†

镜头切换到一年后的另一个酒店房间。基斯·理查兹从梦中醒来，脑子里还回荡着即将在音乐史上大放光彩的一段吉他即兴曲。他抄起吉他，对着一部录音机把这首"（我无法）满足"（[I Can't Get

---

*　本段最后一句出自英国"披头士"乐队（The Beatles）的名曲"昨日"（Yesterday），意为"昨日——所有烦忧似都远去"；而第一句意为"炒鸡蛋——哦亲爱的我是多么爱你的双腿"。

†　麦卡特尼爵士（Sir Paul McCartney）曾是披头士的重要唱作力量，乔治·马丁（George Martin）则是披头士的音乐制作人。下一段的基斯·理查兹（Keith Richards）是英国"滚石"乐队（The Rolling Stones）的键盘手。

No] Satisfaction）弹了出来，接着就又倒头睡下了。理查兹后来说那盒磁带里还能听到他打呼的声音。

我很喜欢麦卡特尼和理查兹的态度：这两个男人乐呵呵地将自己最经典的作品归功于梦境，就好像他们不愿承担原创责任似的。类似的例子还有几十个：元素周期表的结构是在梦中向门捷列夫显现的，奥托·勒维（Otto Loewi）根据梦中的想法找到了神经递质，得了诺贝尔奖。[163] 虽然我们很可能都受过梦的启发，但是要在梦中取得《昨日》那种级别的突破，你就必须先处于特殊的创作状态。我将做梦的能力算作睡眠能力的一部分，因此本章也收录了几位超越凡人的做梦家。有些人确实比别人更善于做梦，而这种能力会在实际生活中产生积极的影响。

迈克尔·施莱德尔（Michael Schredl）22 岁起就开始天天记录自己的梦境。到 34 岁时，他开始用另一种眼光看待这个问题。从那以后他每天都要问自己五遍十遍："我这是在做梦还是醒着？"他会扫视周围，寻找能证明他正在现实世界的迹象。如果有什么东西不符合现实，他就知道自己还在梦中了。

你可能觉得这听起来偏执到极点，简直像一部克里斯托弗·诺兰电影的开头，其实不然。施莱德尔正在练习一种方法，这种方法已经证明了能够提高"清醒梦"（lucid dreaming）的出现概率——所谓清醒梦就是你知道自己在做梦并能控制梦境的状态。你很可能已经有过这种体验。大约 50% 的人一生中至少做过一次清醒梦。我有时也做清醒梦，但这种梦的情节就算可怕，比如被怪物吃掉、被人刺杀或是从悬崖上跌落，我也依然能保持镇定。我会告诉自己我不会死，因为这只是梦。我也做过快乐的清醒梦，在梦中飞翔或者浮空——虽然有时梦也会变得"不清醒"，我也会被重力拖回地面。

大约 1/5 的人每月至少做一次清醒梦。施莱德尔指出："对不同的人而言，不仅清醒梦的频率会有很大不同，支配梦境内容的能力也是如此。"他后来成了一名大学教授，在德国海德堡大学精神卫生中心研究所的睡眠实验室工作。他说："有人天生就是清醒梦的高手。"我们这就来认识一位。

19 岁那年，米歇尔·卡尔（Michelle Carr）做了第一个清醒梦，当时她还是个大学生，在纽约罗切斯特大学念心理学。

"我那时候睡眠不好，常要在早晨上完课后小睡一会儿。"她说，"一天早晨小睡之后，我假醒了一次，觉得自己从床上坐了起来，接着我就意识到我的身体还躺在床上，我其实是在做梦。我在卧室里飘了一会儿，然后就真的醒了。"

这是她的第一场清醒梦。那之后她阅读了关于清醒梦的文章，开始练习引出清醒梦的技巧。她发现晨间的小睡是进入清醒梦的有利时机："有时我能从小睡中醒来片刻，然后有意识地再次入睡并进入清醒梦。"

这就是清醒梦的觉醒诱导技术。它的关键是把握觉醒和睡眠之间的那个称为"临睡幻觉"（hypnagogia）的过渡阶段，并带着一些自觉的意识进入梦乡。"我认为这个技术之所以有效，是因为在清晨的小睡期间，我的 REM 睡眠比晚上要多，睡得也比较浅。"卡尔说。

她现在每周做一次清醒梦，这个规律已经保持了几年。她用这些梦境来取乐（飞翔始终是她的最爱），在需要时还用它们来对付噩梦。"比如梦里我老是遇见一只怪物，我就用清醒梦逼它现了原型：原来它代表最近和我吵过架的一个朋友。"她记得有一次在梦中慌乱地逃避一只怪物的追捕，后来却意识到这只是一场噩梦，而且是以前做的梦。接着她就镇定下来，转身直面怪物。卡尔利用清醒梦，就像我们其他人利用空余时间一样。她在梦中冥想，练习法语（这不会像她在醒着的时候练习那样有社会焦虑感），还在梦中探索自己的意识，看看里面能创造出什么东西来。

卡尔的清醒梦对她的事业产生了巨大影响。本科毕业之后，她到蒙特利尔大学的梦境实验室（Dream and Nightmare Laboratory）攻读博士，现在她在英国斯旺西大学（Swansea University）的睡眠实验室研究梦和情绪记忆。她在清醒梦上练习了好几年，白天也常常思考它，这意味着她常常会做清醒梦。她能将清醒梦维持10~15分钟，并在这段时间里控制自己。

荷兰奈梅亨拉德伯德大学（Radboud University）的马丁·德雷斯勒（Martin Dresler）和他在慕尼黑马克斯普朗克精神病学研究所的同行设法扫描了一个人的脑，此人能在棺材般的 fMRI 机器中进入清醒梦。虽然只有这一个数据点，但德雷斯勒依然发现了一个特殊现象：清醒梦发生在 REM 睡眠阶段，但在做清醒梦时，本该在这个睡眠阶段关闭的脑区却出现了活动。研究者指出，这或许可以解释为什么做清醒梦的人能调动普通做梦者无法调动的认知能力，比如自我控制和记忆。清醒梦和非清醒梦之间的最大区别体现在楔前叶（precuneus），这个脑区参与自指加工、能动性（agency）和第一人称视角。[164]

这也符合卡尔对于清醒梦的体会。她在清醒梦中具有自我意识，能支配自己的行动，但也没有完全超越梦境。"我还是会遇到梦境的阻力，"她说，"比如我并不能随意改变周围的环境，但我可以决定去什么地方。"

　　我偶尔会在梦中遇到过世的亲戚。在梦中，我知道眼前这个人在现实世界里已经死了，我的一个重要根据是他们看起来比死的时候年轻，另外就是在这些梦里我无法主导对话，这些相遇总有它们自己的情节。这是清醒梦的一个常见特征：做梦者并不总能创造复杂的情节；梦境往往是自动展开的，做梦者只能扮演一个被动而清醒的观察者。当我遇见死人时（我并不总能遇见死人，这里只说我遇见他们的情况），我并不能把握梦中的对话方向（"说说你的钻石都藏在哪吧，外婆！"），那些对话和相遇都没有明确的主题，如果不是因为其中的一个人物已经死亡，它们完全是一些平淡无奇的场景。当我从梦中醒来，想到刚刚和爱过的逝者相处了一段时间，我总能感到一种奇异的欣慰和爱意，虽然这段经历完全是我想象出来的。正是这种情绪的质感使这些梦境变得难以忘怀，就像我们在第 2 章看到的那样。清醒梦是快乐的，甚至是有益的。比如维也纳医科大学的伊夫林·多尔（Evelyn Doll）发现，常做清醒梦的人比普通做梦者的精神更健康。[165]

　　在清醒梦中出现的人物通常能保留他们的自主性，这一点很说明问题，它指出了脑中的哪些区域对意识具有重要作用。比如卡尔梦中的那些人物同样不受她的控制。"有时我走近某人，向他们询问事情，但他们不是不理睬我，就是胡言乱语一通。有时我想接近某个人物，却无法开门进去。"她说，"所以我认为我的技术还需要多加练习。"

　　迈克尔·施莱德尔的研究指出了哪些是可以通过练习改进的。对研究者来说，研究清醒梦有特别的好处：你能和那些进入无意识世界的人沟通。那些做梦者当然是睡着的，一般处于 REM 睡眠阶段，但当他们进入清醒梦后，能用眼球向科学家发信号。德国奥斯纳布吕克大学的克里斯托弗·阿佩尔（Kristoffer Appel）就利用了这一点。他教会清醒梦者摩尔斯码，让他们从梦的世界里发回消息：眼球朝左转动表示"划"，朝右转动表示"点"。阿佩尔给做梦者布置了算术题：他向他们播放一连串哔哔声，做梦者将声音融入梦境，[166] 开始计算，然后通过摩尔斯码将答案发回给他。

施莱德尔更进一步，把清醒梦用作了训练的场所。这引出了一个令人瞩目的课题：你可以在睡觉时有意识地开展练习，由此提高技能。在一项对 840 名运动员的研究中，有 57% 表示他们在人生中至少体验过一次清醒梦，有 24% 至少每月体验一次。[167] 在做清醒梦的运动员中，有 9% 会在梦中训练自己的项目，并表示他们的运动技能确实有了提高。但这个样本太小，而且完全依据逸事，于是施莱德尔和同事决心亲自验证这个假说。他们将清醒梦者请进睡眠实验室，并要他们在梦中练习投掷飞镖——没错，投飞镖，就仿佛是一本马丁·艾米斯的小说 *，但作者是一位神经科学家。

施莱德尔团队要被试们先玩一阵飞镖，然后到实验室里睡觉。被试如果能进入清醒梦，就连续将眼球左右转动 3 次，表示开始控制梦境了。他们首先要"组装"（也就是在梦中创造）实验所需的靶子和飞镖。他们使用的靶子中间有个靶心，周围是 9 个黑白相间的同心圆。然后就开始投掷飞镖。实验者要求被试投 6 轮,每轮投 5 支,

---

* 艾米斯（Martin Amis, 1949— ）是英国小说家,1989 年出版的小说《伦敦场地》（London Fields）中有一个主要角色,是一个江湖小骗子,也是飞镖职业玩家。

每投完一轮就向梦境外面发送信号。

投完 30 支后，被试就要努力醒来，并向研究者详细报告刚才的梦。第二天早晨，研究者拿来一块真实的靶子，对做清醒梦的被试和没有在睡梦中投掷飞镖的对照组开展测试，并记录他们的表现。

和任何练习一样，分心也会降低飞镖练习的质量和效率。有的清醒梦者能毫不分心地练习投镖，还有的则要应付各种阻力，比如被梦中某个讨厌的人物干扰练习（"那个玩偶老是朝我投飞镖"），又比如梦中的物品发生了变化（"我扔着扔着，飞镖就变成了铅笔"）。有时梦境还会摆脱他们的控制，做梦者的清醒程度越来越低（"我发现这个梦变得不稳定了……我又用眼睛发了一次信号……我又投了三四支，然后就醒了"）。科学家们试着解释了被试在梦境报告中提到的干扰。

你可以想象，在这样艰难的条件下，要维持合适的样本大小有多么不易，施莱德尔强调说这只是一项初步研究。做出这则声明之后，他们发现如果被试能不受打扰，他们的飞镖成绩就会在梦中的练习后提高。考虑到有近 1/4 的德国运动员常做清醒梦，施莱德尔想知道梦中练习能否成为运动员训练的一部分。

他告诉我，有业余运动员自称用清醒梦提高了技能。比如有一名跳板跳水者利用清醒梦来练习转体和翻跟头。她能在梦中放慢时间，使动作缓缓地展开，并在每一个环节理解动作的要领。还有一名滑雪板运动员在梦中练习他在现实中还无法做到的动作。他说梦中的练习帮他提高了水平。

这使我想到了"边际增益"（marginal gains）的训练思想，在过去的 10 年左右，这套思想可以说是英国自行车运动大获成功的一个重要原因。它的核心是为了取得更大的收益而改进每一个可以改进的因素。比如将车队货车的地板刷成白色，以便更好地发现灰尘，避免对自行车性能造成影响；又比如挑选最好的枕头，带到车队休息的宾馆。

单独来看，这些调整都只带来了微小的改进，或许小得根本发现不了。但只要改进的项目够多，收益就会增加。运动心理学家一直在强调一宿安眠的重要。他们该把梦境训练也添进项目单吗？

施莱德尔表示，对于像自行车这样着重力量训练的运动，梦境训练多半是不起作用的。"但是对于更偏重技巧的运动，比如跳台跳水和自由式滑雪，或许就可行了。"这也是为什么在清醒的时候开展心智训练和预演是有益的：想想 F1 车手熟记赛道和比赛路线就知道了。在睡眠中直接输入信息的做法已经在大鼠身上获得了成功，但这需要侵入性极强的电极植入。梦境训练也许只有在清醒梦中才能实现，但清醒梦是可以学习的，而在最高的竞技水平上，任何微小的进步都值得追求。

＊　＊　＊

勒布朗·詹姆斯(LeBron James)是篮球史上最伟大的运动员之一。他曾两次夺得奥运会金牌，3 次获美国篮球协会冠军，4 次票选为最有价值球员。他的非凡运动素质和巨大成功是由许多因素造成的，但其中一项令我尤为注意：他每天晚上都要睡十一二个小时。[168]

谢莉·马（Cheri Mah）在加州大学旧金山分校的人类表现中心工作（超级马拉松选手迪恩·卡纳泽斯也曾在这间实验室里接受测

试），她研究了延长睡眠对于大学篮球运动员的作用。她和同事从斯坦福大学篮球队招募了 11 名平均年龄 19 岁的男性球员，并训练他们延长睡觉的时间。这些男性都做到了睡得更久（平均延长近 2 个小时），结果他们的冲刺速度、投篮精度和发球命中率都有了提高。马和同事总结道，延长睡眠时间能改善运动表现，缩短反应和冲刺的时间，还能改善情绪和精力。她主张只有最高质量的睡眠才能保证最好的运动水平。[169]

勒布朗·詹姆斯只有一个，但任何人都可以延长自己的睡眠时间。你只要做到别在一天中太晚的时候喝酒精和咖啡因就行了（最好白天也不喝），晚饭也不要吃得太晚。这两种习惯都会推高你的代谢率，进而妨碍你的睡眠。要让你的卧室保持凉爽、黑暗和安静，确保睡眠时不被打断或干扰。不要太晚上床，不要在电子设备上长时间阅读，或在上床前查看工作邮件。上床前至少花半小时放松一下，把灯光调暗，读一本小说。要把睡眠当作一位帮你恢复元气的朋友，而不是一个需要抗拒的对手。

然而这世上总有抗拒睡眠的人。有人迫于工作压力每天最多睡 6 个小时，还有人坚持自己不需要睡眠。本章写到这里，我们不能免俗地要谈一谈玛格丽特·撒切尔和唐纳德·特朗普。这两位政治家都常以睡得少而受人称道。"特朗普自夸他每晚只睡 4 小时；"迈尔·克里格对我说，"我认为他说的是真话，因为他有许多睡眠剥夺的症状。"

这些症状包括喜怒无常、缺乏警觉、思维混乱和决策困难。就特朗普而言，我立即想到了他在推特上打出错字 covfefe 引起误解的例子。[170] 有人指出，长期缺乏睡眠和中风及糖尿病的风险增加有关，它还会造成抑郁和体重增加。美国睡眠基金会（US National Sleep

Foundation）最近更新的睡眠时长数字是建议成人每晚睡七到八个小时。[171] 位于宾夕法尼亚州赫尔希的宾州医学院下的睡眠研究及治疗中心最近开展了一项研究，指出短时睡眠会产生副作用。[172] 如果你已经有心血管疾病的风险，短时睡眠会增加这个风险。胡里奥·费尔南德斯-门多萨（Julio Fernandez-Mendoza）还发现，有的短时睡眠者甚至意识不到自己是短时睡眠者。他们通常会认为自己的睡眠时间比实际要长。"也就是说，他们没有意识到自己虽然躺了 8 个小时、自认为睡了 7 个半小时，但实际只睡着了 6 个小时。"他说。这些短时睡眠者似乎没有出现任何不良反应，比如高血压、糖尿病或抑郁症，但他们的加工速度确实下降了。加工速度和其他认知功能一起，共同决定了你能用多快的速度理解、反应并完成一项心智任务。

有人自称只需要 4 小时睡眠，但他们只是吹牛而已，那只是商人和政治家（处在这些位置的人特别喜欢吹牛）认为自己该说的话。"有些短时睡眠者对这一点很得意，"克里格说，"他们的工作表现并不好，但他们认为睡觉是浪费时间。他们宁愿醒着或者工作赚钱也不愿意睡觉。"另一方面，也确实有人不会像常人在缺觉时那样出现醉酒似的认知障碍。女商人玛莎·斯特尔特（Martha Stewart）似乎就是其中之一。[173] 她曾抱怨说白天的时间根本不够用，还说自己每晚只要睡 4 个小时。

"有些人的说法是真实的。"克里格说。有的短时睡眠者似乎逃脱了缺觉的不利影响。我们现在就来考察这些人。

犹他大学的睡眠-清醒中心（Sleep-Wake Center）和世界上大多数睡眠研究机构一样，主要关注的是有睡眠障碍的人。他们平时忙着研究睡眠呼吸暂停、白天嗜睡和不宁腿综合征患者，当然还有失眠症患者。但是在 21 世纪初，中心的负责人克里斯托弗·琼斯（Christopher Jones）却开始思考为什么在睡眠谱上，有人是早鸟，有人却是夜猫子。他意识到理解这一点或许有助于治疗睡眠不好的人，于是他开始招募志愿者参加一项研究。知道他对习惯性早起者感兴趣，一位 68 岁的女士联系了她。她告诉琼斯，自己每天只需要 6 小时睡眠，从记事起就一直睡这么少，而且这从来没有影响过她的健康。不光是她，她女儿也只睡这么少。

琼斯产生了强烈的兴趣，特别是听说她女儿也这样时——这暗示了有什么遗传因素在影响这对母女的睡眠。20 世纪 90 年代初，瑞士弗里堡大学的乌尔斯·阿尔布莱希特（Urs Albrecht）发现了 Per2，一个在小鼠体内调节生物钟的基因。患有睡眠时相前移综合征（advanced sleep-phase syndrome）的家族里就有这个基因的一个版本。这种病的患者能睡足 8 个小时，但他们的作息严重偏离常规。他们是极端的早起者，晚上六七点就上床睡觉，早晨三四点醒。2 号染色体上的 Per2 基因会影响身体用来设定时钟的昼夜节奏起搏点，它的变异和几种癌症有关。[174] 琼斯表示，自从发现这个变异之后，他就一直希望能找到一个睡眠规律高度反常的家庭。看到这对母女，他觉得自己找到了。

"我以前从没听说过'天然'的短时睡眠者。"他说，"我起初认为他们不过是早睡早起的人罢了。"但观察否定了他的想法。他让母女俩记录睡眠日志，并在手腕上佩戴活动监测仪（actigraphs），好记下她们在夜间的运动量和活动。结果显示，母女两在晚上睡得并不早（10 点左右上床），早上却起得很早（凌晨 4 点），这并不是常规的"极端早起者"的作息规律。

琼斯采集了母女俩的 DNA 样本寄给加州大学旧金山分校的同行傅嫈惠（Ying-Hui Fu）。傅的研究课题是髓磷脂（神经细胞周围的脂肪隔热材料）和睡眠行为。她对遗传学和睡眠世界中的极端早起者尤其感兴趣。

在检查犹他州送来的这对母女的基因序列时，傅在 12 号染色体的 DEC2 基因上发现了一个突变。她猜想就是这个突变使这对母女早早起床的，于是她又制造了携带这个突变的转基因小鼠和苍蝇。她发现那些小鼠比正常小鼠少睡大约 1 个小时，苍蝇则少睡 2 个小时。傅在 2009 年的《科学》杂志上发表了这个结果，[175] 她还说要是 DEC2 做成药片她一定会吃，那样就能在白天多点工作时间了。

路易斯·普塔契克（Louis Ptáček）是一位神经遗传学家，在加州大学旧金山分校和傅嫈惠共事。关于携带 DEC2 短时睡眠突变的人，他指出最关键的问题是他们能否在短短 6 小时内获得睡眠的滋补功效。

"可惜的是，我们现在对睡眠还知道得太少，无法回答这个问题。"他说。他指出这个问题的实质是这些人是否只"需要"较少的睡眠。换句话说，那些必须通过睡眠才能清除的有害物质，他们是否在清醒的时候积累得较少？"还是他们在清醒的那几个小时里也积累了一样的'负担'，只是能更加'高效'地睡眠？"

我们还不知道。

自从发现那对母女之后，研究团队又为许多短时睡眠者家庭收集了遗传信息。根据普塔契克的说法，他们已经发现了一个、两个或许三个新的人类睡眠基因或突变。他表示，团队现在集中精神研究这些具有短时睡眠能力的人，或许将来能回答上面的部分问题。"睡眠的元素都是遗传的，也都受到环境的影响。"他说。

＊　＊　＊

总之，短时睡眠者是真实存在的。确实有人天生就睡得较少，而不是因为工作或者要照顾亲人才逼着自己少睡的。那么这些人都有哪些人格特质呢？

为了回答这个问题，宾夕法尼亚州匹兹堡医学中心的蒂莫西·蒙克（Timothy Monk）和同事招募了一群短时睡眠者开展研究，他们对应征者做了甄别，确保他们都是天生的短时睡眠者。这些甄选出来的对象（9 名男性和 3 名女性）平均每晚只睡 5.3 个小时，研究者还根据年龄和性别为这些短时睡眠者匹配了一个对照组，对照组的平均睡眠时间为每晚 7.1 小时。

所有对象都填写了一份生活态度问卷。如果你认识一个短时睡眠者，或者你自己就是，那就考虑一下这群人可以和哪些人格特质联系在一起。蒙克的研究显示，就他那个小小的样本而言，短时睡眠者比普通睡眠者精力更旺盛，也更加强势。他们不容易焦虑，还有着较高的抱负。这些特质似乎都符合我们听说的短时睡眠者的典型形象。和之前的研究相比，蒙克团队并未发现有证据表明短时睡眠者必然比常人外向，但他们确实发现了一些证据表明短时睡眠者"有临床症状不明显的轻度躁狂"（subclinical hypomania）。这基本上是一种情绪高涨的表现，一旦失控就可能滑入躁郁症。[176]

要记住：这项研究中的短时睡眠者并不是因为工作才少睡的。为此蒙克团队不得不从应征者中剔除了许多人，这些人虽然自称是天生的短时睡眠者，但其实只是睡得"不明智"——他们要么为了工作或照料亲人而缩短睡觉时间，要么就是身体或精神出了问题。

"我时不时会遇见几个睡眠时间没有达到我们所谓正常水平的人，但他们在工作上却很有成就。我们永远不可能知道他们如果睡足 8 个小时又会取得怎样的成就。这是一个矛盾。"迈尔·克里格说。

成就暂且不提，但是有清楚的证据表明强行把睡眠时间缩短到约 7 小时以下是不利的。拿破仑有过一句关于睡眠的宣言："男人睡 6 小时，女人睡 7 小时，笨蛋睡 8 小时。"这句话不仅落后，而且歧视女性。即便是那些真的比别人少睡的人，比如在傅娄惠的实验室里记录的那些，他们付出的长期成本也终将压倒短期收益。我们敢这么说，是因为研究显示，睡眠剥夺会使人更容易患上痴呆症。[177]有几个方面的证据指出了其中的原因：首先，当你被剥夺睡眠时，脑部派出的清扫细胞就会过分活跃。意大利马尔凯理工大学（Marche Polytechnic University）的米歇尔·贝莱西（Michele Bellesi）连续 5 天打断了一群小鼠的睡眠，结果发现一种在脑中负责修剪的星形胶质细胞（astrocytes）变得更活跃了，负责定位受损细胞的小胶质细胞（microglial cells）也是如此。其他对小鼠开展的实验显示，睡眠能帮助脑部清洗碎片，[178]如果阻止动物进入深度睡眠，它们的脑中就会积聚淀粉样蛋白（amyloid proteins），而这种蛋白正是阿兹海默症出现的标志。[179]

别忘了，玛格丽特·撒切尔就在晚年得了阿兹海默症。看来现在可以说一句：她终于为每晚只睡 4 小时的习惯付出了代价——她的少睡和痴呆之间是有因果关系的。"动物实验指明了这个因果，"阿德里安·威廉姆斯说，"小鼠如果不睡就会得阿兹海默症。"

虽然我们明白，对睡眠益处的透彻了解还需要许多年的研究，对睡眠机制的研究需要更久，但我们也知道，一宿安眠对我们的健康安乐都是不可或缺的。多休息吧。你的幸福全靠它了。

11

幸福

幸福就是你在情况变得不可收拾前的一刹那认清了自己是什么。

——阿莉·史密斯《旅店世界》

（Ali Smith, *Hotel World*，2001）

我们都在寻觅幸福，却不知该去哪里找：

就像醉汉寻找自家房子，只是模模糊糊知道自己有那么一处。

——伏尔泰《笔记》

在她 41 岁那年，人生彻底剧变之前，雪莉·帕森斯（Shirley Parsons）是英格兰西北部埃克塞特一位成功的事务律师。他的丈夫经营着附近的一家农场（目前仍在经营），饲养牛和绵羊。两人现在还是夫妻，只是她已经不常见到丈夫了。

我和雪莉通过电邮聊了几个月，她在对话中的周到触动了我，还有她出众的坚强和韧性。不过当我告诉她这一点时，她却回答："大多数人只会说我顽固难缠！"同样使我触动的还有她对人生的态度。

"我已经得出了一个结论：我脑子的默认设置就是幸福模式。"她有一次这样说。

这句话打开了一扇大门，将我们引向了对幸福本质的探讨。我问她能不能定义"幸福"。她沉默了许久才终于答道："在我看来，幸福可以分成不同的类型。有对生活的大体幸福，有对一个特殊活动、比如一场婚礼或一场聚会的期盼产生的幸福，还有对一个特定时刻、比如通过一场考试时感到的幸福。"她的结论是："我无法为幸福下一个统一的定义。"

不仅她不能。连托马斯·杰斐逊也没有在《独立宣言》中定义幸福，他只是担保了人有权追求幸福而已。幸福这个概念，至少像"智力"一样难以把握，通向幸福的路径也如迷宫一般复杂，我们很快就会明白这一点。

到这时，雪莉和我的交流还都是通过电邮进行的，我们都认为最好能把对方的脸和名字对上号。于是我们安排了一次会面。雪莉今年55岁，依然住在德文郡，我开车前去拜访。她的房子坐落在一个村里，边上就是达特姆尔（Dartmoor），一座巨大的布满花岗岩的国家公园。我以前总把那一带想成一个崎岖甚至光秃的地方，但今天一看，居然满眼绿色。这里风景优美，常有家燕雨燕掠过。当我驱车在路上行驶时，一只乌鸦追着一只鸢鹰从我车前飞过，我看见那只被追的猛禽在空中回头，恼怒地对侵犯者嘶叫了一声。乡间热浪滚滚。今天是一年中到现在为止最热的一天，而我又恰好在正午时分到了雪莉的家。她的房前有一块刚刚修剪过的草坪，几行花盆里种满了花。大门敞开着：我提前打过电话，他们正在等我，于是我穿过前室走了进去。我瞥见墙上挂着雪莉的两张大学毕业证书，又在壁炉架上看到了她的结婚照。我走进卧室，里面很暗，窗帘紧闭。她的床抬高了，床脚是交叉式的，是一张医疗床。边上的架子挂着一只输液袋。

雪莉正坐着观看网球比赛。她没有转身向我问好，因为她的身子无法动弹。她也没有说话，因为她的嗓子也无法说话。她的身体从颈部以下全部瘫痪，到今天已经有 14 年 5 个月了。她患有闭锁综合征（locked-in syndrome）：心智完好无损，甚至还很活跃，只是她的身体早就停工了。

事情发生在 2003 年一个周日的早晨。雪莉从一阵剧烈的头痛中醒来，同时还感到晕眩。她决定继续在床上躺一会儿，但是到了下午她还是硬撑着去农场帮忙喂了动物。"我忽然感到一阵头晕，于是在干草上坐了下来。"她回忆道，"等我明白过来，已经是两周之后了，我在一间重症监护病房里。"

和她面谈时，她能通过眼球的运动回答是和否：眼球向上代表"是"，左右转动代表"否"。当我问出比较复杂的问题时，她就用电脑作答。她操作电脑是靠脸颊的动作，通过一个名叫"EZ 键"（EZ Keys）的专门软件进行。一直以来她都是这样向我发送电邮。

和我们在"坚韧"一章认识的卡门·塔尔顿一样，雪莉在发病后的前两周也处于药物引起的昏迷之中。医生发现她那个调控第五凝血因子（factor V）的基因发生了突变，扰乱了凝血功能。遗传编码的一字之差，意味着她的第五因子蛋白中含有的是谷氨酰胺氨基酸（glutamine amino acid）而不是精氨酸（arginine）。这使她有了血栓形成倾向（thrombophilia），也就是血液过分凝结。她的凝血因子称为"第五因子莱顿突变"（Factor V Leiden），这是根据发现它的荷兰城市莱顿命名的。欧洲裔人群中大约有 5% 携带这种突变，这增加了他们患深静脉血栓（deep-vein thrombosis）的风险，少数情况下还会导致脱落的血栓进入脑部。雪莉遇到的就是这种情况，这使得她脑干出血，还造成了严重的出血性卒中（haemorrhagic stroke）。这次突发疾病之后，她在埃克塞特的一家康复中心里住了一年多。医生说她没有生还的希望了。

进入她的卧室以后，我继而走进她的视线范围之内。她的眼睛转到了我这边。她坐在一张轮椅上，身上穿了好几层衣服，我心想这种天气她难道不觉得闷热？她的双手放在腿上，但是都藏在封口的棉质衣袖里。她的脸色红润，充满光泽。她的嘴巴张着，这是瘫痪病人的默认状态。这些都给了她一副住院病人的外表。你在重症监护病房看见的病人就是这个样子，昏迷的人也是，还有处于植物状态的人。我记得我的祖母在陷入昏迷后就是一脸这样的表情。当你看见这样的人，就会想当然地认为他们的头脑也瘫痪了。"植物状态"之类的标签更是没起好的作用。我清楚地知道雪莉不是这种情况，但是和她相对而坐时，我依然感到不安：她的身体无法动弹，但我知道她的内心正飞速运转。她说："我要想的事情太多了。"她还说她对现在的生活很满意。我问了她一个问题，紧接着又向她道歉，因为这是个奇怪甚至有些冒犯的问题，我问她：在闭锁之后，她是否有过现在比以前更幸福的感觉？然而她觉得这个问题很容易回答。比我要她定义幸福的时候容易，她说。

"虽然表面上看，这似乎是一个愚蠢的问题，但仔细一想，我又发现它并不愚蠢。说起来真怪：我确实觉得比以前更幸福了。"她通过电邮答道，"在中风之前，我的生活是嘈杂忙碌的，但现在我大部分时候都感到平和宁静。这些年来，我已经适应而且满意了现在的生活。"

你常听人说他们希望自己的生活能简单一些。我们总是抱怨生活太忙、世上有太多事情令人分心，我们觉得如果能摆脱其中的一些，就能更加幸福。这也许是真的，也许我们确实会变得更幸福。我们在后面会遇到一名男子，他抛弃了所有财物，只留下 70 件物品。他拥有的物品比我认识的任何人都少，但他显得相当幸福。我们还会遇见一位世界一流大学的教授，他只给自己留下 25000 英镑，把超过这个数字的钱都捐了出去，他说他现在比决定捐出财产之前幸福了许多。也许抛弃物质真的能使我们幸福。根据一款流行的搜索引擎，世界上最幸福的人是马蒂厄·里卡尔（Matthieu Ricard），他原本是一位法国学者，后来出家成了僧人，现在为某位高僧担任口译。佛教徒在物质财产方面拥有不多，但他们许多人都沐浴在幸福之中，甚至浑身散发出幸福的光辉。

我来拜访雪莉是因为她已经放弃了一切。这当然不是她主动选择的结果，但她毕竟把生活中的附加物品降到了最低限度：只剩下一个脑子向外观望。我想要了解她的生活是什么样的。她能感到幸福，也许并非那么不可思议，但是比以前更幸福？这可能吗？

* * *

"心理学家容易掉进一个巨大的陷阱，"威廉·詹姆士（William James）在 1918 年写道，"那就是将自己的立场混同于他正在报告的那种心理事实（mental fact）的立场。"换句话说，这个他所谓的"心理学家的谬误"，就是假定我们知道别人的感受。詹姆士这位心理学之父已经是上一个时代的人物，但他指出的这种谬误我们仍有必要牢记在心。试想一个闭锁综合征患者的处境：对他的家人和朋友来说，他已经失去了一切，他的一切需求都要依靠别人才能满足。我们许多人都会想当然地认为这样的生活根本不值得过。南非作家和网页设计者马丁·皮斯托留斯（Martin Pistorius）在青少年时代患上了闭锁综合征，瘫痪了十多年才康复。他说患病时曾听母亲对他说："我真希望你死掉。"[180] 母亲以为他没有反应就等于没有了意识。他说医生告诉他父母，他成了"植物人"，他们应该为他的死亡做好准备。

　　如果你的意识清醒，身体却瘫痪了，你能想象自己是什么感觉吗？你又会怀念什么东西？我问过雪莉这个问题。她说她想念的一样东西是烤吐司。她很怀念嘎吱嘎吱吃下一片烤吐司的感觉。这次见面我又问了她这个问题，她听了大笑起来。她常常大笑。她虽然身体瘫痪了，却不是完全发不出声音。和许多闭锁综合征患者不同的是，她还保留了一些头部的动作，能吞咽，也能发声。这意味着她可以用勺子进食，而不必依靠饲管，也意味着她可以大笑。她的笑声很滑稽，这是肯定的，但是当我坐在她对面时，却时时听见她笑。这种特别的笑声起初很难分辨：我担心她是在哭，甚至是给东西噎住了。但后来我听出了明显的笑意。她一边喘着气大笑，一边在电脑上写出了回答。她怀念什么？"怀念能说话的感觉。"她最怀念的是闲聊。"那些护工都不和我说话，他们这么做很对，"她接着写道，"因为我受不了傻瓜。"她会对他们训话吗？她又大笑了几声，眼睛也朝天花板抬了抬——这是个有力的"是"。当然，护工们还是会对她说话的，也许她怀念的是没有恶意的玩笑和讨论，是对话，是辩论。

她毕竟是做过事务律师的人。

＊　＊　＊

我开始思考闭锁综合征的契机是在哈佛大学心理系遇见了玛丽–克里斯丁·尼齐（Marie-Christine Nizzi）。尼齐的办公室位于威廉·詹姆士堂的顶楼，那是美国剑桥的一座著名大楼，名字也取得恰如其分，从楼上可以俯瞰全城的美景。我们坐在尼齐的办公室里，她对我说了一个中国寓言：农夫和马（即"塞翁失马"）。

从前有个农夫，养了一匹漂亮的白马，有人出大价钱向他买马，他拒绝了。他说这马是他唯一的财产，他舍不得和它分开。于是对方打消了念头。其他村民都说他疯了，居然错过这么好的机会。过了一阵，马逃走了，这下农夫一无所有了。村民们都嘲笑他，但他毫不在乎。谁知道将来会发生什么呢？他说，可能是福，也可能是祸（"焉知非福"）——这则寓言的另一个名字就叫"淡定的农民"。

过了几天，马回来了，还带来了一群野马。这下农夫发财了，村民们催他庆祝一番，但是他没有，还再次说出了那句台词："这可能是福，也可能是祸。"过了一阵，他的儿子在驯服那群野马时摔断了腿，村民们（真是一群卑鄙小人）又叽叽喳喳地对他说：这下你后悔了吧，要是没这么多马该多好啊。时间一天天过去。战争爆发了，年轻人都被强征参军，只有农夫的儿子因为断腿得以幸免。

尼齐说，这个故事告诉我们，不要轻易判断一件事情的好坏："坏事里也可能蕴含着希望。许多人都设想过自己身处逆境会有什么感想，比如失去了马或者失去了金钱。"她觉得在心理评估中，这种设身处地的思路会造成很大的误解，于是她开始与闭锁综合征患者合作。那么她又怎么知道那些病人是感到幸福还是不幸呢？"直接问不就行了吗？"她说。这个回答言简意赅、无可辩驳，使我一下子意识到了这是多么显而易见的一件事。不过尼齐也表示我的无知可以理解：对于许多闭锁综合征患者，都从来不会有人问起他们的内心生活。我们想当然地认为那是一件可怕的事，不会开口发问。何况我们也不想知道答案。而尼齐恰恰是这么做的：她向那些病人询问了他们的主观感受。

尼齐把这称作"从扶手椅到轮椅"[181]*，这也是第 5 章里的阿富汗战争老兵戴夫·亨森为了解截肢者的感受所做的事。尼齐在访问闭锁综合征患者时发现："他们的生活品质要比我们这些外人以为的高得多。"她说这些病人的坚韧使得们对生活相当满意。比如在遇到事故的时候，他们希望自己能被救活，虽然有的护士、医生甚至家属会认为他们不想这样活着。"这些患者说他们感到幸福，至少对自己的生活感到满意。他们大多数人都是幸福的。"

尼齐的研究是在斯蒂芬·洛雷（Steven Laureys）的基础上发展起来的。洛雷在比利时的列日大学主持昏迷科学研究组（Coma Science Group）。2008 年，他决定对闭锁综合征患者开展一次生活品质调查。他总共访问了 65 个病人，其中有 47 人自称幸福，其余表示自己不幸福。

使他们感到不幸的包括焦虑和无法行动，还有就是雪莉最大的遗憾:不能再说话了。他们在闭锁状态中生活得越久，幸福感就越强，

---

* "扶手椅"指不做实地调查、只须坐在扶手椅上就能进行的纯理论研究方法。

但他们中仍有 58% 表示自己不想在心脏病发作时被抢救回来。[182] 洛雷总结道，也许这些幸福的闭锁者重新校准了生活。

我可以理解有的闭锁综合征患者感到满足，甚至感到幸福。但是应该没有哪个患者觉得现在比得病前更好吧？"我还真的问了他们这个问题，"尼齐说，"而且答案是肯定的。他们比以前更了解自己了，对生命的意义也更加明了。"闭锁状态会逼迫你停下脚步，逼迫你去寻找以前不曾寻找的意义。就是因为知道了这一点，我才敢向雪莉询问她是否觉得比中风前更幸福。

蒂姆·哈罗尔（Tim Harrower）是雪莉在皇家德文-埃克塞特医院（Royal Devon and Exeter Hospital）的神经科主任，他是雪莉中风后在那家医院做康复时见到她的。

"当你想出和闭锁患者交流的办法时，突破就来了。"他说，"这会使局面彻底改变，因为他们终于能表达自己的需求了。"在那之后，他们如果觉得哪里痒、哪里疼或者希望把那台讨厌的电视关掉，就可以告诉别人了。他们还可以调整自己想做和不想做的事，并找到一些可以从事的智力活动。"接受自己的处境、调整自己的限度，这是他们最大的问题。"哈罗尔说，"这不会马上成功，可能得用几年时间适应。"

雪莉在闭锁了大约 5 年之后决定去读个学位。她想念自己的工作，更重要的是她觉得生活太无聊。"我是因为失去了工作才想学习的，"她说，"那时候退休还太年轻，我需要做一些脑力工作来填补空虚。"于是她向开放大学提出了申请。她先在社会科学的政治学领域取得了文科学士，她记得论文写的是托尼·布莱尔的执政风格。2010 年她本科毕业，2012 年又取得了同学科的研究生毕业证书。我问她，读书一定很难吧。"主要的难处是我功课做得太慢了。"她不动声色地说。

雪莉一直是一位顽强的女性。她对我说了 2001 年英国爆发严重口蹄疫时她的反应。当时的她还没得闭锁综合征,正在做事务律师。她家的动物没有得病,但邻近一家农场的动物得了,政府要求将感染区域周围物业中的动物一律扑杀。电视上播放了人们将死牛堆起来烧掉的可怕画面。"我一开始觉得生气,接着就进入了战斗模式。"她说,"长话短说,我成功保住了自家农场的所有牛只和大部分绵羊。"

雪莉戴着眼镜,左边的镜片有点起雾。一台加湿器正在她左边泵出蒸汽,它就在我身旁,也许就是它造成了她眼镜上的雾气。这下我只看得见她的右眼了。我发现她的那只眼睛始终牢牢盯着我,我无法和她长久对视,于是转开了目光去看她的 DVD(有《曼城冠军》《BJ 单身日记》《黑色孤儿》和《为奴十二年》……《为奴十二年》!),还有一幅以前同事的照片组成的巨大拼贴画,边上写着"雪莉加油!一定成功!"我坐在那里断断续续地说着话。我知道我很快就会开车返回自己的生活,我知道她余生中的大部分时光都会在这座平房、在这个黑暗的小房间里度过。我知道她知道我知道这些,而我们却在谈论她有多幸福。

* * *

我听过威廉·麦卡斯基尔(William MacAskill)的名字。我知道他在牛津大学哲学系任教时是世界上最年轻的教授之一,还知道他在 2009 年决定在余生中将大部分收入捐献出去。他挣的钱里超过 25000 英镑的部分,他统统都要捐出。我对此感到既吃惊又佩服,原因不仅是他的慷慨。我还想知道他在牛津是怎么生存下来的：这个地方物价高昂，就快赶上伦敦了。在见他之前，我有些疑心他会不会像一个僧人，光着脚，穿着粗布长袍什么的。

麦卡斯基尔也是有效利他主义运动（effective altruism movement）的发起者之一，这个运动的宗旨是利用科学和实证寻找最有效的捐款途径。他还创立了"尽我所能"（Giving What We Can）组织，号召人们在余生中将至少10%的收入捐给慈善机构，并将钱捐给能实现最大善举的事业。尽我所能创办时只有23名捐献者，到现在已经有了近3000名会员，捐献总金额达14亿美元。我在牛津的有效利他主义中心和他见了面，他是这个中心的负责人。

令我微微失望的是，他看起来并不像僧人。他外表高大整洁，身穿一件干净的T恤，甚至还带了一部智能手机。

他决定捐出大量收入的契机是遇见了托比·奥德（Toby Ord），牛津的另一位哲学家，之前也做出了类似的承诺。做出这个决定是因为他明白金钱是怎样促进幸福的，而捐款能带来怎样不同的幸福。

在关于幸福的讨论中，经济学家理查德·伊斯特林（Richard Easterlin）的一篇著名论文常被引用。[183] 伊斯特林现在是南加州大学的一位教授，他在1974年公布了一组数据，显示在一个国家的GDP增长（比如日本在1945年后的暴增，以及美国在整个20世纪的增长）的同时，国民报告的幸福感并不会随之上升。这个现象称为"伊斯特林悖论"——更多的钱居然没有带来更多的幸福，这难道不是悖论吗？我听过这个观点，也认为这是一个真实的现象。我还认为这证明了一件事：我们被困在了一个畸形的经济体系内部，它不断推动经济增长，却没有增加我们的幸福。但是麦卡斯基尔指正了我的错误。

2008 年，宾夕法尼亚大学（UPenn）的贝齐·斯蒂文森（Betsey Stevenson）和贾斯丁·沃尔弗斯（Justin Wolfers）再次考察了数据。[184] 他们发现悖论并不存在：收入增长，幸福感也会随之上升。这两者的相关非常明显，并且对许多国家成立：美国、中国、印度、日本、德国，都是如此。这说明了什么？钱确实能为你买来幸福？你可以这么说。斯蒂文森和沃尔弗斯的数据显示，当你的收入翻倍，你报告的幸福感也将随之倍增。对于图表上的每个点，这个关系始终不变。也就是说，如果我在中国农村每年挣 1000 美元，那么收入再增加 1000 美元的话，我的幸福感就会翻倍；如果我在美国每年挣 8 万美元，那么我在收入提高到 16 万美元之后也会倍感幸福。如果我本来挣 8 万美元，后来只涨了 2 万美元（连这都是不太可能的，对吧），那我的幸福感就不会增加多少。

对幸福感的这种度量称为"一生评估法"（lifetime evaluation）。它的基本思路是询问别人："总的来说，你这段时间过得怎样？"用这种方法评估，确实能得出钱越多越幸福的结论。但是由于倍增效应（doubling effect），这种增加只在某个范围有效。"当你的收入到了某个水平以上，挣更多的钱就只会对你的幸福感产生微小的影响了。"麦卡斯基尔说。

度量幸福还有一种主要的方法，叫"体验采样法"（experiential sampling）。这种方法要求你在一天中随机拨通某人的手机，并询问对方："从 1 分到 10 分，你现在的幸福感可以打几分？"运用这种方法，研究者可以总结出人们最享受的活动。你能猜出给人带来最大幸福感的事吗？"性爱遥遥领先，"麦卡斯基尔透露，"受访者想必是中间停下来给它打了个 9 分。"

体验采样法之所以有趣，是因为它可以绕开所谓的"聚焦错觉"（focusing illusion）。另一位哲学家迈克尔·普兰特（Michael Plant）向我介绍了这个概念："你和我都会想象坎耶·维斯特*开着他的玛莎拉蒂时有多快乐，但实际上他正在为塞车而烦恼。所以说，我们对别人的生活及自己未来生活的想象，和我们对这种生活的实际体验之间是有区别的。"

换句话说，当我们看见坎耶的豪车时，我们想的是"好酷，我也想有一辆"，而不是车里人的真实体验。我们被自己的欲望误导了。顺便提一句：说到短暂的幸福时刻，我和麦卡斯基尔见面的那间酒馆，墙上挂着一条标语："这里是比尔·克林顿在牛津做罗德奖学金生时没有吸过大麻的地方。"

回到麦卡斯基尔。"用体验采样法度量，你的幸福感在家庭收入超过 75000 美元之后就不会增长了。"他说。他的根据是普林斯顿大学的丹尼尔·卡尼曼（Daniel Kahneman）和安格斯·迪顿（Angus Deaton）发表的一篇论文，他们分析了 1000 个美国公民的 45 万次体验反应后得出了这个结论。[185]

归纳一下：如果用一生评估法，将幸福感作为一个整体来度量，你会发现人的幸福感是随着收入的增长稳步上升的。而如果用体验采样法，度量人们在不同时刻的幸福情绪，你就会发现，在超过某个低得惊人的收入水平之后，人的幸福感就再也不会上升了。

"在英国，这个水平大约是每人每年 25000 英镑。"麦卡斯基尔

---

* 维斯特（Kanye West, 1977— ），美国说唱歌手。

说——他正好在一个昂贵的城市里过着每年25000英镑的生活，"我即使捐出收入中超过25000英镑的部分，也依然属于这个国家中富裕的那一半。既然比我贫穷的那一半人能够生活，那我肯定也能。"

谈起这个话题，我的口气难免会变得像个守财奴——或者准确地说，像一个住在伦敦的中产阶级记者。但我还是追问了下去：只凭这点钱，他是怎么找到住处的？

"我每月付500多英镑跟人合租，我和10个人同住在一所房子里。我觉得这很好，跟人合租一所房子比我一个人住或是和伴侣同住要幸福多了——我喜欢这种邻里守望的感觉。"

麦卡斯基尔和蔼地指出了我那不可救药的中产阶级本质，我猜想他在这方面已经积累了许多经验。"世界上有97%的人民生活费比这还少。所以我很奇怪有人会说出'你靠这点钱怎么活'的话。这是一个典型的中产阶级问题，提问者不知道全世界有97%的人都是那样生活的，他们都活下来了。"

附近的一个架子上放着一张老式黑白照片，里面是一个表情坚毅的年轻人。为了将话题从我的自私爱消费上引开，我问了他这个年轻人是谁。

他叫瓦西里·阿尔希波夫（Vasili Arkhipov），曾经拯救了全世界。阿尔希波夫是一名苏联海军军官，1962年10月，他正在一艘潜艇上等待莫斯科的命令。那是古巴导弹危机最焦灼的时候。那艘潜艇的指挥官迟迟没有收到莫斯科的消息，于是决定发起核打击。确认发射的按钮需要艇上3名高级军官一致同意才能启动，另外一名军官已经同意，但阿尔希波夫拒绝了，他还说服指挥官取消了发射。如果当时发射导弹，美国几乎肯定会做相同程度的回击，从而引发一场全面核战。肯尼迪总统的一名助手后来表示这是人类历史上最危险的一刻。[186] 为了鼓励大家，有效利他中心将阿尔希波夫的照片放在了这里。

麦卡斯基尔说，自从他承诺捐出多余的财产之后，他的生活比以前改善了许多。"我比从前幸福多了。我很清楚如果当初走另一条路，我的人生会是什么样子。"

看来他的幸福感源于做了一件能产生巨大满足感的事，而这件事在伦理上也有丰厚的回报：像他这样捐款，对别人幸福感的提高要远远超出他自己的损失。"我没有汽车，没有多少物质财富，我认为那些东西只会使我的生活变得更糟。如果我有一艘游艇，我就会为这件东西担惊受怕。"说实话，我倒是挺想要一艘游艇的，但我不是个贪心的人，能有一条划艇就很满足了。我思索着这两样东西哪个更好，稍微分了分神，接着我就听见麦卡斯基尔说："我们的一个雇员只有 100 件财物。"

我请他再说一遍。

"他只有 100 件财物，是个极简主义者。"

我的第一反应不是表达惊愕或者欣赏，而是追问此人有几条内裤。

"他有两条。"麦卡斯基尔说。

我一定要和这个人谈谈。

* * *

巴勃罗·斯塔福里尼（Pablo Stafforini）是一位下巴线条清晰、头发蓬乱的阿根廷探戈舞蹈家和哲学家，他平时住在牛津，是有效利他中心的研究分析员。"我的目标不是某个特定的数字，"他说，"我只是在遵循尽量多扔掉点东西的原则。"目前他的财物大约有 70 件。他认为人们对资源的积累有一种"偏执"——我们陷入了一种消费主义体制，以及一种使人想要囤积太多物品的演化状态。"我的这条原则就是为了纠正这种偏执。我的目标是过一种更丰富、更使人满足的生活。"

身为哲学家，他自然很熟悉我们刚刚听说的那些心理学研究得出的结论：花钱买经历常常使人幸福，而花钱买物品不会。他还发现自己的那些财物（包括一台钢琴和约 3000 本藏书）正在成为麻烦。当年把这些东西从多伦多的研究生院搬到牛津是一次痛苦而昂贵的旅程。于是他决心抛掉几乎一切财物，并在脸书（Facebook）上宣布了这个消息。他卖掉了藏书和钢琴。现在如果再想购物，他会先用严格的标准审视一番："我真的需要它吗？它真能让我幸福吗？"

他拥有几件衣服，一双靴子，几套跳探戈时穿的舞鞋舞裤，一台不错的手提电脑，还有一些零碎东西。我还从没见过东西这么少的成年人。他也把收入中可观的一部分捐给了慈善机构。有人觉得他疯了。"那些人大多认为我得了一种急性或古怪的精神病。"他说，"但总的来说，我得到的反馈还是很正面的。"

他承认"抛弃世俗财物之后会更幸福"只是他的一个想法。他小心翼翼地避免"极简主义使人幸福"的结论，这就是哲学家：遵循原则，谨慎立论，即便是喜欢取乐、会跳探戈的哲学家也是如此。"有一件事值得一提：心理学文献告诉我们，人类对于过去经验的回忆和归纳是很不可靠的。"他说。换言之，虽然感觉更幸福了，但他并不敢断言那就是真相。

当雪莉·帕森斯说她的默认设定就是幸福时，她究竟是什么意思？她似乎是在附和一个常识的观点，即有的人天生就比别人幸福。我们都认识这样的人：他们总是态度积极，充满阳光，即使遭受了打击也能恢复到一个稳定的幸福水平。这在心理学中有一个专门的名词，叫"享乐适应"（hedonic adaptation），关键的一点是它在两个方向上都有效：你既会在失去幸福之后重获幸福，也会在幸福因为好事（比如中彩票）而增强之后跌落到原来的幸福水平。

"人是会适应变化的，"迈克尔·普兰特说，"没有什么事能长久地使人极端快乐或是极端悲伤。出生、死亡、升职、降职，都是如此。有人因此提出了一个"定点理论"（set point theory）：无论发生什么，你的幸福感都会回到一个定点。"

既然有证据显示存在这样一个我们终将返回的定点，你就势必要问：我们要怎么做才能长久地提高幸福感呢？

我们要做的第一件事是弄懂这条"基线"是如何设定的。但这又是一个极其复杂的问题。毫无疑问，这里头一定有遗传的作用，因为人类的大部分性状都有遗传的作用，我们在这本书里已经反复看到了这一点。有争议的是我们能否找到一个使人更加幸福（或者更容易抑郁）的特定遗传元素？你可以想象，如果找到了这样的遗传元素，将会导致怎样的危险：我已经能想到兜售"幸福药片"的营销活动了。

过去 15 年里，有一项这样的主张已经引发了大量研究。

研究者在 17 号染色体上的血清素转运基因（serotonin-transporter

gene）里发现了这个变异。你应该已经听过血清素这个名称，那是一种和幸福感相联的化学元素。当血液中的血清素较多时，我们就容易感到幸福。这也是为什么我们可以用百忧解（Prozac）之类的药物防止它耗尽，从而帮助抑郁症患者。血清素转运基因的功能是生产一种能将血清素运到别处再生产的蛋白。

和大部分基因一样，血清素转运基因上也有一个区域控制着基因产物的生产量。这个区域制约着血清素转运基因的表达，就像一只水龙头控制着流入浴缸的水。1994 年，遗传学家发现这个名叫 5-HTTLPR 的区域存在一长一短两种形式。携带长 5-HTTLPR 的人比携带短 5-HTTLPR 的人生产更多负责转运的基因产物，而这样的产物越多，就意味着闲置的血清素越少。这个发现立即引起了神经科学家和精神病学家的思考：这个差异对人的行为会有什么影响？

2003 年，《科学》杂志上的一篇重磅论文提出了一个答案。[187] 论文作者对新西兰但尼丁的年轻男女开展了一项小型研究，发现携带短 5-HTTLPR 的对象比携带长 5-HTTLPR 的更容易抑郁，甚至自杀。

在那之后又涌现了数百篇研究论文，每一篇都企图揭示 5-HTTLPR 基因的作用。[188] 它们的结论并不明确，更何况抑郁症是一种复杂的疾病，我们已经知道它是多种因素共同作用的结果，不能再指望抑郁行为会简单地对应某一个基因了。不过确实有新的证据显示，携带短型基因的人得抑郁症的概率更高。有人对美国青少年健康纵向研究（US National Longitudinal Study of Adolescent Health）招募的 2574 名青少年做了数据分析，并在他们的遗传状况和生活满意度反应之间做了对比。牛津大学萨义德商学院的简–伊曼努尔·德·尼夫（Jan-Emmanuel De Neve）发现，携带长 5-HTTLPR

的青少年确实更加幸福。他主张这可以解释人们在幸福基线方面的差异。[189]

然而德·尼夫本人的后续研究却得出了莫衷一是的结论。[190] 就像我们在第 1 章认识的智力研究者罗伯特·普罗明指出的那样，这说明你需要大量数据才能发现遗传变异和复杂性状之间的联系。只对区区几百或几千人的 DNA 采样是没有用的。你需要的是数十万甚至数百万人的 DNA 样本。而这样的数据集才刚刚开始出现。2016年，德·尼夫参与了这样一项研究，考察了遗传对 298240 名对象的主观幸福感的影响。在数以百万计的 DNA 差异中，研究团队发现有 3 个遗传变异（两个位于 5 号染色体，一个位于 20 号染色体）和幸福感有关。但是它们相加也只占到了不同人之间幸福感差异的 0.9%。总之，一方面我们已经找到了遗传因素影响幸福感的有力证据，但另一方面每一个遗传变异的解释效力又都十分薄弱。德·尼夫表示，即便将所有遗传影响加到一起，包括数千个目前还不知道的变异，基因对于幸福和抑郁的影响或许还是比不上环境。

这些较大的数据集还把 5-HTTLPR 的水给搅浑了。2017 年，有人重新对 5-HTTLPR、压力和抑郁的数据做了一次大规模分析。几十位作者检查了 31 组数据集中包含的 38802 人的信息。他们的结论令人信服地推翻了短版的 5-HTTLPR 基因型和抑郁症之间存在联系的观点。[191]

这一切都说明，对"幸福基因"的寻找已经结束了。不过，对共同提升我们幸福感的数千个变异的寻找仍在继续。2017 年那项元分析的主持者、华盛顿大学圣路易斯分校医学院的罗伯特·卡尔弗豪斯（Robert Culverhouse）教授表示，近年在研究者中间已经形成了一种公论：对于一切复杂的性状，比如在本书中考察的这些，都有成百上千个相互作用的遗传变异在影响它们的形成："孤立来看，任何一个特定的遗传变异都只有轻微的影响。"这意味着对于抑郁症，我们不该指望会出现简单的基因疗法，比如 CRISPR* 基因编辑或是针对单个基因的药物；但是对于任何相反的主张，我们同样要保持怀疑。"如果有什么遗传学发现能够更加直接地应用于复杂性状，那就是以遗传概貌（genetic profile）为基础的个体化治疗方案。"卡尔弗豪斯说。

　　虽然影响微弱，但寻找和不同性状相关的变异还是值得的。它能引导我们深入了解性状的形成机制，还可能启发新的治疗方法。要记住：虽然在遗传变异和幸福感之间确认的联系只能解释这个性状的一小部分，但这并没有否定还可能有大量尚未发现的遗传联系。这些联系也确实存在。遗传在抑郁症中起了重要作用，德·尼夫的研究（以双胞胎为对象）指出它在幸福感的个体差异中占了大约 1/3 的比重。

　　对 5-HTTLPR 的兴趣不会消失。那篇 2017 年论文的另一个作者是苏塞克斯大学的心理学家凯瑟琳·莱斯特（Kathryn Lester）。她告诉我，即便是这项对幸福感和抑郁症的元分析，也依然有一个缺陷，那就是采样的异质性（heterogeneity），或者说采样的不平均（un-eveness）。比如，分析中的有些研究是用自我报告评估法衡量个体幸福感的，而另一些用的却是面谈法，这两种方法有不同的准确程度。这次元分析已经尽量将样本的不平均减到了最小，但依然很容易出

---

* 全称为"成簇的规律间隔的短回文重复序列"。

错。"所以在我看来，关于 5-HTTLPR 基因型和压力接触在抑郁症上的相互作用，我们还将争论下去。"

和卡尔弗豪斯一样，莱斯特也认为虽然用基因疗法提升幸福感还遥遥无期，但这种刚刚浮现的对于基因的复杂见解依然是很有希望的。在将来，它会帮助研究者发现脑中的生物通路，并甄别患者对现成治疗方案的反应是强还是弱。不过现在看来，它似乎证明了我们最初被设定的基线是无法更改的。

* * *

雪莉·帕森斯的神经科医生蒂姆·哈罗尔说，闭锁综合征患者的身体不可能真正恢复："这种病悲哀就悲哀在这里：一般来说，病人的恢复非常、非常有限。"一般来说，但并非绝对如此。我采访过的一位神经科学家建议我联系一个名叫凯特·阿勒特（Kate Allatt）的女子。她是一个活生生的例子，证明了惊人的康复有时的确会发生。

阿勒特说，她在谢菲尔德念中学的时候曾经瞎玩了一阵，那时她还是个淘气的孩子。但是当学校里的职业顾问建议她只到工厂去找工作时，她生气了。"他的话刺激了我。"她说，"如果有人说'你不行'，我偏要叫他'走着瞧'。"

她说自己向来是个积极而坚定的人。她从小练习越野跑，每周跑 70 英里。她有 3 个孩子，一份全职工作。但即便是这些挑战，也无法和她在 2010 年 2 月 7 日遭遇的那道难关相比，当时她 39 岁。

那天阿勒特因为身体不适而卧床休息，医生说她得了偏头痛。那天傍晚，她蹒跚地走下楼梯，想问问丈夫："我这是怎么了？"然而她说出的却是一个口齿含混、难以理解的句子。她瘫在地上，被一次大面积脑干中风击倒了。

她恢复清醒时已经身处谢菲尔德的北部综合医院。她说那仿佛是从棺材中醒来。她在重症监护室里，浑身瘫痪，完全闭锁，连呼吸都要机器帮忙。医生对她丈夫说她现在生不如死。阿勒特的意识完全清醒，她害怕医生会关掉呼吸机，但她无法将这种恐惧传达出去。

终于，她开始用眨眼的方式与朋友和家人交流。她急切地想要恢复，并努力地改善自己。"医生已经叫我的家人继续他们的生活了。他们放弃了我，连试都不试就不再抱什么期待，我真的很生气。我说你们瞧着吧，我才不会认命。我家里还有 3 个孩子，说什么也要康复的。我真的很努力，一遍遍、一遍遍地尝试。"她说。

她把全部心思都用来恢复行动能力。在 8 周重症监护之后，她终于驱使自己的右手拇指移动了 2 毫米。她没有就此止步，接着又努力恢复了说话的功能。不可置信的是，她出院时竟是破天荒地自己走出去的（这段视频被传上了 YouTube，十分感人）。一年之后，她已经能长跑 1 英里。现在她已经完全康复，回归了家庭。她把时间都用来做演讲，采访闭锁患者，帮这些人改善处境，并用自己的故事激励他们。

帕拉什科夫·纳切夫（Parashkev Nachev）是伦敦大学学院脑科学部的神经学家，对阿勒特的病情和恢复情况很熟悉。我联系了他，向他请教阿勒特是怎么做到的。他解释说，脑通过自组织的方式发育，它需要随机和偶然来达到它所需要的那种复杂程度。在这个意义上，脑也是在不断的尝试和纠错中形成的。当脑受损时，它既可以保持受损状态，也可以通过重新组织来找回丧失的功能。但是重新组织需要极大的灵活性，这样才能发现并测试执行旧功能的新方法。"凯特的情况就是如此，"纳切夫说，"她有着一股超人般的疯狂动力，这意味着她在脑中的'尝试'远远超过那些患相同疾病的人，甚至很可能超过了我认识的任何一个病人，这使她的脑能在远远超过普通人的范围内重新组织自身。"

到了本书的结尾，我们终于见到了一个真正被称为"超人"的人。阿勒特自己说，她康复的关键是不懈努力："我好几年前就这么说了，现在那些科学家终于跟上了我的思路。"

阿勒特和威廉·麦卡斯基尔一样，也意识到了帮助别人能提升自己的幸福感。[192] 当我问她从自己的经历中学到了什么和幸福有关的东西时，她对我说了她认识的一位芬兰模特的故事。1995 年，卡蒂·凡·德·胡芬（Kati van der Hoeven）正过着梦寐以求的生活。她那时 20 岁，已经是一位国际知名模特，平时生活在美国洛杉矶。但在回芬兰探亲时，她突发大面积中风，陷入了闭锁状态，至今已有 22 年。目前她依然浑身瘫痪，但她结了婚，住在自己家里，而且很幸福——阿特勒说，卡蒂和她丈夫是她遇见的最幸福的人。

卡蒂当然不能说话，于是我通过脸书和电邮联系了她。她回复得很快，我心想肯定是有人在替她作答，但是她接着就给我看了一段她如何使用电脑的视频。她的额头上有一个小小的反射点，电脑上有一只红外线传感器，能捕捉她视线的方向。有了这些，她就可以快速地在一块虚拟键盘上引导光标了。

她怀念跳舞，当然也怀念说话。但是她也表示，她已经不再把自己的遭遇看作一场悲剧了。[193] 和做模特的时候相比，现在她感到更加幸福。"对我来说，幸福就是爱，不仅是接受爱，也是给予爱，分享爱。"她分享爱的对象不仅是丈夫亨宁（Henning），还有她的那只名叫"乐乐"（Happy）的狗。"还有一点，"她补充道，"我认为幸福就是人生有目标，并且帮助别人改善生活，无论多小的改善都是好的。"

芬兰语里有个词：sisu，大意是"逆境中的坚强"/"绝境中的勇气"。它的另一层意思是"淡定"，就像我们在农夫和马的寓言里看到的那样，还有一个意思是应对压力。（淡定就是用同样超脱的态度来对待好事和坏事，这也是佛陀教导的"七觉支"中的一个。）[194]

许多闭锁综合征患者都来联系卡蒂。他们读了她的博客，也在YouTube 上看到了她，再就是看了她和亨宁的演讲。卡蒂说，这些患者大多没有接受自己的遭遇。"我的意思是说，他们没有看到事情好的一面，也没有更加了解自己。"她想要教会他们 sisu。她说，在中风前，她的一切行为都是由社会规范指导的，现在它们则更多受感情的引导，比如爱、同情和善意。"现在我的行为已经很少受社会的影响，影响更大的是什么是对、什么是错的感觉。"

我从她的话里明白了两点：第一是联系她的人大部分没有接受自己的处境。我虽然引用了许多研究、论证大多数闭锁综合征患者都感到幸福，但只要是一个头脑正常的人都得承认，这是一次难以接受的毁灭性打击。

第二点是，即便那些天生具有 sisu 和积极心态的人，也还是需要一个目标。如果你得了闭锁综合征，那么拥有一套积极的人生观会很有帮助。"我有一个快乐的天性，根本不会持续沮丧或愤怒，这些能力肯定帮助了我。"雪莉说道，"还有就是我很实际、很现实，这一点也很有帮助。"雪莉的经历证明，幸福在很大程度上不需要美丽、强壮、名声或财富做担保。你在当下的体验，在内心的感觉，都不是从这些东西里产生的。就连度量幸福的另一种手段，即一生评估法，也和这些人人追求的东西没有必然联系。如果你回顾人生，想到自己有二三十年的时光都在闭锁中度过，你或许会认为人生给你发了一手烂牌，这个想法也完全合乎情理。但你也可以像雪莉那样，在回首人生的时候感叹：我真倒霉，但是我也做了一些有益的事，我念了学位，提升了心灵，我还理解了自己，理解了生活的意义。我被困入一具残躯，却在其中探索了自己，找到了隐藏的宝库。

纳切夫想知道，这些闭锁患者的故事为平凡的"幸福"概念增添了多少深刻内涵："有的人会在我们大多数人不堪忍受的环境里宣示幸福，但是我很怀疑这些例子能否告诉我们普通人的幸福是什么。"

我却并不怀疑。对我来说，它们让我理解了对当下幸福感的体验式度量才是最实在、也最重要的。当别人问我们"你好吗"时，我们想到的正是这种体验。让我们不要把事情弄得太复杂。幸福是一个简单的东西。它是一种身体的感觉，就像冷热，有没有你自然知道。而当我们把自己放到一个更加宏观的位置，或者采取一种更广阔的视角时，我们思考的就是对幸福的一生评估式度量了。就像普兰特对我说的那样："驱策我们的常常是我们一生的故事，而不是某个时刻的体验。"我们从诗、歌、小说中得知，金钱并不能使人更幸福，但我们依然在一部社会的跑步机上奔波，努力获取更多金钱。当杰斐逊在《独立宣言》中写下人有权"追求幸福"时，我认为他要我们追求的是整个社会的大幸福，可惜在一个个人至上的世界里，这却和个人对自己一生幸福的评估混淆了。我们觉得追求幸福就意味着收入一定要上涨，但是我们在本章中看到：在挣到一定数目之后，多余的金钱并不能带来多少幸福感，而且这个数目按照中产阶级的标准是很低的。我们觉得幸福意味着驾驶坎耶的豪车或是得到名人那样的时髦生活，要不就是住进大房子，把孩子送入名校……我们编造了一个故事，坚信那样就能带来人生的满足感，为此我们宁愿忍受漫长的通勤、乏味的工作（或许还有乏味的伴侣），只因为我们相信那样有助于实现幸福。我们或许真能实现那些目标，这也很好，但我们当下的幸福情绪可能不会改善。我们要明白这个可能，为它做好准备，不然就随时会沮丧地用头撞墙。也许演化的角度可以帮助我们理解这个问题：我们在自身的演化史中学会了珍惜资源，而在现代社会，资源就意味着房产、车辆、游艇、珠宝……从演化的角度看，这对我们那些在数十万年前艰难度日的祖先是很有必要的，但时代已经不同。与这类似的是另一个演化的陷阱：肥胖。我们的胃口是在糖分和脂肪远比今天稀少的时代演化出来的（那时我们的运动量也大得多），但今天有了大把廉价的能量供身体吸收，身体就不堪重负了。[195] 消费主义正是与肥胖相似的一口演化陷阱。

对于生活和心态，我们能做的最简单的改变，就是记住当我们思考幸福的时候，我们应该想到的是每时每刻的幸福。坎耶在他的玛莎拉蒂里或许并不幸福。如果能这样看待生活，你就会尽量多做那些使自己当下就幸福的事了。

结语

每个公民天生都是复杂的：他们体内蕴含着一整套可能的行为。

——扎迪·史密斯（Zadie Smith）[196]

人是在动物和超人之间绷紧的一根绳，绳子下方就是一道深渊。

——弗里德里希·尼采《查拉图斯特拉如是说》

让我把话说清楚，你们都要为超人让条路。

——大卫·鲍伊《你们这些漂亮的小东西》

（Oh You Pretty Things）

就在几天之前，当我骑着自行车沿林荫路驶向白金汉宫时，无意间看见了一对父母在训斥一个孩子。"你当自己是什么人？"做母亲的大声喊道。我继续骑车，没有再听下去。（考虑到我们的位置，她的下一句或许是"你当自己是女王吗？"）但是这句"你当自己是什么人"却使我想起了我在这本书里遇见的那些人。我又当我自己是什么人呢？我认为我是一个伟大物种的一分子，和其他同类一样，也具有远远超出日常生活的潜能。

当我阅读并惊叹于那些杰出的生存技巧或勇气，或者欣赏作为人类最高成就的伟大艺术、文学及科学作品时，我觉得成就这些壮举的人物都不寻常。我们芸芸众生都不是超人，我们遇见的大多数人也不是。但我后来才意识到，我们和他们之间其实连着一根线索。我们之所以能沐浴在这些同类的光辉之中，是因为我们也有着和他们相似的性状。

具体说说：我的记性只是中等，但只要愿意，我就能把它练得更好。我多半不能参加恶水超级马拉松赛，但只要有心，我或许能跑完一次普通马拉松。我永远不可能获得诺贝尔科学奖，但至少我在《科学》杂志上发表过文章。[197] 我绝对不可能在皇家歌剧院登台演唱，但在经过练习之后，我已经不会在卡拉OK厅里丢脸了。[198] 至少在某种程度上，我们的体内都蕴藏着潜能。

我们在这本书里考察了各种性状：智力和勇气，歌唱和耐力，坚韧和睡眠，衰老和幸福。有一个共性将它们串联在了一起：这些性状都有程度的分别，这种程度体现在我们所有人身上。它们共同构成了一块调色盘，这块调色盘就是我们的人性，而这些性状或许就是这块调色盘上的原色。[199] 写到这儿，我不禁想到了哈姆雷特的那段"人是一件多么了不起的杰作"的感叹，只不过在赞美了人类的高贵理性和伟大力量之后，他又对人类嗤之以鼻："人不能使我欢喜；不，女人也不能。"[200] 在这一点上我和哈姆雷特不同，在这番考察结束之后，我对人类一点都没有失望。哈姆雷特是个悲观者，而我是个乐观者。[201]

　　我们已经看到，超人也是人，他们只是到达了能力范围的巅峰而已。有争议的是他们到达巅峰的方式。对于我们考察的几种性状，我遇见的那些超人肯定装载了宝贵的遗传货物，这些货物帮助他们成就了伟大。其中智力、歌唱能力和长寿是最明确的例子。但即使拥有了宝贵的基因，你还是需要一个有利的环境来促成它们充分发展。莫扎特不是天生会弹钢琴，马格努斯·卡尔森也必须学习国际象棋。至于其他性状，比如记忆和耐力，你的遗传天赋无论好坏，都可以通过努力使自己更上层楼。

　　我们在这本书里反复看到：能把某件事情做到何种程度，取决于你的成长环境、你吃的东西、你的经历、你的训练和练习方式以及你天生的基因。环境与基因相互作用，也滋养和修改了基因。它并不能克服基因对你的影响，而是和基因一起工作，打开一些、也关闭一些，提升一些、又压制一些。所谓"先天和后天的矛盾"并不存在。基因和环境绝不是非此即彼。它们总是共同作用，相辅相成。然而两者矛盾的说法依然顽固地停留在大众的想象之中，这样的观念太过古老，早就过了使用期限，很久之前就被遗传学家当作错误抛弃了。《哈姆雷特》里还有一句名言，用在这里也很合适："习惯简直有一种改变气质的神奇力量。"说这话时，王子正在努力阻止母亲和他叔叔睡觉，他说只要她养成不和克劳狄乌斯上床的习惯，她内心的需求就会变淡。我赞叹莎士比亚在这里插入了"简直"二字。我的体会是：训练也"简直"可以盖过天赋。[202]

　　每个复杂性状都是由数千个基因决定的。而一个已经证明对智力产生影响的基因，也会对许多别的性状产生作用。遗传的影响是弥漫式的。这一点并不使人意外，因为无论智力、记忆、语言能力还是坚韧都只是人造的范畴,是为了描述和理解人类事务而制定的概念。这些范畴使得混乱的现实易于掌握,但它们本身并不是柏拉图式的客观理念。这个弥漫效应有一个专门的名词,叫"基因多效性"(pleiotropy):和智力有关的基因也很可能影响记忆、语言能力、专注和幸福感,很可能还有长寿和坚韧。反过来也是如此。

这种弥漫和关联并不意味着基因对我们的运动能力、智力或是活到 100 岁的潜力影响不大,基因仍对这些性状起着重要作用。只是除了少数突变,比如我们在第 9 章看到的囊胞性纤维症之类的孟德尔病之外,你并不能在特定的基因与特定的行为或生理作用之间划上等号。

所以我们为什么要拒绝"先天"这个概念呢?近年来有许多畅销书都在贬低遗传的作用——我说的是安吉拉·达克沃斯的《坚毅》、安德森·艾利克森和罗伯特·普尔的《刻意练习》、丹尼尔·科伊尔(Daniel Coyle)的《一万小时天才理论》(*The Talent Code*)、马尔科姆·格拉德威尔的《异类》、杰夫·科尔文的《哪来的天才》、以及大卫·申克(David Shenk)的那本标题一厢情愿的《天才的基因》(*The Genius in All of Us*),有的甚至坚称根本没有天赋这一回事。

这部分是出于对遗传学的错误理解。流行的观念将先天和后天对立,人们还认为先天的就是不可改变、无法修正的。事实并非如此。我们在这本书里写到的所有性状都是可以修改的。基因会因外界对它们的要求而启动或关闭,训练、饮食和其他环境因素也可以修正它们。研究这类修正的领域称为"表观遗传学"(epigenetics)。

人们之所以不愿承认遗传对行为的影响,可能有意识形态方面的原因:没有人喜欢基因决定命运的说法。但实际上,也没有人这么说过，这根本就是一个假靶子。历史上的污点也是一个原因，比如英国、斯堪的纳维亚半岛、加拿大和美国都推行过的恐怖的优生学运动，当然还有德国。然而这些都是政治运动，并非科学。如果现代科学告诉我们，在这个或那个性状上需要基因的参与才能达到高超水平，就像我们在本书中看到的那样，那么这就是事实了。我们要接受科学证据，并从中获得力量。首先，这会引导人们将资源投到合适的地方。其次，一旦明白了遗传对专业技能的影响，就会有更多人通过训练取得更大的成就。这和支持智商测试的理由是一样的：这样做能帮到那些向来被忽略的人。加州大学尔湾分校的大卫·卡德（David Card）和劳拉·朱利亚诺（Laura Giuliano）指出，在佛罗里达的一个大型学区引入智商筛选之后，进入天才儿童项目的非洲裔、西班牙裔、低收入家庭子女和女性学生大大增加了。[203] 罗伯特·普罗明还主张，智商测试能使所有儿童提高学业水平。[204]

如果你打算成为某个领域的专家，或者你是希望为孩子提供最佳指导的（准）家长，上面的这段对你意味着什么呢？它意味着不要设定不切实际的目标，还意味着要拓宽兴趣，尝试各种活动，直到发现适合自己的那种。如果你发现自己擅长某事，那就坚持下去。如果你意识到自己不具备某项职业的天赋，那就停止。无论做什么都要追求乐趣，不要为了成为什么专家。要记住，我们的遗传天赋里也包含了动力。这是我在为本书收集材料时的最大发现：原来练习的勤奋程度也有遗传的因素，就像我们在第6章看到的那样。我此前从没想过顽强或坚毅这样的品质也受基因的左右，但确实如此。不要因为达不到书中人物的水平而自责，毕竟很少有人比得上他们。

我的母亲是一位成功的青少年图书作者，我记得有一次问她：

何必费劲写书呢？比起她的作品，我们都更喜欢读菲利普·普尔曼。
她的书确实销量很好，但她也承认自己成不了普尔曼、罗尔德·达
尔或是 J. K. 罗琳。*她说她之所以写作，是因为她很乐意贡献一点
小小的力量。我也是一样。和书中的这些超人见面并没有使我因为
没有达到他们的成就而恐惧战栗，他们反而激励了我为自己的领域
再贡献点滴。你依然要跑步、至少要锻炼身体，只为了它带给你的
积极精神。你依然要尽量改善睡眠，要把它当作和过马路时的安全、
和你孩子的健康一样的头等大事——这会使你感觉更好、思维更清
晰，并带来长远的益处。你不必把眼光放得太远，幻想驾驶 F1 赛车
或是环球航行，你只要稍微动动脑子过好当下，或许就能改善自己
的生活甚至提升幸福感了。我希望自己永远不要落入卡门·塔尔顿
或亚历克斯·刘易斯的处境，但是每个人都难免会遇到较轻的挫折。
我们是坚韧的，我们有能力克服它们。

　　对我，这已经足够了，但是我也知道，有许多人不甘愿接受自
己不是超人的现状。这也是为什么我提到的那些书籍会畅销，为什
么在智力、音乐能力和长寿这些领域有大量遗传学研究的原因。就
连睡眠也是如此。还记得我们在第 10 章提到的 DEC2 基因吗？有人
拥有了这个基因的某个版本，就能比我们普通人少睡几个小时，有
的科学家甚至公开宣称：未来可以在这个方向上对人类开展基因增
强。[205] 比如哈佛大学的遗传学家乔治·丘奇（George Church）就谈

---

*　菲利普·普尔曼（Philip Pullman，1946—　）、罗尔德·达尔（Roald Dahl，1916—1990）、J. K.
　罗琳（J. K. Rowling，1965—　）都是英国的奇幻文学作家。普尔曼代表作有《黑质三部
　曲之黄金罗盘》，达尔代表作有《了不起的狐狸爸爸》《查理与巧克力工厂》等，罗琳
　代表作则有《哈利·波特》。

到了将某些遗传变异编入人类基因组的可能。[206]

CRISPR 之类的基因编辑技术已引发巨大的兴奋（和焦虑）。[207]
中国和美国的研究者已经在尝试用这项技术修改人类胚胎（效果一
般）。[208][209] 但即使这项技术发展成功并证明安全，基因的多效性仍
决定了我们很难用遗传工程的方法显著改变人性。智力、长寿、乐
感和人格，这些性状的遗传学基础远比我们认为的复杂。尽管如此，
人们仍会继续尝试。基因工程已经提高了动物的智力和寿命。研究
者通过改变大鼠的基因 NR2B 提高了它们的学习和记忆能力，使它
们变得更聪明。[210] 这个基因似乎能延长神经元之间的交流时间。研
究者还修改了秀丽隐杆线虫（Caenorhabditis elegans）的两条与衰老
有关的遗传通路，使这种蠕虫的寿命增加了 5 倍。[211]

这里引出了一个问题：现代人是在大约 20 万年之前演化产生的。
既然我们中的一些成员能做出伟大壮举，是不是就意味着我们变得
"更像"人类了呢？不是的，因为就像现代人通过一条线索和本书中
的超人连接一样，也有一条线索把我们和史前人类联系在一起。我
们的样子确实和祖先不同了：我们更高，更健康，更聪明，更长寿，
也成就了更多。但我们并没有变得更像人类，只是发挥出了更大的
潜能。未来还有多少可以发挥呢？

还有许多，这一点从下面的事迹中可见一斑：

2016—2017 年间，人类对围棋这一古老游戏的理解出现了空前
突破。一个名叫"阿尔法围棋"（AlphaGo）人工智能程序（AI）和
世界上最好的人类棋手对弈，取得了压倒性的胜利。它走出了三千
年围棋史上从未有过的下法。但是那些人类高手也借此提升了自己
的棋艺。看过了 AI 的下法后，韩国的李世乭和中国的柯洁都改进了

自己的棋路。柯洁说："在和 AlphaGo 比赛之后，我从根本上重新思考了这项运动，现在我发现这种反思对我帮助很大。虽然输了比赛，但是我发现围棋的可能性是无穷的，这项运动还在继续发展。"[212] 在那以后，柯洁连续赢得了 22 局比赛。

戴密斯·哈萨比斯（Demis Hassabis）是谷歌公司"深度思维"（DeepMind）实验室的创始人之一，这间位于伦敦的实验室正是 AlphaGo 的开发者。哈萨比斯表示，柯洁和李世乭的反应显示了 AI 能为人类创造的贡献。我们都害怕 AI 会抢走自己的工作，但这种想法是错误的。AI 展示了我们未来的发展方向。"人类的才能得到 AI 的增强，将会解放我们的真正潜力。"他说。

我可以想象 AI 会增进我们在这本书中探讨的几种性状：我们的智力和创意肯定会提高。记忆、语言和专注也是如此。在 AI 的帮助下，医学领域的突破必然会延长我们的寿命，增强我们的坚韧。我们会就此变成"后人类"（post-human）吗？这会扩大 AI 技术的拥有者和其他人的差距吗？

即使没有 AI，我在写作本书时遇到的那些人也已经使我对人类的潜力激动不已了。我们的体内还有许多力量有待发掘。这也是驱使我写作本书的又一动力。

牛津人类未来研究所（Future of Humanity Institute）的安德斯·桑德伯格（Anders Sandberg）有许多兴趣，其中之一就是度量人类未来的潜力。人类正在面临无法忽视的生存威胁，包括气候变化、合成生物、核战争和 AI（奇怪，我刚刚才吹嘘过它的好处）。度量这些威胁的一个方法是计算哲学家所说的"未来规模"（size of the future），也就是未来可能的人口生命数量。桑德伯格做了这个计算，结果超过了天文数字：目前对人类的生存威胁将影响 8000 亿到 3.92×10 的 100 次方人口的生命。[213] 他号召我们团结起来，既为了将来的人类，也为了我们自己的潜能。

在这本书里，我们研究了人类中最好的成员。我们先是观察了人类超越黑猩猩的地方，本书的主题——文化和人性——在很大程度上解释了这一点。另一个我们比黑猩猩做到更高层次的当然是合作。现在的我们比任何时候都更需要这个品质。我希望你们和我一样，也对人类的丰富多样感到惊奇，对我们的可能性感到振奋。我们必须支配这些性状，将人类的潜能推到极限，并用它们来解决困扰我们这个物种的问题。

致谢

本书的写作为我带来了巨大的享受和满足，这一切都要归功于我在写作中遇见的、采访过的人，他们有的是科学家，有的是各章主题下的超人。各位数量太多，我只在正文中提到，无法在这篇致谢中一一点名，但我依然要感谢你们大方地拨出时间，和我谈论了你们的生活和工作。和你们见面、听你们讲述会给我带来这么多灵感和鼓励，这是我完全没有料到的。

《新科学家》（*New Scientist*）杂志是一家激动人心的机构，在杂志工作的十多年对我的思想有巨大的引导作用。非常感谢我的同事们创造了一个富于探索和想象的工作氛围，也谢谢各位上司能允许我灵活工作，有时间写出本书。

许多人阅读了本书的部分章节并给我提了意见，他们是赛莱斯特·比弗（Celeste Biever）、杰西卡·汉姆泽罗（Jessica Hamzelou）、劳拉·加拉格尔（Laura Gallagher）、西蒙·费希尔、玛丽-克里斯丁·尼齐、斯图尔特·里奇、米利娅姆·莫辛和亚克·塔米宁。多谢他们为本书付出的时间。书里的任何错误当然都要归咎于我。谢谢亚克·塔米宁和大卫·摩根将我连上脑电波仪并让我在他们的实验室里睡觉。

和书中诸多人物的会面得到了许多机构的支持，如果没有它们的帮助和莫大善意，我是根本不可能做到的。我要感谢：皇家切尔西医院的医师和工作人员、威廉姆斯车队、皇家歌剧院、波士顿布莱根妇女医院、英国老年学会的黛博拉·普赖斯（Debora Price）、以及皇家德文-埃克塞特医院的蒂姆·哈罗尔。

我要感谢利特尔布朗出版社（Little Brown）的编辑团队：蒂姆·怀廷（Tim Whiting）和尼西亚·雷（Nithya Rae）、审稿人斯蒂夫·戈夫（Steve Gove），以及西蒙舒斯特出版社（Simon & Schuster）的本·勒嫩（Ben Loehnen），谢谢他们的出色工作。尤其要谢谢我那位不知疲倦的杰出代理人帕特里克·沃尔什（Patrick Walsh），我的最初想法能变成一本书，他的功劳至关重要。

多亏了我了不起的妈妈对我的养育，让我熟悉了打字机的咔嗒声，也让我明白我也可以成为一名作家。也感谢我杰出的小家庭和大家庭中支持我的其他成员：我爸爸，姐姐杰玛（Gemma），还有每位姻亲（特别谢谢罗斯 [Ros]——你救了我的命），还有我的两个孩子莫莉（Molly）和艾丽斯（Iris）。

有人说写一本书就像孕育一个孩子，正巧在我写这本书时，我的伴侣劳拉（Laura）真的孕育了一个孩子。我要谢谢她在这个过程中忍受我偶尔在身体和心灵上的缺席，还要谢谢她一路上对我巨大的爱和支持。她是我的第一位读者，也对我的手稿做了大量改进，更重要的是，她还改善了我的生活。这本书献给她。

参考文献

前言

1　*Current Biology*, DOI: 10.1016/j.cub.2010.11.024

2　*Current Biology*, DOI: 10.1016/j.cub.2006.12.042

3　*Proceedings of the National Academy of Sciences*, DOI: 10.1073/pnas.0702624104

4　*Journal of Human Evolution*, doi.org/smp

5　*Scientific Reports*, DOI: 10.1038/srep22219

6　https://www.newscientist.com/article/mg23130890-600-metaphysics- special-where-do-good- and-evil-come-from/

01　智力

7　*Frontiers in Psychology*, DOI: 10.3389/fpsyg.2014.00878

8　http://www.telegraph.co.uk/men/the-filter/football-mad-mobbed-by-girls-and-easily-bored- meet-magnus-carlse/

9　*Psychology and Aging*, DOI:10.1037/0882-7974.22.2.291

10　*Journal of Intelligence*, DOI: j.intell.2017.01.013

11　*Intelligence*, 45 (2014), 81–103 http://dx.doi.org/10.1016/j.intell.2013.12.001

12　*British Medical Journal*, DOI: 10.1136/bmj.j2708

13　更多参见：http://slatestarcodex.com/2017/09/27/against-individual- iq-worries/

14　*Molecular Psychiatry*, DOI: 10.1038/mp.2014.105

15 https://www.theatlantic.com/health/archive/2014/01/the-dark-side-of-emotional- intelligence/282720/

16 *Journal of Applied Psychology*, DOI: 10.1037/a0037681)

17 http://www.kcl.ac.uk/ioppn/depts/mrc/research/twinsearlydevelopmentstudy (teds).aspx

18 Plomin et al., 'Nature, nurture, and cognitive development from 1 to 16 years: a parent-offspring adoption study'. *Psychological Science*, 8 (1997), pp. 442–7

19 *Intelligence*, DOI: j.intell.2014.11.005

20 *Nature Genetics*, DOI: 10.1038/ng.3869

21 *Psychological Science*, DOI: 10.1111/j.1467-9280.2007.02007.x

22 *Nature Communications*, DOI: 10.1038/ncomms2374

23 *Psychological Science*, DOI: 10.1111/j.1467-9280.2008.02175.x.

24 *Trends in Cognitive Sciences*, DOI:10.1016/j.tics.2016.05.010

25 https://www.newscientist.com/article/mg23431260-200-how-to-daydream-your-way-to-better- learning-and-concentration/

26 *Developmental Psychology*, DOI: 10.1037/a0015864

02 记忆

27 http://quod.lib.umich.edu/e/eebo/A09763.0001.001/1:48.24?rgn=div2;view=fulltext

28 感谢菲利普·德·布里加德（Felipe De Brigard）指出这一点，见 *Synthese*, DOI: 10.1007/s11229-013-0247-7。

29 https://stuff.mit.edu/afs/sipb/contrib/pi/pi-billion.txt

30 *Neurocase*, DOI: 10.1080/13554790701844945

31 http://www.worldmemorychampionships.com

32 *Neuron*, DOI: 10.1016/j.neuron.2017.02.003

33 *Neurocase*, DOI: 10.1080/13554790500473680

34 *Frontiers in Psychology*, DOI:10.3389/fpsyg.2015.02017

35 *Memory*, DOI: 10.1080/09658211.2015.1061011

36 https://www.theguardian.com/science/2017/feb/08/total-recall-the-people-who-never-forget

37 *PNAS*, DOI: 10.1073/pnas.1314373110

38　*Nature*, DOI:10.1038/35021052

39　*Psychological Science*, DOI: 10.1111/j.1467-9280.2008.02245.x

40　*Brain Structure and Function*, DOI: 10.1007/s00429-015-1145-1

41　*Synthese*, DOI: 10.1007/s11229-013-0247-7

42　*Psychology and Aging*, DOI: 10.1037/pag0000133

03　语言

43　http://rosettaproject.org/blog/02013/mar/28/new-estimates-on-rate-of-language-loss/

44　http://www.polyglotassociation.org/

45　*Brain and Language*, DOI: 10.1016/S0093-934X(03)00360-2

46　*NeuroImage*, DOI:10.1016/j.neuroimage.2012.06.043

47　*NeuroImage*, DOI: 10.1016/j.neuroimage.2015.10.020

48　*Behavioural Neurology*, DOI: 10.1155/2014/808137

49　*PLoS ONE*, DOI: 10.1371/journal.pone.0094842

50　*Psychological Science*, DOI: 10.1177/0956797611432178

51　*Trends in Cognitive Sciences*, DOI: 10.1016/j.tics.2016.08.004

52　*Nature Genetics*, DOI: 10.1038/ng0298-168

53　*Nature*, DOI: 10.1038/35097076

54　*Proceedings of the National Academy of Sciences*, vol. 92, pp. 930–3

55　*Trends in Genetics*, DOI: 10.1016/j.tig.2017.07.002

56　*Nature*, DOI: 10.1038/nature01025

57　*Current Biology*, 10.1016/j.cub.2008.01.060

58　*Proceedings of the National Academy of Sciences*, DOI:10.1073/PNAS.1414542111

59　*Journal of Neuroscience*, DOI: 10.1523/JNEUROSCI.4706-14.2015

60　这只有在我们用传统的教学法学习第二语言时才成立，在我们沉浸式地学习外语时就不成立了。那么我们学习母语时又如何呢？我们吸收了复杂的语法规则，而且在没有明确意识到这些规则的情况下成功运用了它们。

04　专注

61　http://www.thedrive.com/start-finish/11544/jacques-villeneuve-says-lancestroll-might- be-worst-rookie-in-f1-history

62 http://www.williamsf1.com/racing/news/azerbaijan-grand-prix-2017

63 *Cerebral Cortex*, DOI: 10.1093/cercor/bhw214

64 *Nature Reviews Neuroscience*, DOI: 10.1038/nrn3916

65 *Pain*, DOI: 10.1016/j.pain.2010.10.006

66 *Emotion*, DOI: 10.1037/a0018334

67 *Neuroscience of Consciousness*, DOI: 10.1093/nc/niw007

68 *Proceedings of the National Academy of Sciences*, DOI: 10.1073 pnas.0707678104

69 这里要提醒一点：并不是每个人都能从冥想或正念中获得积极的好处。有两位英国研究者，考文垂大学的米格尔·法里亚斯（Miguel Farias）和萨里大学的凯瑟琳·维克霍尔姆（Catherine Wikholm）在一本书里介绍了它们潜在的意外后果，书名是《佛陀的药片：冥想能改变你吗？》（*The Buddha Pill: Can meditation change you?* [London: Watkins Publishing, 2015]）

70 *Frontiers in Psychology*, DOI: 10.3389/fpsyg.2014.01220

71 *Frontiers in Psychology*, DOI: 10.3389/fpsyg.2017.00647

05 勇气

72 https://www.gov.uk/government/news/ied-search-teams-honoured-with-new-badge

73 http://www.bbc.co.uk/news/uk-england-25354632

74 *Nature Neuroscience*, DOI: 10.1038/nn2032

75 *Nature Neuroscience*, DOI: 10.1038/nn.3323

76 http://abcnews.go.com/US/hero-mom-describes-chased-off-carjackers-gas-station/story?id=36496307

77 *Neuron*, DOI: 10.1016/j.neuron.2010.06.009

06 歌唱

78 Anders Ericsson, *Peak: Secrets from the New Science of Expertise* (Eamon Dolan/Houghton Mifflin, 2016) pp xviii.

79 *Psychological Review*, DOI: 10.1037//0033-295X.100.3.363

80 *British Journal of Sports Medicine*, DOI: 10.1136/bjsports- 2012-091767

81　　Ericsson, *Peak: Secrets from the New Science of Expertise*, p 110

82　　*Psychological Bulletin*, DOI: 10.1037/bul0000033

83　　*Intelligence*, DOI: 10.1016/j.intell.2013.04.001

84　　*Frontiers in Psychology*, DOI: 10.3389/fpsyg.2014.00646

85　　https://alanwilliams123.wordpress.com/2015/06/30/northern-voices-opera-project-the-survey/ and https://www.thetimes.co.uk/article/opera-the-arsonists-to-be-sung-in-yorkshire-accent-alan-edward-williams-ian-mcmillan-39xfpkhjc

86　　*Psychological Science*, DOI: 10.1177/0956797614541990

87　　我向来认为有一个观点根本不值得考虑，那就是约翰·列侬和保罗·麦卡特尼在歌曲创作上的天才是可以靠练习获得的，后来我读到了麦卡特尼本人对此事的态度。他对《GQ》杂志说："我们在汉堡的时候还有许多别的乐队，他们的确在音乐上投入了1万个小时，但他们并没有成功，可见这不是一个严谨的理论。我认为在这件事上并不存在什么定律：你只要完成了这点工作量，就会像披头士一样成功，没有这样的事。"（来源：http://www.cbc.ca/news/entertainment/interview-paul-mccartney-heads-to-canada-1.942764）对披头士在汉堡的日子做一番透彻的分析，就会发现他们的演出总共只有1100小时左右（参见 Mark Lewisohn, *Tune In*, New York: Crown Archetype, 2013）。

88　　*Psychonomic Bulletin and Review*, DOI 10.3758/s13423-014-0671-9

89　　http://www.telegraph.co.uk/opera/what-to-see/written-skin-one-operatic-masterpieces-time-review/

90　　https://www.barbican.org.uk/music/event-detail.asp?ID=17404

91　　http://www.japantimes.co.jp/life/2016/05/28/lifestyle/whispers-asmr-softly-rising-japan

92　　Angela Duckworth, *Grit – why passion and resilience are the secrets to success.* Vermilion,2017.

93　　*Journal of Personality and Social Psychology*, DOI: 10.1037/0022-3514.92.6.1087

94　　*Journal of Medical Genetics*, DOI: 10.1136/jmedgenet-2012-101209

95　　http://jmg.bmj.com/content/45/7/451

96　　*Scientific Reports*, DOI:10.1038/srep39707

97 'Savant Syndrome: A Compelling Case for Innate Talent', DOI: 10.1093/acprof :oso/9780199794003.003.0007

98 *Frontiers in Psychology*, DOI: 10.3389/fpsyg.2014.00658

99 *Proceedings of the National Academy of Sciences*, DOI: 10.1073/pnas. 1408777111

100 DOI: 10.1080/02640414.2016.1265662

101 *Developmental Review*, DOI: 10.1006/drev.1999.0504

102 *Perspectives on Psychological Science*, DOI: 10.1177/1745691616635600

103 来自与作者的电邮。

07 奔跑

104 http://www.runnersworld.com/elite-runners/dean-karzes-runs-350-miles

105 http://www.dailymail.co.uk/news/article-3588109/Super-human-marathon-runner-Dean-Karnazes- jog-350-miles-without-stopping-thanks-rare-genetic-condition.html

106 http://www.bbc.co.uk/news/magazine-17600061

107 http://barefootrunning.fas.harvard.edu

108 *Journal of Sport and Health Science*, DOI: 10.1016/j.jshs.2014.03.009

109 http://www.menshealth.com/fitness/the-men-who-live-forever

110 http://running.competitor.com/2015/04/news/tarahumara-running-tribe-featured-in-a-new-documentary_125766

111 http://www.latinospost.com/articles/77223/20151102/tarahumara-athletes-win-world-indigenous- games.htm

112 *American Journal of Human Biology*, DOI: 10.1002/ajhb.22607

113 *American Journal of Human Biology*, DOI: 10.1002/ajhb.22239

114 https://www.nytimes.com/2015/03/07/sports/caballo-blanco-ultramarathon-is-canceled-over- threat-of-drug-violence.html?_r=0

115 http://www.aljazeera.com/indepth/features/2016/01/running-lives-mexico-teenage- raramuri-160127090310518.html

116 https://www.theguardian.com/lifeandstyle/2015/mar/31/japanese-monks-mount-hiei-1000-marathons-1000-days

117 感谢 Celeste Biever 的录入。

08　长寿

118　儿童在阅读童话时明白了一件事：对精灵许愿要特别当心。不仅童话，科幻小说里也有这样的情节。我记得小时候读过弗雷德里克·布朗（Fredric Brown）的一个短篇《伟大的失落发现：永生》（*Great Lost Discoveries: Immortality*）。故事的主人公发明了一枚永生药片，但一直不能决定是否要用它。当他临终躺在医院的病床上时，他对肉体消灭的恐惧终于压倒了对于永生的恐惧，于是吃下了药片。他陷入了昏迷……并就此永生。最后医院明白了事情的原委，因为床位不够而将他埋葬了。

119　http://www.un.org/esa/population/publications/worldageing19502050/pdf/90chapteriv.pdf

120　*Human Genetics*: https://www.ncbi.nlm.nih.gov/pubmed/8786073/

121　*Human Genetics*, DOI: 10.1007/s00439-006-0144-y

122　http://www.nytimes.com/1997/08/05/world/jeanne-calment-world-s-elder-dies-at-122.html

123　http://wayback.archive.org/web/20010113103900/http://entomology.ucdavis.edu/courses/hde19/lecture3.html

124　*Journal of the American Geriatrics Society*, DOI: 10.1111/j.1532-5415.2011.03498.x

125　Dong, X., Milholland, B. and Vijg, J., 'Evidence for a limit to human lifespan' *Nature* 538 (2016), pp. 257–9

126　*Nature*, DOI: 10.1038/nature22784

127　*Nursing Open*, DOI: 10.1002/nop2.44

128　http://www.dailymail.co.uk/femail/article-1008681/Alcohol-cigarettes-chocolates-sweets--The- secrets-long-life.html

129　*Nature Genetics*, DOI: 10.1038/ng0194-29

130　*Rejuvenation Research*, DOI: 10.1089/rej.2014.1605

131　*Neurobiology of Aging*, DOI: 10.1016/j.neurobiolaging.2012.08.019

132　*Nature Reviews Genetics*, DOI: 10.1038/nrg1871

133　*International Journal of Epidemiology*, 2017, 1–11, DOI: 10.1093/ije/dyx053

134　*Journal of Gerontology*, DOI: 10.1093/gerona/glr223

135　*PLoS ONE*, DOI: 10.1371/journal.pone.0029848

136　*Journals of Gerontology Series A: Biological Sciences and Medical Sciences*, 15

March 2017, DOI: 10.1093/gerona/glx027

137 *Human Molecular Genetics*, DOI: 10.1093/hmg/ddu139

138 *Journals of Gerontology Series A: Biological Sciences and Medical Sciences*, DOI: 10.1093/gerona/glx053

139 这项研究是我和尼尔·巴尔齐莱共同开展的，现刊于一份心血管研究期刊。

140 *Frontiers in Genetics*, DOI: 10.3389/fgene.2011.00090

141 *Health Affairs (Millwood)*, DOI: 10.1377/hlthaff.2013.0052

142 *Neuroscientist*, DOI: 10.1177/107385840000600114

143 *Nature*, DOI: 10.1038/nature10357

144 *Cell*, DOI: 10.1016/j.cell.2013.04.015

145 *Nature Medicine*, DOI: 10.1038/nm.3898

146 http://bioviva-science.com/blog/one-year-anniversary-of-biovivas-gene-therapy-against-human-aging

147 Proceedings of the National Academy of Sciences, DOI: 10.1073/pnas.0906191106

148 http://onlinelibrary.wiley.com/doi/10.1002/emmm.201200245/full

149 可以在这里看到他：https://www.youtube.com/watch?v= IEAejwYBiIE

150 *Nature*, DOI: 10.1038/nature11432

151 Mattison et al., *Nature Communications* 8 (2017), DOI: 10.1038/ncomms14063

152 https://www.newscientist.com/article/mg22429894-000-everyday-drugs-could-give-extra-years-of-life/

09　坚韧

153 http://nymag.com/health/bestdoctors/2014/steve-crohn-aids-2014-6/

154 *Nature Biotechnology*, DOI: 10.1038/nbt.3514

155 https://www.newscientist.com/article/mg21428683-200-watching-surgeons-expand-a-babys- skull/

156 https://www.ncbi.nlm.nih.gov/pubmed/11315249

10　睡眠

157 *Scientific Reports*, DOI: 10.1038/srep17159

158 *Sleep*, DOI: 10.1016/j.slsci.2016.01.003

159　http://www.journalsleep.org/Articles/250104.pdf

160　https://www.sciencealert.com/watch-here-s-what-happened-when-a-teenager-stayed-awake-for-11-days-straight

161　*Proceedings of the National Academy of Sciences*, DOI: 10.1073/pnas.0305404101

162　*Nature*, DOI: 10.1038/nature02663

163　Otto Loewi, 'An Autobiographical Sketch', *Perspectives in Biological Medicine* 4 (1960), pp. 1–25

164　*Sleep*, DOI: 10.5665/sleep.1974

165　*International Journal of Dream Research*, DOI: 10.11588/ijodr.2009.2.142

166　http://www.sleepcommunication.com/fileadmin/user_upload/CwaSP_100_final.pdf

167　*Imagination. Cognition and Personality*, DOI: 10.2190/IC.31.3.f

168　http://www.technologyreview.com/view/424608/extra-sleep-boosts-basketball-players- prowess/

169　*Sleep*, DOI: 10.5665/SLEEP.1132

170　https://www.theguardian.com/us-news/2017/may/31/what-is-covfefe-donald-trump-baffles-twitter- post

171　*Sleep Health*, DOI: 10.1016/j.sleh.2014.12.010

172　http://www.neurologyadvisor.com/sleep-2017/cvd-and-stroke-mortality-risks-linked-to-sleep-duration/article/668280/10.1093/sleepj/zsx050.1014

173　http://www.hellomagazine.com/profiles/marthastewart/

174　*Trends in Genetics*, DOI: 10.1016/j.tig.2012.08.002

175　*Science*, DOI: 10.1126/science.1174443

176　*Journal of Sleep Research*, 10, pp. 173–9

177　*Science*, DOI: 10.1126/science.1180962

178　*Science*, DOI: 10.1126/science.1241224

179　*Brain*, DOI: 10.1093/brain/awx148

11　幸福

180　http://www.npr.org/sections/health-shots/2015/01/09/376084137/trapped-in-his-body-for-12-years-a-man-breaks-free

181　*Consciousness and Cognition*, DOI: 10.1016/j.concog.2011.10.010

182　*BMJ Open*, DOI: 10.1136/bmjopen-2010-000039

183　Richard Easterlin, 'Does Economic Growth Improve the Human Lot? Some Empirical Evidence' (pdf). In Paul A. David, Melvin W. Reder. *Nations and Households in Economic Growth: Essays in Honor of Moses Abramovitz* (New York: Academic Press, 1974)

184　http://www.nber.org/papers/w14282

185　*Proceedings of the National Academy of Sciences*, DOI: 10.1073/pnas.1011492107

186　http://www.latinamericanstudies.org/cold-war/sovietsbomb.htm

187　*Science*, DOI: 10.1126/science.1083968

188　*Molecular Psychiatry*, DOI: 10.1038/sj.mp.4001789

189　*Journal of Human Genetics*, DOI: 10.1038/jhg.2011.39

190　*Journal of Neuroscience, Psychology, and Economics*, DOI: 10.1037/a0030292

191　*Molecular Psychiatry*, DOI: 10.1038/mp.2017.44

192　http://www.huffingtonpost.co.uk/kate-allatt/wellbeing-volunteering_b_15425654.html

193　http://www.huffingtonpost.co.uk/author/henning-van-der-hoeven

194　我是在这本书里读到的：James Kingsland, *Siddhartha's Brain* (London: Robinson, 2016)

195　*Nature Genetics*, DOI: 10.1038/ng.3620

结语

196　'On Optimism and Despair', *New York Review of Books*, 22 December 2016

197　*Science*, DOI: 10.1126/science.1064815——这项成就完全应该归功于第一作者的技术和慷慨。

198　这不是真的。我还是很丢脸。

199　当然，我们在这本书里只考察了能力和性状，没有考察情绪，比如爱和悲伤，而情绪也对人类的境况十分关键。

200　我在读到这几句时总不免想起理查德·格兰特（Richard E Grant）在《我与长指甲》（*Withnail and I*）的结尾饱含气势地说出这些话的情景。

201　有人主张，莎士比亚是在借哈姆雷特描述一种疾病的症状，这种疾病现在称为"双相障碍"(bipolar syndrome)。参见：https://www.newscientist.com/article/mg22229654-900-shakespeare-the-godfather-of-modern-medicine/

202　不用说，莎士比亚对人类本性的洞察前无古人、后无来者。依我看，他之所以那么有趣，并在五百年后仍然值得引用，是因为他似乎凭直觉就明白了自然和遗传的作用，虽然有时他也会强调过头。我这里试举一例：他在《暴风雨》里借普洛斯彼罗之口，说邪恶的卡利班是"一个魔鬼，一个天生的魔鬼，教养也改不过他的天性来"。卡利班真的注定邪恶吗？还是普洛斯彼罗在用这番话平息自己的良心？抑或莎士比亚，或我们，真的相信有人天生就是恶人？如果不是因为某些灾难性的命运转折，希特勒会不会只是一个坏脾气的老农？

203　*Proceedings of the National Academy of Sciences*, DOI: 10.1073/pnas.1605043113

204　Kathryn Asbury and Robert Plomin, *G is for Genes: The Impact of Genetics on Education and Achievement* (Oxford: Wiley-Blackwell, 2013).

205　https://www.scientificamerican.com/article/improving-humans-with-customized-genes-sparks- debate-among-scientists1/

206　https://ipscell.com/2015/03/georgechurchinterview/ and https://ipscell.com/2016/04/new-chat- with-george-church-on-crispring-people-zika-weapons-more/

207　例如：https://www.newscientist.com/article/mg22830500-500-will-crispr-gene-editing-technology-lead-to-designer-babies/

208　*Molecular Genetics and Genomics*, DOI: 10.1007/s00438-017-1299-z

209　*bioRxiv*, DOI: 10.1101/181255

210　*Public Library of Science*, DOI:10.1371/journal.pone.0007486

211　*Cell Reports*, DOI: 10.1016/j.celrep.2013.11.018

212　此处引自戴密斯·哈萨比斯的推特：https://twitter.com/demishassabis/status/884915065715085312

213　这些数字是 2017 年 9 月《新科学家》现场会（New Scientist Live）的一场公开演讲上发布的。

引用声明

02 记忆

Pliny, *The historie of the world*: commonly called *The naturall historie of C. Plinius Secundus*. Translated by Philemon Holland Doctor of Physicke (https://quad.lib. umich.edu/e/eebo/A09763.0001.001/1:48.24?rgn=div2;view=fulltext)

Satre, *Nausea*, translated by Robert Baldick (London: Penguin, 2000)

Wilson, *Plaques and Tangles* (London: Faber, 2015)

03 语言

Wallace, *Infinite Jest* (London: Abacus, 1997)

04 专注

Yamamoto, *Hagakure*, translated by Alexander Bennett (Vermont: Tuttle Publishing, 2014)

07 奔跑

Murakami, *What I Talk About When I Talk About Running* (London: Vintage, 2009)

10 睡眠

Tranströmer, 'Nocturne', translated by Robert Bly, *The Half-Finished Heaven* (Minnesota: Graywolf Press, 2017)

11　幸福

Smith, *Hotel World* (London: Penguin, 2002)

结语

Smith, 'On Optimism and Despair', New York Review of Books, 22 December 2016

Nietzsche, *Thus Spoke Zarathustra*, translated by R. J. Hollingdale (London: Penguin, 1961)

Bowie, 'Oh! You Pretty Things', on Hunky Dory © RCA 1971